博士后文库
中国博士后科学基金资助出版

无人系统自主寻源的优化控制和轨迹规划

李　卓　著

科　学　出　版　社
北　京

内 容 简 介

本书立足于无人系统的自主寻源任务，围绕近十年来动态复杂环境中无人系统优化控制和轨迹规划相关研究的难点和热点问题，从信号场类型、不完全量测信息、决策控制方法等多个角度出发，系统地解决了仅可获得场源方位角量测、信号场强度量测条件下的自主寻源控制问题，时空动态信号场场源的协作定位问题，以及无人系统在自主寻源任务下的多约束轨迹规划问题，实现了单个和多个无人系统的自主、准确、安全、高效寻源，并通过大量的数值仿真实例验证了所提方法的优秀性能。

本书可作为无人系统自主寻源及其相关研究领域的教师、科研人员及工程技术人员的参考用书，也可作为高等院校自动化、系统科学、计算机等理工科专业高年级本科生及研究生的参考用书。

图书在版编目(CIP)数据

无人系统自主寻源的优化控制和轨迹规划 / 李卓著. -- 北京 : 科学出版社, 2025. 6. -- ISBN 978-7-03-081808-9

I. TP18

中国国家版本馆 CIP 数据核字第 20259JB317 号

责任编辑：阚　瑞／责任校对：胡小洁
责任印制：师艳茹／封面设计：迷底书装

科学出版社 出版
北京东黄城根北街 16 号
邮政编码: 100717
http://www.sciencep.com

北京中科印刷有限公司印刷
科学出版社发行　各地新华书店经销
*
2025 年 6 月第　一　版　开本: 720×1000　1/16
2025 年 6 月第一次印刷　印张: 11 1/2　插页: 6
字数: 247 000

定价: 109.00 元

(如有印装质量问题，我社负责调换)

"博士后文库"编委会

“博士后文库”序言

1985 年，在李政道先生的倡议和邓小平同志的亲自关怀下，我国建立了博士后制度，同时设立了博士后科学基金。30 多年来，在党和国家的高度重视下，在社会各方面的关心和支持下，博士后制度为我国培养了一大批青年高层次创新人才。在这一过程中，博士后科学基金发挥了不可替代的独特作用。

博士后科学基金是中国特色博士后制度的重要组成部分，专门用于资助博士后研究人员开展创新探索。博士后科学基金的资助，对正处于独立科研生涯起步阶段的博士后研究人员来说，适逢其时，有利于培养他们独立的科研人格、在选题方面的竞争意识以及负责的精神，是他们独立从事科研工作的“第一桶金”。尽管博士后科学基金资助金额不大，但对博士后青年创新人才的培养和激励作用不可估量。四两拨千斤，博士后科学基金有效地推动了博士后研究人员迅速成长为高水平的研究人才，“小基金发挥了大作用”。

在博士后科学基金的资助下，博士后研究人员的优秀学术成果不断涌现。2013 年，为提高博士后科学基金的资助效益，中国博士后科学基金会联合科学出版社开展了博士后优秀学术专著出版资助工作，通过专家评审遴选出优秀的博士后学术著作，收入“博士后文库”，由博士后科学基金资助、科学出版社出版。我们希望，借此打造专属于博士后学术创新的旗舰图书品牌，激励博士后研究人员潜心科研，扎实治学，提升博士后优秀学术成果的社会影响力。

2015 年，国务院办公厅印发了《关于改革完善博士后制度的意见》（国办发〔2015〕87 号），将“实施自然科学、人文社会科学优秀博士后论著出版支持计划”作为“十三五”期间博士后工作的重要内容和提升博士后研究人员培养质量的重要手段，这更加凸显了出版资助工作的意义。我相信，我们提供的这个出版资助平台将对博士后研究人员激发创新智慧、凝聚创新力量发挥独特的作用，促使博士后研究人员的创新成果更好地服务于创新驱动发展战略和创新型国家的建设。

祝愿广大博士后研究人员在博士后科学基金的资助下早日成长为栋梁之才，为实现中华民族伟大复兴的中国梦做出更大的贡献。

中国博士后科学基金会理事长

前　言

无人系统是一种在无人参与条件下发挥自身能力、执行特定任务的自动化设备，包括空中、地面、海上和水下交通工具和各种机器人系统等。自 1917 年美国军方首次使用无人机以后，无人系统在自动控制、计算机、人工智能等领域得到高度重视和长足发展，成为新一代人工智能中的重要研究方向。无人系统的发展阶段可以分为基于编程的自动无人系统、智能无人系统和自主智能无人系统三个阶段。当下，无人系统正处于智能阶段到自主智能阶段的重要转型期，无人系统的控制与决策是实现转型的关键性因素和瓶颈问题，因此成为重要且富有挑战性的学术前沿。同时，无人系统已广泛应用于军事、民生等领域，其自主智能性的提升将极大拓展其处理任务的维度和能力、有效服务于国家战略和人民需求，具有重要的现实意义。

本书关注无人系统在复杂环境中执行自主寻源任务的控制与决策难题。具体来说，在环境监测、敌情侦察、灾后救援等应用场景中，无人系统需要在几乎完全未知的环境中搜索某个或某些特定目标，这些目标通常可看作某种信号场的场源，因此称为自主寻源任务。面向该任务，本书系统地介绍了无人系统控制和决策相关的理论方法，以及作者在优化控制和轨迹规划方面的研究成果。全书共 7 章，主要内容如下。

第 1 章为绪论，首先阐述了本书的研究背景和意义，然后介绍了国内外研究中常见的无人系统的自主寻源方法和轨迹规划方法，并分析和说明了各种方法的优缺点。

第 2 ~ 4 章主要关注无人系统在空间信号场自主寻源任务下的优化控制问题，第 2 章考虑无人系统能够获得场源位置的方位角，第 3 章和第 4 章考虑无人系统能够获得信号场的强度量测，并分别提出了两目标优化控制律、矢量优化控制律和极值搜索控制律；此外，第 4 章考虑了多个无人系统对复合信号场的合作寻源问题，并提出了分布式协同寻源方法，进一步提高了无人系统的寻源效率。

第 5 章在上述章节基础上，考虑更具一般性的具有时空动态的信号场，重点关注多个无人系统在信号场强度量测下的信号场估计问题，提出合作式估计方法实现场源定位，为后续章节无人系统的轨迹规划奠定基础。

第 6 ~ 7 章主要关注无人系统在自主寻源任务下的轨迹规划问题，以第 5 章确定的场源位置为目标，分别考虑无人系统抵达目标过程中的隐蔽性约束和累积信息约束，提出结合最优控制和强化学习的轨迹规划方法，实现了无人系统自主寻源的性能提升。

本书集中了作者自 2018 年以来在无人系统寻源控制和轨迹规划方面的一系列研究成果，其中涉及的工作得到了国家自然科学基金、中国博士后科学基金等项目的资助，在此表示感谢。同时，衷心感谢游科友教授对作者的学术启蒙和长期指导，特别感谢孙健教授、王钢教授、张言军教授、徐勇教授、崔世晟教授、黄艺副研究员等对作者的指导和支持，以及感谢吴蔚然、李雨桐、唐国权、薛煌铠、郑文杰等同学对本书校稿等提供的帮助。

由于作者水平和能力有限，书中不足之处在所难免，敬请广大读者批评指正。

李 卓

2024 年 5 月

目 录

第 1 章　绪　　论

1.1　研究背景和意义

无人系统是指由计算机程序控制，不需要人类直接操作的自动化设备，包括无人机、无人车、无人艇和各类机器人等[1]。随着自动化理论和人工智能技术的发展，无人系统在能源勘探、空间探索、智能制造、国防军事等领域显示出巨大的潜力和应用价值。特别在近年来，人类探索和利用大自然的范围不断扩大、程度逐渐加深，我国“十四五”规划和 2035 年远景目标纲要中将“深空深地深海和极地探测”列为重点攻关领域之一。面对日益丰富的探测目标、复杂极端的探测环境，仅依靠人力几乎无法完成探测任务，使用无人系统实现未知环境探测和开发成为必然趋势。

自主寻源是无人系统探测未知环境，如资源勘探[2]、灾后救援[3]、战场侦察[4]等场景中的典型任务之一。环境中的某种信号从源头扩散，在空间中形成了信号场 (signal field)，其中信号的源头为场源，信号的强度为场强。海底热液勘探是无人系统自主寻源的一个典型案例。受岩浆等热源影响，海底热液集中向上流动并喷发，从而形成喷口，喷口附近不仅蕴含丰富矿藏，而且可能隐藏着生命起源的秘密，因此受到科学界广泛关注。如图 1.1(a) 所示，随热液喷出的矿物质被形象地称为“烟囱”,“烟囱”浓度场的场源是喷口,“烟囱”的浓度是场强。在广阔的水下环境中，人工寻源的难度大、安全系数低、经济和人力成本高，而且寻找热液喷口任务的复杂度较高，因此目前常使用载人舰船、水面无人艇、水下机器人等联合作业，如图 1.1(b) 所示，以此提高寻源任务的成功率和效率。

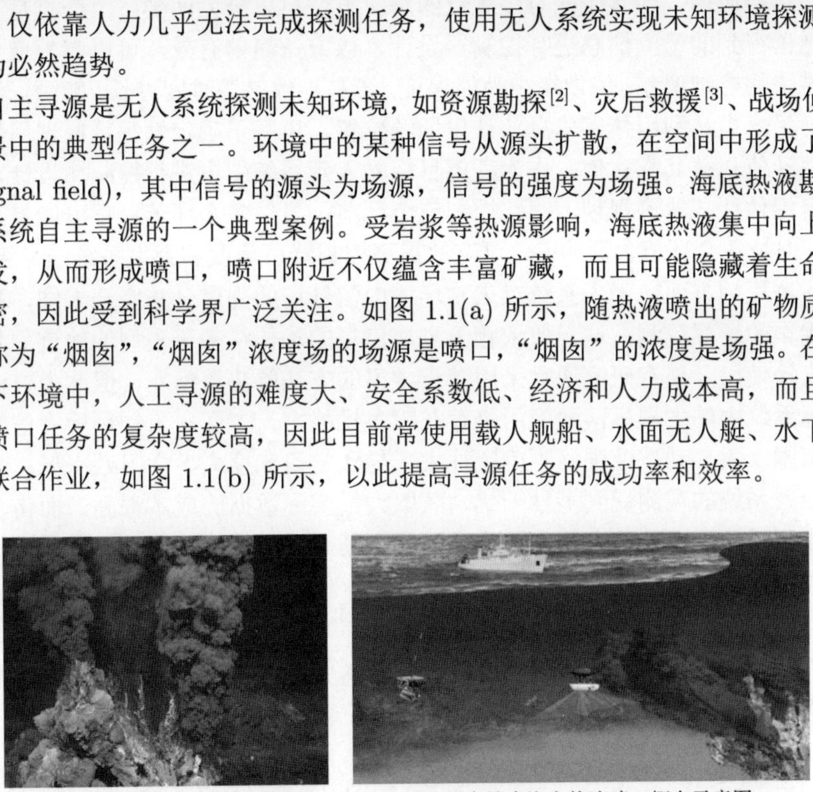

(a) 海底热液矿喷出的黑“烟囱”[2]　　(b) 联合搜索海底热液喷口概念示意图

图 1.1　无人系统寻找海底热液喷口

目前已投入使用的无人系统通常使用预编程或操纵模式，具有一定的自动化能力，因此能解放人力、降低成本。然而，随着寻源场景多样性和寻源任务复杂度的不断增大，现有无人系统的自主智能性仍无法完全满足大范围、强动态性、高不确定性的未知信号场的寻源需求，极易造成时间和能源的大量消耗乃至其他严重后果，如在灾后搜索和救援中，可能错过最佳时间窗口，导致人员伤亡和经济损失；在战场侦察及情报获取中，可能贻误战机、危及国家安全。因此，构建有效的寻源机制、控制算法和轨迹规划方法，对提升无人系统的自主智能化水平，提高寻源任务的整体效能至关重要。

无人系统的自主寻源任务要求无人系统仅利用从信号场观测得到的有限信息抵达未知的场源位置，即寻源控制问题。进一步地，从经济性和实用性角度出发，无人系统需优化寻源轨迹、提高寻源效率，即轨迹规划问题。

寻源控制方面，由于场源位置未知，无人系统的寻源控制器设计中没有明确的期望目标输入，而只能依赖来自传感器的量测信息，这导致已有的伺服控制方法无法直接应用。现有研究对该难点的解决方法可以分为两类：第一类是直接采用传感器得到的量测信息进行控制器设计，该方法简单有效，可以有效避免多个环节带来的控制偏差，但常缺少性能保证，容易导致寻源时间过长、能源资源消耗过多；另一类是利用传感信息估计出场源位置，再基于确定性等价原理用场源位置的估计值代替其真实值，作为期望目标输入到系统中再进行控制律设计，可总结为目标估计、轨迹规划、跟踪控制三个环节，虽然多个环节流程可能带来累积误差，但是各个环节含义明确，可有效提高控制器可信度和无人系统的寻源性能。

轨迹规划方面，无人系统对未知环境中信号场的强度分布完全未知，只能获得带噪声的场强量测，这导致依赖于全局信息的和传统基于模型的轨迹规划方法无法直接使用。现有研究通常采用基于学习的方法解决该问题，但此类方法在实际物理系统中的大规模落地应用仍存在较多挑战。一方面，未知环境中信号场的分布范围广大、动态性强、不确定性大，导致学习难度大、学习效率低；另一方面，无人系统的观测受到多种干扰，获取大量实际数据的成本很高，而仿真数据的生成则对仿真器性能有极高要求。因此，基于学习的轨迹规划方法通常具有泛化性较弱、对环境的自适应能力不强的缺点。值得庆幸的是，随着人工智能技术的发展，上述问题都得到了一定程度的解决，尤其是大模型等新工具的出现，通用人工智能的发展势必对无人系统决策等带来颠覆性变革。人工智能驱动的自动化，我们在期待，也在积极探索。

1.2　无人系统自主寻源概述

无人系统自主寻源任务要求无人系统利用从信号场中获得的量测信息对信号

场进行学习，进而抵达场源位置。如 1.1 节所述，与经典的无人系统运动控制问题相比，寻源问题的难点在于场源位置和信号场分布的未知性。因此，本节以寻源方法的原理为依据对其进行分类，而不单独强调其中的无人系统的运动控制方法。

现有综述文献对无人系统自主寻源方法有不同的分类依据。如 Kowadlo 等[5] 以流体环境为分类依据，分别说明了以扩散为主和以湍流为主两种流体环境中的寻源方法；Bayat 等[6] 从趋向性的角度出发，总结了化学、流体、信息熵、Fisher 信息矩阵等四种趋向性的自主寻源方法；Jing 等[7] 以算法原理为依据，将寻源方法分为反应式方法、启发式搜索法、概率推断法和学习式方法共四种。本书中，无人系统自主寻源方法的分类依据与文献 [7] 中类似，但更注重方法的理论分析依据，分别将理论基础为目标定位、非线性规划、概率推断和强化学习的方法各归为一类，如图 1.2 所示。

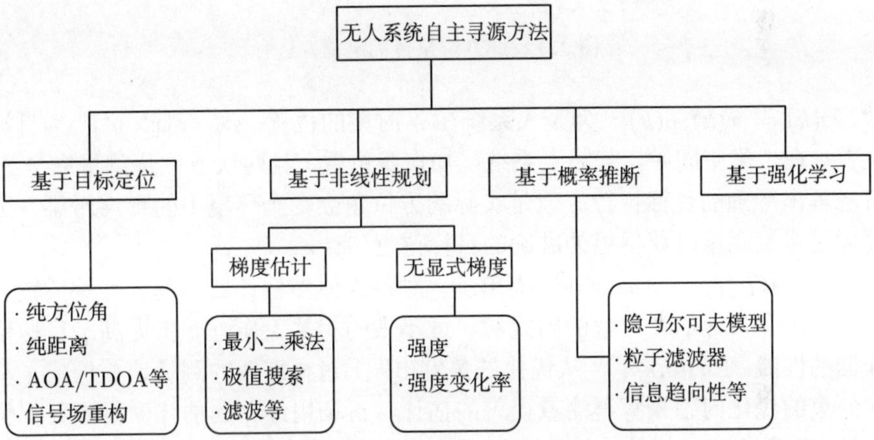

图 1.2　无人系统自主寻源方法分类

1.2.1　基于目标定位的寻源方法

基于目标定位的方法假设场源为位置未知的目标，然后基于常用的定位方法估计出目标位置，再将其作为参考输入信息用于无人系统跟踪。常见的量测包括方位角、距离、到达角 (angle of arrival, AOA)、到达时间差 (time difference of arrival, TDOA)、场强等。

1. 纯方位角目标定位

最早使用方位角来进行目标定位的方法可追溯到第二次世界大战，交战双方基于方位角的测量对敌方位置进行估计。利用方位角进行二维空间中目标定位的方法原理如图 1.3 所示，由正北方向顺时针旋转到无人系统与目标连线所经过的

角度即为方位角，在地球坐标系下可表示为

$$\phi(k) = \arctan\left(\frac{x(k) - x^*}{y(k) - y^*}\right)$$

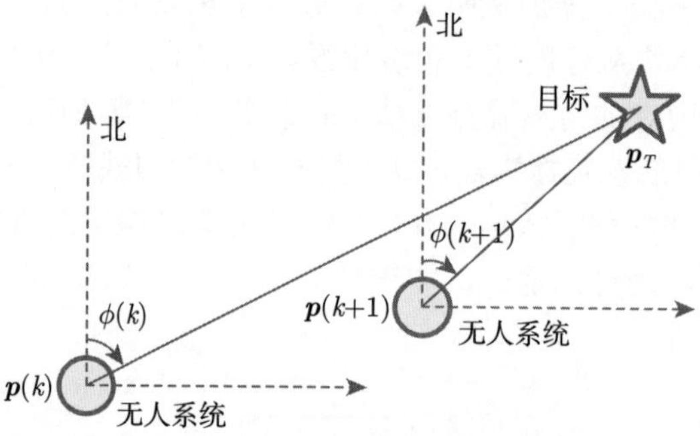

图 1.3　纯方位角目标定位方法

图中，$\boldsymbol{p}(k) = [x(k), y(k)]^\top$ 为无人系统在 k 时刻的位置，$\boldsymbol{p}_T = [x^*, y^*]^\top$ 为目标所在位置。在二维空间中，若无人系统已知自身位置，且两次方位角测量完全准确，则可求解出准确的目标位置。但是实际的方位角会受到环境中的噪声污染，因此需要通过多次测量以获得更为准确的目标位置估计。

早在 1947 年，Stansfield[8] 提出了一种最大似然估计器，基于残差值较小的假设，给出了目标估计位置的闭式解。近年来的相关工作进一步提高了目标位置估计器的性能。Bishop 等[9] 从优化的角度出发，对传感器的测量误差构建了具有几何约束的优化问题来解得测量误差的估计，再利用经典的估计器得到目标位置的估计，这种方法对初始估计值有很好的鲁棒性能；Lin 等[10] 研究了多智能体系统的纯方位角定位方法，在每个智能体的本体坐标系下提出分布式场源定位方法，不再需要地球坐标系下的位置信息；Naseri 等[11] 在测量方程中含一般性高斯噪声的情况下设计了一种计算需求很低的极大似然估计器；Deghat 等[12] 则提出了一种自适应投影的方法，可以估计移动速度较慢的目标。

纯方位角目标定位的优势在于其被动性及隐蔽性，但是较之于纯距离等定位方法，该方法对测量噪声更为敏感。

2. 纯距离目标定位

利用距离进行定位的方法最早用于无人系统自身的定位问题，无人系统通过测量自身到一个或多个已知位置信标 (一些文献中也称锚节点) 的距离来估计自身位置[13]。该问题的对偶问题即为已知自身位置的无人系统对未知目标进行定位。因此，纯距离量测的自身定位方法均可以应用到未知目标的定位问题中。二

维空间中纯距离目标定位方法的原理如图 1.4 所示，其中 $r(k) = \|\boldsymbol{p}(k) - \boldsymbol{p}_T\|$ 为 k 时刻无人系统 $\boldsymbol{p}(k)$ 与目标 $\boldsymbol{p}_T$ 之间的欧几里得距离。与纯方位角定位方法类似，因受到噪声污染，目标位置 $\boldsymbol{p}_T$ 的确定需要多个距离量测。

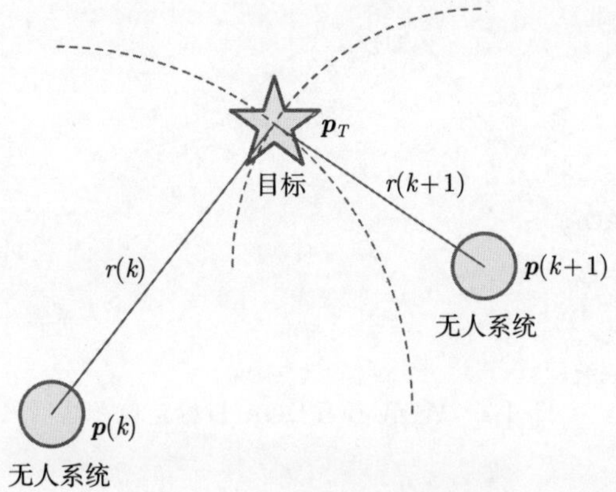

图 1.4 纯距离目标定位方法

Olson 等[14] 采用了扩展卡尔曼滤波器和信息型滤波器估计目标位置；Webster 等[15] 设计了一种分布式扩展信息滤波器实现多个无人系统的协同定位；Güler 等[16] 中使用了多个信标，测量信标到目标的距离并传送给无人系统，无人系统通过一个自适应最小二乘估计器估计目标位置并自主规划抵达该目标位置；Bayat 等[17] 考虑了一种信标数目未知的情况，利用最小能量估计理论、映射滤波器和多模型估计技术设计了一种目标位置估计器；与以上只估计静止目标的方法不同，Dong 等[18] 提出了一种 Rao-Blackwellised 粒子滤波器，可以估计具有未知输入的机动目标。

利用距离信息的定位方法对测量噪声的敏感度较低，但是该方法需要某些已知位置的信标或已知自身位置的无人系统作为参考，而对于全球导航卫星系统 (global navigation satellite system，GNSS) 拒止环境中的自主寻源问题，该需要并不容易满足。

3. AOA 和 TDOA 目标定位

如图 1.5 所示，AOA 和 TDOA 方法通常需要有至少两个无人系统接收目标发出的射频信号。AOA 方法需要测量信号的方位角或仰角，根据这些角度和无人系统接收器的已知位置，使用三角测量法确定目标的位置[19]。TDOA 方法假设信号的传播速度已知，通过测量信号到达不同无人系统接收器的时间差构建方程组，进而解算出目标位置[20]。实际应用中，AOA 和 TDOA 方法经常同时使用，提高目标的定位准确度和鲁棒性，这种组合定位方法成为 AOA-TDOA 联合定位方法[21]。但由于自主寻源问题中，有些场源无法自动发出射频信号，因此这种寻源方法的使用比较受限。

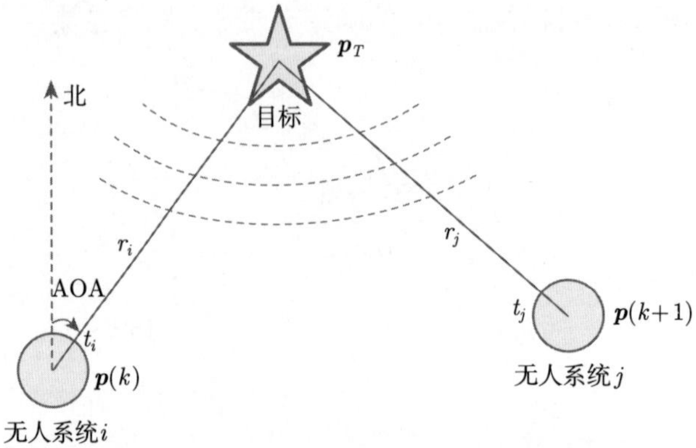

图 1.5　AOA 和 TDOA 目标定位方法

4. 信号场重构

基于信号场重构的寻源方法是利用多个含有噪声的场强量测来估计信号场在空间中的分布情况，然后直接判断场源位置。

这种方法主要关注偏微分方程 (partial differential equation, PDE) 描述的动态信号场，并使用大量传感器获得其场强量测。由于 PDE 难以解析求解，常用的数值解法包括拉格朗日法[22] 和欧拉法[23]，其中拉格朗日法依赖于经验知识，欧拉法虽然不需要任何经验知识，但是计算量通常很大。Battistelli 等[24] 采用了欧拉法中的有限元方法对 PDE 进行估计和离散化处理，从而得到一个线性离散系统，再将该系统划分为多个子系统，并为每个子系统设计了局部卡尔曼滤波器，从而实现整个信号场的分布式估计。针对类似的高维线性系统，Farina 等[25] 将其转换为互联子系统并设计了粒子滤波器；Stankovic 等[26] 则考虑了具有重合状态变量的子系统并设计了基于一致性的分布式卡尔曼滤波器，每个滤波器均需要估计整个系统的状态向量，因此计算量很大。

这种基于信号场重构的寻源方法能够得到整个信号场的空间分布随时间的变化过程，因此不仅能估计场源位置的变化，还可以得到场源位置场强的变化，但需要较多的传感器量测，对基础传感设施的要求较高。

1.2.2　基于非线性规划的寻源方法

基于非线性规划的寻源方法一般假设信号场为静态的、稳定的，记为函数 $f(\boldsymbol{x})$，$\boldsymbol{x} \in \mathbb{R}^m$，其中 m 常取为 2 或 3，分别表示信号场分布在二维或三维空间上，同时假设未知的场源位置 $\boldsymbol{x}^*$ 为函数 $f(\boldsymbol{x})$ 的极大值点，即 $\boldsymbol{x}^* \in \underset{\boldsymbol{x}}{\operatorname{argmax}} f(\boldsymbol{x})$。那么，寻找场源位置相当于最大化目标函数 $f(\boldsymbol{x})$，可以采用多种非线性规划方法

进行求解。在信号场分布满足某些假设的条件下，这类方法常具有严谨的收敛性分析。基于非线性规划的寻源方法包括梯度估计法和无显式梯度法，分别对应优化理论中的一阶优化和零阶优化方法，详细介绍如下。

1. 梯度估计法

在空间分布完全未知的信号场寻源问题中，信号场的梯度信息也完全未知，因此需要根据无人系统利用量测信息对其进行估计。利用梯度估计的寻源方法物理意义明确、执行难度低，以优化理论为分析基础，通常有严谨的收敛性分析和误差分析。但在陆地上有风或水下有湍流的情况下，信号的分布稀疏且不连续，误差较大的梯度估计将导致无人系统严重偏离真实的场源位置。下面介绍几种常见的梯度估计方法。

1) 最小二乘法

以泰勒展开公式为基础，通过测量空间位置 $\boldsymbol{x}_i \in \mathbb{R}^m$，$i = 1, 2, \cdots, n > m$ 的场强 $f(\boldsymbol{x}_i)$ 来估计梯度。以一阶泰勒展开公式为例，联立如下 n 个方程：

$$f(\boldsymbol{x}_i) = f(\boldsymbol{x}_0) + \nabla f(\boldsymbol{x}_0)^\mathsf{T}(\boldsymbol{x}_i - \boldsymbol{x}_0) + o(\|\boldsymbol{x}_0 - \boldsymbol{x}_i\|)$$

即可求解出 $\boldsymbol{x}_0$ 处的梯度 $\nabla f(\boldsymbol{x}_0)$。不同位置的场强量测有两种获取方式：① 使用一个无人系统在不同时间测量不同位置的场强；② 使用多个无人系统同时测得其所在位置的场强。

当使用最小二乘法进行梯度估计时，单个无人系统[27] 通常需要携带较大的载荷，且鲁棒性较差。相比之下，多个无人系统灵活度高、鲁棒性强，且可适用于动态信号场中，因此随着通信技术的发展而受到了更多的关注。已有的研究包括多个无人系统不同形状的编队设计[28]、领航者-跟随者结构[29]、通信约束下梯度估计[30]、梯度估计的误差分析[31] 等。图 1.6 给出了一种典型的圆形无人系统编队进行梯度估计的方法，利用位于圆周上无人系统获得的场强量测估计出圆心位置的梯度 (图 1.6(a))，所有无人系统在保持圆形编队的同时沿梯度估计的方向运动，最终抵达场源位置附近 (图 1.6(b))。但目前自主式无人系统的造价较高，实际任务中使用多个无人系统需注意考虑经济性。

2) 极值搜索法 (extremum seeking, ES)

通过在控制信号中加入额外的激励信号来实现梯度的估计，基本原理如图 1.7 所示，其中的激励信号为正弦信号 $a\sin(\omega t)$，a 和 $\omega/2\pi$ 分别表示激励信号的幅值和频率。自 2000 年 Krstic 等[32] 利用平均理论给出了 ES 方法的理论证明后，研究人员就 ES 的稳定性分析、性能提升等开展了大量工作。特别地，Manzie 等[33] 将原来的正弦波激励信号 $a\sin(\omega t)$ 替换为随机激励信号，并将随机平均理论引入到随机 ES 方法收敛性的证明中。随机 ES 方法能够解决正弦波输入的可预测性，而且不需要正弦信号的正交性要求，因此在非平衡模型[34]、时变系统[35]、非稳定系统[36] 等情况下有了更多的发展。

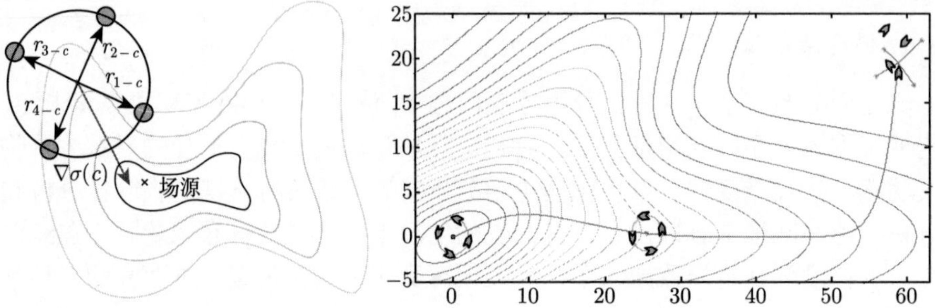

(a) 圆形编队示意图　　　　(b) 编队寻源示意图

图 1.6　利用无人系统圆形编队的寻源方法[30]

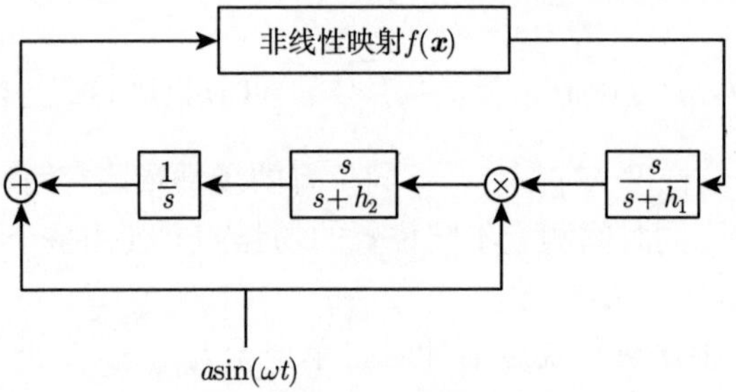

图 1.7　ES 方法基本原理

ES 方法在多无人系统的寻源问题中也有广泛应用，例如，Frihauf 等[37] 和 Turgeman 等[38] 考虑多个无人系统能够获得同一个信号场的场强量测，设计了分布式 ES 控制律驱动所有无人系统同时抵达场源位置，但这些工作中，多个无人系统的使用并不是必要的。Ye 等[39] 设计了基于一致性的 ES 算法解决一类鞍点问题，但不涉及无人系统动力学的相关问题。Kvaternik 等[40] 和 Michalowsky 等[41] 证明了驱动多无人系统抵达最优点的分布式 ES 控制律的存在性，但没有给出显式形式。

ES 方法最大的特点在于完全不需要无人系统自身的位置信息，因此适合 GNSS 拒止的任务环境。但是在 ES 方法中，扰动信号的加入需要消耗无人系统较大的能量，且扰动信号幅值等参数对其搜索性能的影响很大，目前仍没有定量的设计方法。

3) *滤波法*

使用滤波法估计梯度通常需要多个无人系统合作完成。Zhang 等[42] 以信号场的场强和梯度作为状态变量，将场强量测进行二阶泰勒展开得到状态方程，然后设计了多个无人系统合作下的卡尔曼滤波器来进行梯度估计，所有无人系统沿估计梯度的方向运动并最终抵达场源位置附近。特别地，该文献提出了一种梯度估计意义下无人系统最佳对称队形的设计方法，其中四个无人系统组成的对称队形如图 1.8 所示，只需要调节 a, b 两个参数即可实现最佳队形。Wu 等[43] 采用了与文献 [42] 类似的由二阶泰勒展开式得到的状态方程，并将文献 [42] 中的滤波方法进一步拓展到了三维空间的寻源问题中；Wu 等[44] 设计了 H_∞ 滤波方法来估计梯度，并且采用了在个体探索和群体探索之间切换的方式实现寻源。需要注意的是，由于信号场分布完全未知，以上文献中状态方程所含的 Hessian 矩阵需要通过估计得到。

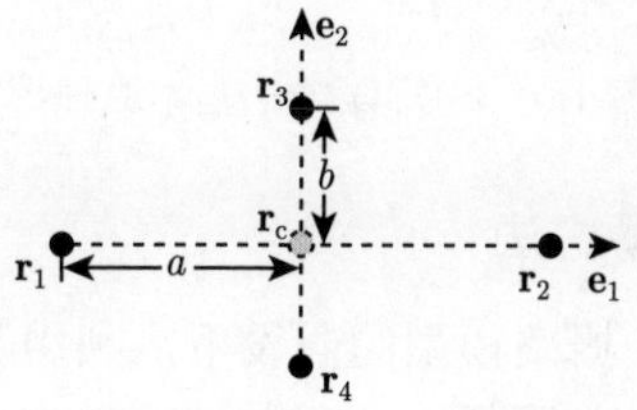

图 1.8　文献 [42] 中四个无人系统组成的对称队形

2. *无梯度法*

1) *使用场强设计控制输入*

受鱼群寻源行为启发，Wu 等[45] 为无人系统集群提出了一种图 1.9 所示的加快减慢 (speeding-up slow-down, SUSD) 方法，其核心思想是将无人系统的速度进行分解，其中两无人系统连线上的速度由二者的位置关系决定，垂直于连线上的速度由自身场强量测决定，无人系统之间不需要交换量测信息即可完成群体的寻源。以此为基础，Abri 等[46] 将 SUSD 方法拓展到了三维空间中。Ashley 等[47] 考虑三维 xyz 空间中的寻源问题，在 y 轴和 z 轴的速度中加入了扰动项，并基于无人系统的场强量测设计扰动项参数。Mellucci 等[48] 针对等值线跟踪问题给出了一种次优滑模控制律，并说明了寻源问题与等值线跟踪问题之间的联系，因此该控制律也可以拓展应用到寻源问题中。以上工作均直接使用场强设计控制律，形式简单、可操作性强，但其控制效果对场强量测噪声敏感。

2) *使用场强变化率设计控制输入*

Matveev 等[49] 利用场强随时间变化率设计了一种结构简单的滑模控制器，但由于引入了符号函数，不可避免地会出现抖振现象。同样利用场强随时间的变化率，Dong 等[50] 提出了一种 PI-like (proportional-integral-like) 控制律实现等值线跟踪任务。与标准的 PI 控制律不同，该文献引入了一种包含双曲正切函数的误差项，使用该误差项的 PI-like 控制律可以任意减小等值线跟踪误差的上界，该方法可以拓展应用到寻源问题中。在实际应用中，场强随时间的变化率需要通过差分或滤波等方法估计得到。

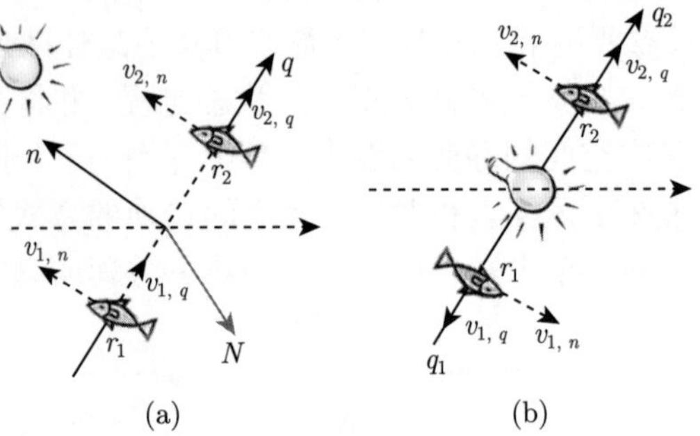

图 1.9　SUSD 方法基本原理[45]

1.2.3　基于概率推断的寻源方法

概率推断方法是在某一概率模型的假设下，利用数据得到随机变量的概率分布。就寻源问题而言，由于寻源环境中存在较大噪声，信号场的场强量测中含有随机性，场源位置 $\boldsymbol{x}^*$ 即为场强分布模型的参数，因此可以通过场强量测来估计场源位置。

在 Bayesian 推断的框架下，信号场可能分布的空间区域被分割为 n 个格子，此时求场源的概率分布就转化为一个 n 维 Bayesian 推断问题，即根据格子中的量测值 $\boldsymbol{m}$ 得到场源在每个格子的后验概率

$$\mathscr{P}(s|\boldsymbol{m}) = \frac{\mathscr{P}(s,\boldsymbol{m})}{\mathscr{P}(\boldsymbol{m})} = \frac{\mathscr{P}(s)\cdot\mathscr{P}(\boldsymbol{m}|s)}{\sum_{i=1}^{n}\mathscr{P}(s)\cdot\mathscr{P}(\boldsymbol{m}|s)}$$

其中，$\mathscr{P}(s)$ 为场源位置在第 $s=1,2,\cdots,n$ 个格子的先验概率，$\mathscr{P}(\boldsymbol{m}|s)$ 表示场源在第 s 个格子时得到量测 $\boldsymbol{m}$ 的概率，最后确定后验概率最大的格子为场源位置[51]。现有的概率推断算法大多是在 Bayesian 推断的框架下提出的。基于概率推断的寻源方法能够在理论上严谨地实现场源定位，但是该方法需要不同的概率模型假设，而实际应用中的信号场不总能满足这些假设。

1. 隐马尔可夫 (hidden Markov methods, HMM) 模型

HMM 模型最早由 Farrell 等[52] 提出用于解决气味寻源问题。具体来说，将待搜索的整个区域划分成多个格子，并给出有效算法预测每个格子能够探测到气味的概率、每个格子能够探测到气味源的概率、气味到达某一位置的最可能路径以及两点之间最可能探测到气味的路径。使用 HMM 模型模拟的信号场分布如图

1.10 所示。其中，离散的深灰色轨迹为模拟出的气味分布，箭头代表流体运动的大小和方向，虚线方框为无人系统需要探测的区域，格子的灰度代表这个格子中能探测到气味的概率，无人系统将利用该概率规划运动以抵达场源位置。

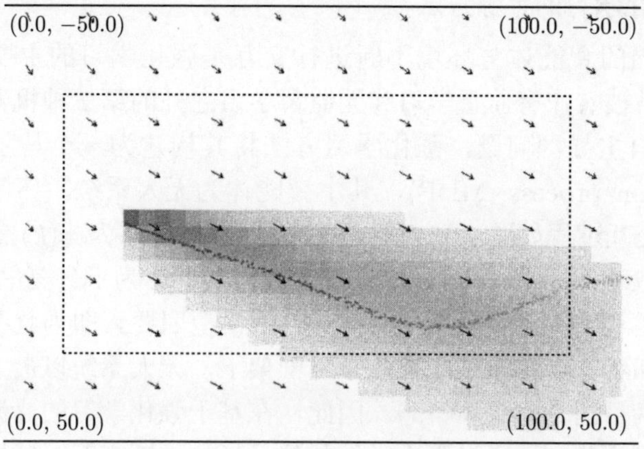

图 1.10 HMM 下的信号场模拟分布[52]

2. 粒子滤波器 (particle filter, PF)

PF 是一种序列重要性采样滤波器，常用于解决 Bayesian 推断框架下后验概率不易求解的问题。在基于 PF 的寻源方法中[53]，带有权重的粒子遍布整个信号场，其权重的含义是粒子附近存在信号场场源的概率，并根据新的量测不断进行更新。为了避免退化，该方法中加入了一个重采样步骤消除低权重粒子，同时重新生成高权重粒子，直到所有粒子的权重收敛[54]，再将所有粒子加权作为场源位置的估计。Hutchinson 等[55] 利用 PF 获得场源分布的后验概率，再基于此驱动无人系统向预测场源分布最大熵的位置移动，并将该方法命名为“熵趋向性策略”(entrotaxis)；与文献 [55] 的思路类似，Bourne 等[56] 基于高斯烟羽模型设计了 PF 以获得烟羽的源项估计，并根据估计结果为寻源无人系统设计基于仿生学的控制律。

3. 信息趋向性策略 (Infotaxis)

Vergassola 等[57] 最早提出信息驱动的寻源方法，并称之为“Infotaxis”，Infotaxis 仍然遵照 Bayesian 推断的理论框架，使用新的量测来更新场源位置的估计，同时提出了一种新的控制方式，即令无人系统沿着局部范围内能够最大化信息熵减的方向运动，从而逐渐接近场源。通过对比四种寻源方法，Ristic 等[58] 指出 Infotaxis 更适合在信号场场强较小的寻源任务中使用。与之不同，Eggels 等[59] 在信号强度较大且湍流为主的流体状态环境下应用 Infotaxis 进行寻源，并通过实验结果证实了 Infotaxis 在该环境下具有良好的寻源性能；Ruddick 等[60] 则将二维平面下的 Infotaxis 方法拓展到了三维空间中。Infotaxis 方法能够充分利用概率推断所提供的信息，但是获得信息熵常需要很大的计算量。

1.2.4 基于强化学习的寻源方法

有目标导向的智能体与环境不断进行交互是强化学习的主要特征之一，因此，强化学习常被看作有监督学习和无监督学习之外的第三种机器学习范式。对于无人系统的自主寻源问题，强化学习方法将其构建为一个马尔可夫决策过程 (Markov decision process, MDP)，其中智能体为无人系统，环境为未知的信号场等，二者的交互过程如图 1.11 所示。在 k 时刻，状态为 $\boldsymbol{x}(k)$ 的无人系统根据一定的策略采取动作 $\boldsymbol{u}(k)$，然后按照状态转移模型转为下一刻的状态 $\boldsymbol{x}(k+1)$，同时从未知的信号场中获得奖励 $r(k)$。MDP 模型四要素即为状态集合、动作集合、奖励函数和状态转移模型。强化学习框架下，无人系统以最大化一个长期奖励即回报函数为目的不断更新策略。因此，在基于强化学习的寻源方法中，以合理的 MDP 模型为基础，通过无人系统与信号场的不断交互、试错学习，即可得到驱动无人系统抵达未知场源的策略，即控制律。

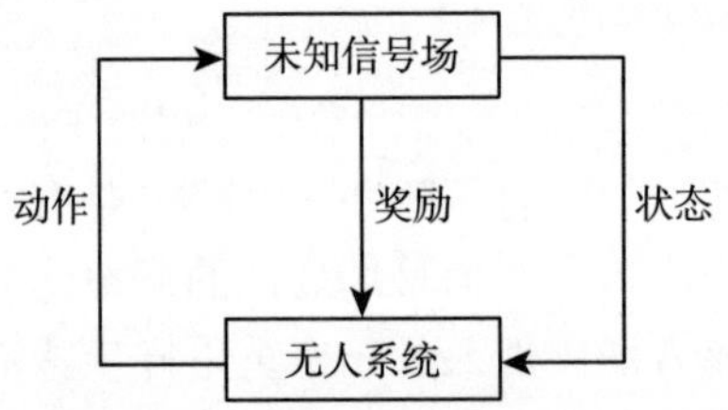

图 1.11 强化学习框架下无人系统与未知信号场的交互过程

Hu 等[61] 研究了水下机器人的烟羽跟踪问题，将该问题构建为一个部分可观且具有连续状态空间和动作空间的 MDP，然后利用基于长短期记忆 (long short-term memory, LSTM) 的无模型强化学习框架生成了平滑的无人系统控制策略。与之不同，Wang 等[62] 采用了基于模型的强化学习框架，使用 HMM 作为未知信号场的概率模型，并使用模糊推断的方式设计奖励函数，最后通过值迭代的方法得到最优的控制策略。Duisterhof 等[63] 为 CrazyFlie 纳米级四旋翼飞机设计了完全机载运行的深度强化学习策略，使之具有场源搜索、自主避障等功能。

如上所述，即使没有明确的无人系统或信号场模型，强化学习也可以通过智能体与环境的不断交互来更新控制策略，达到最终的控制目的。然而，在无人系统自主寻源问题中，无人系统与环境交互的成本较高且安全风险较大，难以进行无人系统的在线学习。因此，需要构建高保真度的模拟器离线生成无人系统寻源的训练数据，这一过程常需要极大的计算量。

1.3 无人系统轨迹规划概述

无人系统的轨迹规划是指无人系统利用量测信息规划出一条快速、安全且动力学可行的轨迹抵达目标点，寻源任务中的目标点即为场源位置。如 1.1 节所述，轨迹规划是无人系统实现自主寻源的一个重要环节，对提高无人系统寻源的整体效能具有重要意义。一些文献也将无人系统的轨迹规划称为路径规划，严格意义上讲，路径规划不必考虑无人系统的动力学可行性，因此二者存在差异。但在很多文献中常将这两个概念混用，因此本节中不做严格区分，都称为轨迹规划。需要注意的是，本书所研究的轨迹规划问题都将无人系统的动力学模型纳入考虑范围。

现有综述类文献对无人系统的轨迹规划有不同的分类，例如，Mir 等[64] 以无人系统所利用信息的特点为依据，将轨迹规划分为全局轨迹规划和局部轨迹规划两种。本书以轨迹规划的算法原理作为分类依据，分别介绍基于离散化的、基于连续优化的轨迹规划方法，如图 1.12 所示。

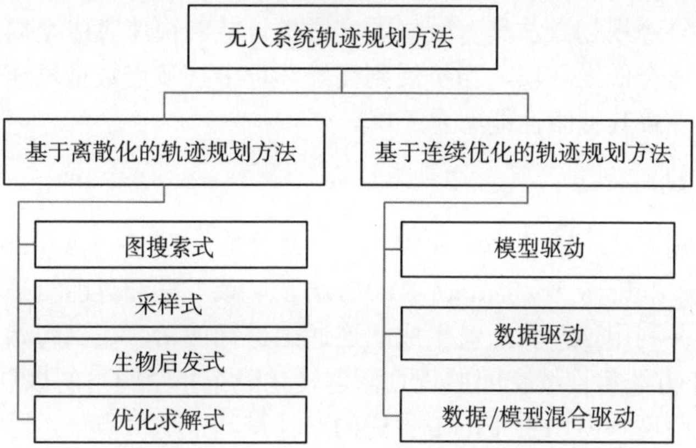

图 1.12　无人系统轨迹规划方法分类

1.3.1 基于离散化的轨迹规划方法

基于离散化的轨迹规划方法通常旨在为无人系统设计从起点到终点的一系列中间节点，再利用直线连接每个点作为无人系统轨迹。因此，该方法下的无人系统轨迹规划问题是一个组合优化问题，决策变量为一系列点。通常来说，基于离散化的轨迹规划方法计算量较小，因此实时性较好，但是轨迹连续性较差，直接用于无人系统跟踪的误差较大。常见的基于离散化的轨迹规划方法可以分为以下四类。

1. 图搜索式规划方法

最早的图搜索式规划方法是 1959 年荷兰学者 Dijkstra[65] 提出的 Dijkstra 算法，该方法主要解决加权图中的最短路径问题，标志着第一个轨迹规划算法的面世。1968 年，Hart 等[66] 通过将启发式函数宽度优先搜索与常规搜索方法 Dijkstra 算法相结合，提出了 A* 搜索算法。但随着图中节点数量的增加，A* 算法搜索的计算复杂度也急剧增加。为此，Szczerba 等[67] 提出了稀疏 A* 搜索算法，有效地裁剪了原始 A* 算法的搜索空间，缩短了搜索时间，提升了搜索效率。1962 年，Floyd 等[68] 提出了著名的 Floyd 算法，分析了加权图的邻接矩阵，并借助邻接矩阵找到加权图中任意两点之间的最短路径，比 Dijkstra 算法的计算效率更高。1994 年，Stentz[69] 提出了一种反向增量式 D* 搜索算法，与以往搜索算法不同，D* 算法从目标点开始向起始点搜索，并在搜索过程中不断更新地图信息，可以有效规避动态障碍。2010 年，Daniel 等[70] 为解决 A* 算法所受到连通图中路径节点的父节点只能是其邻接点的约束，提出了 Theta* 算法，将路径节点的父节点选择放宽到任意节点，使最优路径不再受连通图边的约束。

图搜索式轨迹规划方法具有较好的实时性，能够快速完成全局最优或次优轨迹，但是比较适合低维环境，当扩展到高维环境中，节点数量迅速增加，计算成本显著提高，导致其搜索性能严重下降。

2. 采样式规划方法

采样式规划方法可以分为两大类。第一大类是 1996 年 Kavraki 等[71] 提出的概率地图 (probabilistic road map, PRM) 方法。该方法通过随机采样空间中的点生成连通图，并利用 A* 算法对生成的连通图进行搜索，找到起始点到终点的最优路径。PRM 方法将连续空间的规划问题转化成拓扑空间下的规划问题，降低了路径规划的复杂度。但由于 PRM 生成的路径是基于随机点集，因此其生成的最优路径并非真实环境下的最优路径。第二大类是 2001 年 Lavalle 等[72] 提出的快速搜索随机树 (rapidly-exploring random tree, RRT) 方法。该方法通过从根节点快速随机扩张树形路径，进而探索空间中的大部分区域并搜索可行路径。相较于 PRM 算法，RRT 方法搜索速度更快。因此，近年来以 RRT 方法为基础，以提升随机树搜索效率为目的的研究工作成果颇丰。例如，2001 年 Cheng 等[73] 在采样策略方面引入 RRT GoalBias 与 RRT GoalZoom 策略，其中 RRT GoalBias 使随机树在采样过程中以一定的概率朝着目标点移动以加快搜索速度。RRT GoalZoom 分别在整个空间和目标点周围进行采样，扩张目标点区域，有利于随机树搜索到目标点。2009 年，Kuwata 等[74] 证明当采样点趋于无穷时，RRT 算法收敛到最优解的概率为零，进而提出了 RRT* 算法。该算法采用代价函数来选取扩展节点领域内最小代价的节点为父节点，每次迭代后都会重新连接现有树上的节点，确保在采样点趋于无穷时能够求得渐进最优解。

采样式轨迹规划方法不需要探索全部的可行空间，因此更快速高效。使用者可以设置生成图形连通性所需的迭代次数决定最终轨迹的最优性，但是由于通过随机采样很难找到狭窄空间的连通性，该方法在穿越狭窄空间时存在严重不足。

3. 生物启发式规划方法

生物启发式规划方法旨在模拟生物行为求解组合优化问题，其中最主要的一个分支是基于自然选择和遗传学的进化算法。该方法通过模仿自然界中的进化过程解决优化问题。随着模拟对象的不同，进化算法的研究成果十分丰富[75]，其中遗传算法 (genetic algorithm, GA)[76]、粒子群优化 (particle swarm optimization, PSO)[77]、蚁群优化 (ant colony optimization, ACO)[78] 以及洗牌青蛙跳跃算法 (shuffled frog leaping algorithm, SFLA)[79] 等均很好地应用于无人系统的轨迹规划中。

生物启发式规划方法省略了构建复杂环境模型的过程，提出了一个强大的搜索方法以稳定地收敛到目标，但仍面临着计算量大的问题，无法很好地部署到实际无人系统的在线应用中。

4. 优化求解式规划方法

从数学模型角度出发，离散化的轨迹规划问题是一个由节点作为决策变量的组合优化问题。求解这个问题的方法包括传统的数学规划方法和基于值的强化学习方法。混合整数线性规划 (mixed-integer linear programming, MILP) 是一种典型的离散数学规划方法，最早的 MILP 规划方法是用来解决无人驾驶飞行器的退行视界优化问题[80]，但随着变量数量的增加，递归函数评估次数增多，造成了巨大的计算负担；0-1 线性规划[81] 可以看作是 MILP 的简化版，但它忽略了太多信息以至于无法形成像路网图一样的框架。随着无人系统运动空间的增大，传统的数学规划方法所需计算量急剧增加，很难在线求解。机器学习方法“离线训练-在线使用”的特点为这一问题提供了一种可行方案，其中半监督式的强化学习方法被广泛应用于无人系统的轨迹规划问题中。例如，Konar 等[82] 只利用无人系统到目标点的距离作为输入数据，提出了一种确定性 Q-学习算法，并设计了一种新的 Q-表格更新方法提高了轨迹规划策略的学习效率；Zheng 等[83] 以激光雷达数据作为信息输入，利用卷积神经网络[84] 处理信息，然后利用深度 Q 网络来学习轨迹规划策略。强化学习轨迹规划能够高效实现在线规划，但需要海量数据进行离线学习，目前仍面临实际数据采样成本过高、仿真数据模拟不完全等挑战，难以应用于复杂场景。

1.3.2　基于连续优化的轨迹规划方法

物理世界中，无人系统的轨迹一定连续、光滑，因此其高阶状态需要满足无人系统的运动学和动力学约束。如上一小节所述，基于离散化的轨迹规划方法将无人系统轨迹简化为一系列节点进行设计，忽略了无人系统的动力学特点和约束，因此损失了一定最优性。与之相比，基于连续优化的轨迹规划方法可能求解得到更接近最优的轨迹。然而，无限维的连续轨迹在带来性能优势的同时也带来了极大的计算复杂度。本书将现有基于连续优化的轨迹规划方法分为三类：模型驱动的连续规划方法、数据驱动的连续规划方法、数据/模型混合驱动的轨迹规划方法。

1. 模型驱动的连续规划方法

模型驱动轨迹规划方法最早可追溯到 1957 年的 Dubins 小车最短时间轨迹规划[85]，该研究利用 Dubins 小车动力学特性，分析得到其最短时间轨迹的几何性质，并最终给出两种具体形式。Balkcom 等[86] 和 Manor 等[87] 以类似方法分析了具有速度约束和加速度约束的小车最短轨迹规划的几何性质和形式。此外，Li 等[88] 考虑了探测并跟踪未知目标小车的最短时间轨迹规划问题，并基于几何性质对最短时间和最大信息量的双目标优化问题进行求解。上述工作考虑了纯状态不等式描述的运动学约束，并利用约束中的几何性质分析和求解无人系统的最短时间轨迹规划问题。

最优控制是求解无人系统轨迹规划问题的另一种常用方法[89]，但解析求解常依赖于线性约束等特殊性质。数值求解分为直接法和间接法两种。直接法将状态方程、控制方程和目标函数进行离散化，从而得到一个非线性规划问题或二次规划问题，常采用基于梯度等的非线性规划方法进行求解[14-16]，该方法的适用范围较大，但离散化的处理会导致问题规模增大、求解计算量增加；间接法利用变分法、庞特里亚金极大值原理 (Pontryagin's maximum principle, PMP) 等分析得到最优轨迹的必要条件，再数值求解一组微分方程或偏微分方程[90,91]，该方法能够提供更多关于最优解的定性信息，但对于高维和非线性系统的处理效率较低。

综上所述，模型驱动的轨迹规划方法有成熟的理论和计算方法，但对精确的问题模型和计算资源有较强的依赖性。

2. 数据驱动的连续规划方法

本节主要关注数据驱动中的机器学习方法。机器学习根据训练范式的不同可分为监督学习、非监督学习和强化学习三大类。其中，强化学习是一种序贯决策类算法，可以在无标签数据的情况下，通过与环境的不断交互，自主学习得到状态空间到动作空间的映射关系[92]。根据策略学习方式的不同，强化学习主要可以分为基于值函数和基于策略梯度的两种方法，前者以状态-动作值 (Q 值) 学习[93]

为理论基础，通过深度神经网络来构建参数化形式的 Q 值函数逼近器，最终根据估计的 Q 值来选择最好的动作，主要处理具有离散动作空间的强化学习问题；后者以策略梯度[94] 为理论基础，通过构建参数化形式的策略函数，并计算目标函数关于策略参数的梯度来迭代优化当前策略，可用于解决具有连续动作空间的强化学习问题。

实际应用中，由于无人系统一般具有连续性控制输入，因此通常采用基于策略梯度的方法进行求解。在 Kollar 等[95] 较为早期的工作中，将地图的搜索和构建问题建模为部分可观的马尔可夫决策过程，并采用策略搜索动态规划的方法进行求解，但这种方法对学习策略的表征能力较弱，深度强化学习则能够有效克服这一困难[96]。Rückin 等[97] 研究了无人机获取地形空间信号场最大信息量的轨迹规划问题，提出了树搜索与策略梯度离线强化学习的结合方法，提高了在线重规划的样本效率，并在仿真实验中表现出优良性能；Lodel 等[98] 采用 Suryan 等[99] 所提出的解耦思想，面向无人系统的地图信息获取任务，采用概率加权随机策略搜索算法训练得到最优观测点，再通过在线求解优化问题实现观测点的跟踪。尽管在测试环境中表现出优良性能，但基于策略梯度方法常由于其无限维搜索空间而表现出学习效率低、策略收敛速度慢等不足。

综上，数据驱动的强化学习方法可处理多种任务下无人系统轨迹规划问题，且具有无模型依赖等优势。但就目前而言，深度强化学习方法在实际物理系统中的大规模落地仍存在较多挑战[100]：一方面在于需要超大规模环境交互数据量与极高时间复杂度，导致算法收敛较慢、学习效率较低；另一方面在于有限数据训练下强化学习模型泛化能力较弱，导致无人系统对含干扰环境的鲁棒性较差、适应性不足。

3. 数据/模型混合驱动的连续规划方法

基于模型驱动和数据驱动方法的优势与局限性，学术界在近年来提出了数据/模型混合驱动的轨迹规划方法，旨在结合二者优势、相互弥补不足，但尚未有统一的结合方式和应用框架。如何进行有效融合并达到“$1+1>2$”的性能效果，仍为一开放问题。现有文献中数据/模型混合驱动的规划方法大致可分为以下三种。

(1) 将无模型策略搜索转化为一个监督学习问题，利用离线数据训练得到最优策略。Kaufmann 等[101] 利用仿真环境生成无人机特技飞行的离线数据训练导航算法神经网络，实现了无人机自主特技飞行。但由于离线数据的生成仍需依赖于模型信息，这种“端到端”的方法泛化性能普遍较弱，因此在信号场探测任务下的轨迹规划问题中较少使用。

(2) 利用数据驱动方法辨识出系统模型，再利用该辨识模型设计模型驱动的规划或控制方法。Williams 等[102] 将数据驱动的辨识模型应用于模型预测积分控制框架中，提出了一种基于采样的模型预测控制算法，处理规划问题中的复杂目标函数和无人系统非线性动力学；Li 等[103] 则设计一种卷积神经网络与循环神经网络的混杂模型估计未知的时空信号场，并将预测结果用于无人系统的轨迹规划设计。但这种方法对无人系统的存算资源要求较高，且无监督方法获得的辨识模型泛化能力较弱。

(3) 将数据驱动方法作为一个模块，辅助模型驱动的无人系统进行决策与控制。Song 等[104] 设计了强化学习方法训练得到无人系统的高层决策变量，并将其应用于低层模型预测控制的规划方法中，在无人机穿门竞速的实际应用中取得了很好的效果。但这种方法要求用户对任务场景有充分认识，以明确数据驱动方法模块功能，从而实现有效设计。

综上所述，日益复杂的应用场景导致模型驱动方法无法直接用于无人系统的轨迹规划，但已知的模型信息可以辅助数据驱动的规划方法，提高规划效能。因此，数据/模型混合驱动的轨迹规划方法可在一定程度上弥补二者单独使用时存在的不足，但不能确保规划性能超越二者的叠加。现有文献中，数据/模型混合驱动方法较少用于求解信号场探测任务下轨迹规划问题，仍存在模型信息利用不充分、模型驱动与数据驱动结合生硬等不足，相关应用仍处于早期探索阶段，需要进一步研究和发展。

1.4 本章小结

本章主要阐述了本书的研究背景和意义，概述了无人系统自主寻源和寻源任务下无人系统轨迹规划的国内外研究现状，其中无人系统的自主寻源概述分为基于目标定位、基于非线性规划、基于概率推断和基于强化学习四种方法展开，对比了各方法间的区别和联系，并说明优缺点；无人系统的轨迹规划方法分别针对离散和连续两类轨迹说明，其中重点介绍了面向连续轨迹的模型驱动、数据驱动和数据/模型混合驱动规划方法，并简要说明了现有问题及未来发展方向，为本书后续内容的展开做铺垫。

第 2 章　纯方位角快速寻源的两目标优化控制

信号场寻源问题可以看作一类特殊的目标定位问题，其中未知的场源相当于定位问题中的未知目标，无人系统可以获得目标的相关信息，如相对于目标的距离、方位角、到达角等。本章重点研究无人系统在只能获得与信号场场源间方位角量测情况下的寻源问题。由于场源位置未知且无人系统的方位角量测常带有噪声，无人系统期望尽多获得场源位置相关信息；此外，污染源搜索、事故救援等寻源任务的时效性需求期望无人系统尽快抵达场源位置。然而，上述两个目标并不一致。为此，本章通过构建和求解一个两目标优化问题为无人系统设计控制律，从而实现两目标的平衡。首先使用加权和的方法将两目标优化问题转化为一个复合优化问题，再通过决策变量转换等将其变为一个易解的形式，并通过规范化处理使得优化目标中的权重参数具有相对重要性的物理意义，最后基于优化问题的解设计无人系统的优化控制律。这样，只需调节控制律中的相对重要性参数即可驱动无人系统实现两个目标的平衡。根据确定性等价原理，优化问题的求解过程中使用递归最小二乘方法得到的场源位置估计替代其真实值。本章还特别给出了无需地球坐标系下位置信息的最小二乘估计器。仿真实验证明了所提最小二乘估计器和两目标优化控制律的有效性。

2.1　本 章 引 言

在污染源搜索、事故救援等应用场景中，无人系统需要快速抵达污染源位置或事故发生位置，以及时采取相关措施。为此，本章重点研究无人系统的快速寻源问题，且考虑无人系统仅能通过传感器获得其当前位置到场源位置的方位角量测。

从 1947 年至今，纯方位角的定位方法有着悠久的历史，由于实际场景中的方位角带有噪声，文献 [8]、[9]、[11] 为减少噪声对目标估计的准确性影响，分别针对不同种类的噪声，提出了多种估计器设计；文献 [105]~[111] 注意到了传感器位置对目标估计准确性的关键作用，因此设计了多个静态传感器位置排布的优化方案。综上所述，现有纯方位角定位的相关文献主要关注未知目标的估计问题，即信号场寻源任务中的场源位置估计问题，但没有考虑使用移动无人系统抵达这个未知目标，更没有考虑无人系统抵达该目标位置的最短时间问题。对于无人系统的最短时间控制问题，现有研究成果，如文献 [112]~[115]，大多假设目标位置已知，与本章研究的快速寻源问题相比更易求解。

与单一的最短时间的优化目标不同，本章考虑无人系统同时实现场源位置信息获取的最大化和无人系统抵达场源位置时间的最小化，并将上述两个目标称为估计目标和控制目标，并构建兼顾二者的两目标优化问题。进一步，本章提出了基于两目标优化的控制律设计方案，通过求解该两目标优化问题设计无人系统控制律。这其中存在以下两个难点。

(1) 估计目标和控制目标的数学描述比较复杂，而且无人系统的动力学模型较为复杂，导致两目标优化问题的求解困难。

(2) 寻源任务中，无人系统在地球坐标系下的全局信息常无法获得，增加了场源位置估计的难度。

为解决第一个难点，现有研究中常用的多目标优化求解方法包括遗传算法[116]、鸽群优化算法[117]、值迭代算法[118] 等，以及基于图的搜索方法[119, 120] 等，但这些方法通常需要较大的计算量。与上述方法不同，本章通过无人系统前向速度的分解和几何关系将两目标优化问题化简为一个易解的形式，还通过归一化的方法使两目标的权重系数具有明确的物理意义。

针对第二个难点，文献 [10]、[121] 使用了多个无人系统完成场源位置的估计，每个无人系统只需测量与邻近无人系统的相对位置信息，而不需要自身位置信息。本章则只利用单个无人系统，设计了其本体坐标系下的递归最小二乘估计器，不需要无人系统的全局位置信息即可实现 GNSS 拒止环境下场源位置的估计，且成本较低。

2.2　纯方位角快速寻源问题

本节将给出无人系统快速寻源的两目标优化问题建模，其中无人系统只能获得带有噪声的方位角量测，需要在尽量多地获取场源位置相关信息的同时尽快抵达该场源位置。

2.2.1　无人系统动力学模型

本章采用非平衡小车模型作为无人系统的动力学模型，即

$$\begin{aligned}\dot{x}(t) &= \nu\cos\theta(t)\\ \dot{y}(t) &= \nu\sin\theta(t)\\ \dot{\theta}(t) &= \omega(t)\end{aligned}\tag{2.1}$$

其中，令 $\boldsymbol{p}(t) = [x(t), y(t)]^{\mathsf{T}} \in \mathbb{R}^2$ 表示无人系统在地球坐标系下的全局位置，$\theta(t)$ 为方向角，ν 为常值前向速度，$\omega(t)$ 为需要设计的角速度输入。本章首先假设无

人系统的全局 GNSS 信息 $\boldsymbol{p}(t)$ 已知，然后将所提算法扩展到只能获得本体坐标系下局部位置信息 $\boldsymbol{p}_l(t)$ 的情况。

考虑图 2.1 所示的快速寻源问题，未知的场源位置表示为 $\boldsymbol{p}^* = [x^*, y^*]^\mathsf{T} \in \mathbb{R}^2$。

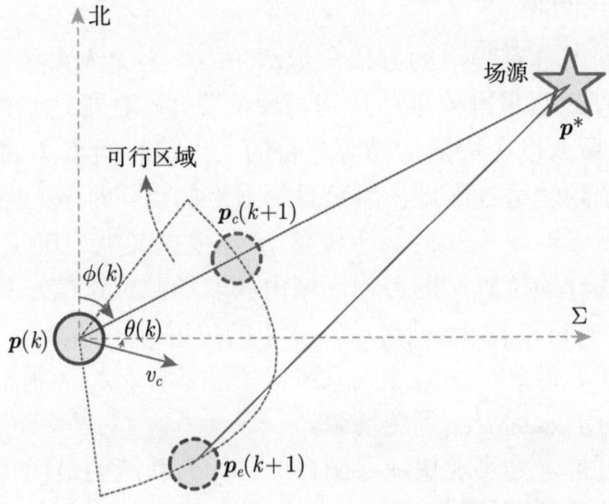

图 2.1 纯方位角量测下的快速寻源问题

无人系统以某一时间周期测量一次其自身位置到场源位置 $\boldsymbol{p}^*$ 之间的方位角，那么，无人系统的观测方程可表示为

$$m(k) = \phi(k) + \varepsilon(k) \tag{2.2}$$

其中，$m(k)$ 表示在第 k 个时间步获得的方位角量测，$\varepsilon(k)$ 表示测量噪声，

$$\phi(k) = \arctan\left(\frac{x(k) - x^*}{y(k) - y^*}\right)$$

表示位置 $\boldsymbol{p}(k) = [x(k), y(k)]^\mathsf{T}$ 与场源位置 $\boldsymbol{p}^*$ 之间真实的方位角。

本章的目标是为无人系统设计合理的角速度输入 $\omega(t)$，使其尽快抵达场源位置。然而，由于场源位置 $\boldsymbol{p}^*$ 未知，无人系统需要通过量测 $m(k)$ 估计 $\boldsymbol{p}^*$，且由于方位角量测存在噪声 $\varepsilon(k)$，需要不断更新 $\boldsymbol{p}^*$ 的估计值，同时调整角速度输入 $\omega(t)$。为对齐控制时间，我们将无人系统的动力学模型 (2.1) 做离散化处理[122]，得到

$$\begin{aligned}
x(k+1) &= x(k) + \frac{2\nu}{\omega(k)}\sin\left(\frac{\omega(k)h}{2}\right)\cos\left(\theta(k) + \frac{\omega(k)h}{2}\right) \\
y(k+1) &= y(k) + \frac{2\nu}{\omega(k)}\sin\left(\frac{\omega(k)h}{2}\right)\sin\left(\theta(k) + \frac{\omega(k)h}{2}\right) \\
\theta(k+1) &= \theta(k) + \omega(k)h
\end{aligned} \tag{2.3}$$

其中，h 为采样周期。本章后续的面向寻源任务的优化控制律设计和分析均针对此离散模型展开。此外，由于常值前向速度 ν 的有界性，无人系统在一个采样周期 h 内只能在一定的区域内运动，称为可行区域，如图 2.1 所示。

2.2.2 两目标优化问题

本章旨在仅利用含有噪声的方位角量测 $m(k)$ 为无人系统 (2.3) 设计一系列控制输入 $\omega(k)$，使之尽量准确地估计到场源位置并尽快抵达场源。显然，如果已知场源位置 $\boldsymbol{p}^*$，那么以尽快抵达场源为目的，当前时间步 k 的最优角速度即为能够驱动无人系统到达可行区域内距离目标最近的点，即 $\boldsymbol{p}_c(k+1)$，称为控制目标，如图 2.1 所示。对于未知的场源位置 $\boldsymbol{p}^*$，根据文献 [105]，可行区域内无人系统可实现最优估计的位置，即可行区域内获取场源位置信息量最大的点，为图 2.1 中满足 $\|\boldsymbol{p}_e(k+1)-\boldsymbol{p}^*\|=\|\boldsymbol{p}(k)-\boldsymbol{p}^*\|$ 的位置 $\boldsymbol{p}_e(k+1)$，定义为估计目标。因此我们可以直观地得到，如果无人系统只关注估计目标，则不会减小与场源之间的距离，甚至可能永远无法到达场源。

由以上分析可得，为实现快速寻源目的，无人系统的最优角速度 $\omega^*(k)$ 设计需要同时考虑估计目标和控制目标。综上，我们面向无人系统寻源任务，构建一个两目标优化问题如下：

$$\begin{aligned} &\underset{\omega(k)}{\text{maximize}}\ \begin{bmatrix} f_e(\boldsymbol{p}(k+1)) \\ f_c(\boldsymbol{p}(k+1)) \end{bmatrix} \\ &\text{s.t. 动力学约束 (2.3)} \end{aligned} \tag{2.4}$$

其中，$f_e(\boldsymbol{p}(k+1))$ 和 $f_c(\boldsymbol{p}(k+1))$ 分别代表估计目标函数和控制目标函数。下面将详细说明具体表达式。

1. 估计目标函数 $f_e(\boldsymbol{p}(k+1))$

假设式 (2.2) 中的测量噪声 $\varepsilon(k)$ 服从高斯白噪声分布，$\varepsilon(k)\sim\mathcal{N}(0,\sigma^2)$，即均值为 0、方差为 σ^2。那么，无人系统对场源位置的估计性能可由 Cramer-Rao 下界 (Cramer-Rao lower bound, CRLB) $C(\boldsymbol{p}^*)$ 来描述[123]。本章考虑与当前时间步 $k\geqslant n$ 最近的 n 个观测

$$\boldsymbol{m}_n(k)=[m(k-n+1),m(k-n+2),\cdots,m(k)]^{\mathsf{T}}$$

并采用 D-最优准则。因此，根据文献 [105] 中定理 1，可将时间步 k 的估计目标函数显式地表示为

$$f_e(\boldsymbol{p}(k+1))=\det\left(C(\boldsymbol{p}^*)^{-1}\right)=\frac{1}{\sigma^4}\sum_{i<j}\frac{\sin^2(\phi(j)-\phi(i))}{r^2(i)r^2(j)} \tag{2.5}$$

其中，$i,j \in \{k-n+1,\cdots,k\}$，$r(\cdot) = \|\boldsymbol{p}(\cdot) - \boldsymbol{p}^*\|$ 是无人系统位置 $\boldsymbol{p}(\cdot)$ 到场源位置 $\boldsymbol{p}^*$ 的欧式距离。

2. 控制目标函数 $f_c(\boldsymbol{p}(k+1))$

本章采用一个采样周期内无人系统到目标的距离变化量作为无人系统控制性能的度量，并将控制目标函数表示为相邻时间步的 $r(\cdot)$ 的平方差在 n 个采样周期内之和，即

$$f_c(\boldsymbol{p}(k+1)) = \sum_{i=k-n+2}^{k+1} \left(r^2(i-1) - r^2(i)\right) \tag{2.6}$$

因为无人系统需要不断接近目标，所以加入约束

$$r(i) \leqslant r(i-1) \tag{2.7}$$

特别注意的是，控制目标函数 (2.6) 中采用了距离的平方差，而不是距离差，二者物理意义相似，但式 (2.6) 中的设计能够大大降低两目标优化问题的求解难度。

由目标函数的具体形式 (2.5) 和 (2.6) 及约束 (2.7)，可以得到两目标优化问题 (2.4) 具有以下求解难点。

(1) 目标函数 (2.5) 和 (2.6) 以及无人系统的动力学模型 (2.3) 形式复杂，很难直接进行求解。为此，本章首先利用加权和的方法将两目标优化问题转化为复合优化问题，再利用几何关系等对其进行转化和规范化，使其具有可解形式。

(2) 目标函数 (2.5) 和 (2.6) 均依赖于未知的场源位置 $\boldsymbol{p}^*$。为此，本章使用最小二乘法估计未知的场源位置 $\boldsymbol{p}^*$，并基于确定性等价原理[124] 在优化问题的求解过程中使用估计的场源位置代替真实的 $\boldsymbol{p}^*$。

克服以上两个困难后，两目标优化问题可顺利求解，为两目标优化控制律的设计奠定基础。

2.3 两目标优化问题求解

本节将对两目标优化问题 (2.4) 进行求解，首先利用加权和的方法将其转化为复合优化问题，然后再对复合优化问题进行转化和规范化，最后求解规范化问题。

2.3.1 复合优化问题

考虑两目标优化问题 (2.4) 中的两个目标函数 (2.5) 和 (2.6)，采用加权和方法[125] 可得到如下复合形式

$$f_e(\boldsymbol{p}(k+1)) + \alpha f_c(\boldsymbol{p}(k+1))$$

其中，权重参数 $\alpha > 0$ 没有明确的物理意义，但对于调节两目标的平衡有重要作用。

本章考虑一种较简单的情况：目标函数 (2.5) 和 (2.6) 中取 $n = 1$，即只使用无人系统在当前时间步的方位角测量来设计角速度输入。这种情况下，复合优化问题可表示为

$$\begin{aligned}
&\underset{\omega(k)}{\text{maximize}}\ \frac{\sin^2\left(\phi(k+1)-\phi(k)\right)}{\sigma^4 r^2(k) r^2(k+1)} + \alpha\big(r^2(k) - r^2(k+1)\big) \\
&\text{s.t. } r(k+1) \leqslant r(k) \text{ 和动力学约束 (2.3)}
\end{aligned} \tag{2.8}$$

其中，第一个约束即式 (2.7) 保证无人系统不断接近目标，第二个约束 (2.3) 为无人系统的离散化动力学模型。

注释 2.1 显然，两个目标函数 (2.5) 和 (2.6) 均依赖于方位角量测 $\boldsymbol{m}_n(k)$，且场源位置与无人系统之间的真实方位角可以通过量测 $\boldsymbol{m}_n(k)$ 估计得到，但当 $i \ll k$ 时，第 i 与第 k 个时间步的量测之间的相关性很弱。因此，较少数量的量测即可满足对无人系统第 k 个时间步的估计和控制性能的度量。本章考虑了一个最简单的情况 $n = 1$。

2.3.2 复合优化问题的转化和规范化

复合优化问题 (2.8) 的复杂形式导致对其直接求解难度很大。本小节采用以下两个步骤对其进行转化。

1. 基于速度分解的问题转化

本小节首先将前向线速度 ν 分解为 $v_r(k)$ 和 $v_t(k)$，其中 $v_r(k)$ 和 $v_t(k)$ 分别表示无人系统在第 k 个时间步相对于目标的径向速度和切向速度。如图 2.2 所示，有如下几何关系成立：

$$\nu\begin{bmatrix}\cos(\theta(k))\\ \sin(\theta(k))\end{bmatrix} = v_r(k)\begin{bmatrix}\sin\phi(k)\\ \cos\phi(k)\end{bmatrix} + v_t(k)\begin{bmatrix}\cos\phi(k)\\ -\sin\phi(k)\end{bmatrix} \tag{2.9}$$

假设 $v_r(k), v_t(k)$ 和 $\phi(k)$ 在一个采样周期 kh 到 $(k+1)h$ 的时间内均为常值，式 (2.9) 的右侧取欧拉积分可得到

$$x(k+1) - x(k) = h\big(v_r(k)\sin(\phi(k)) + v_t(k)\cos(\phi(k))\big)$$

$$y(k+1) - y(k) = h\big(v_r(k)\cos(\phi(k)) - v_t(k)\sin(\phi(k))\big)$$

联合无人系统的动力学模型 (2.3)，有

$$\begin{aligned}\frac{2\nu}{\omega(k)}\sin\left(\frac{\omega(k)h}{2}\right)\cos\left(\theta(k)+\frac{\omega(k)h}{2}\right) &= h\big(v_r(k)\sin(\phi(k))+v_t(k)\cos(\phi(k))\big)\\ \frac{2\nu}{\omega(k)}\sin\left(\frac{\omega(k)h}{2}\right)\sin\left(\theta(k)+\frac{\omega(k)h}{2}\right) &= h\big(v_r(k)\cos(\phi(k))-v_t(k)\sin(\phi(k))\big)\end{aligned} \tag{2.10}$$

接着，将式 (2.10) 中的两个等式 (在分母不为零的情况下) 相除可得

$$\tan\left(\theta(k)+\frac{\omega(k)h}{2}\right)=\frac{v_r(k)\cos(\phi(k))-v_t(k)\sin(\phi(k))}{v_r(k)\sin(\phi(k))+v_t(k)\cos(\phi(k))} \tag{2.11}$$

式 (2.11) 说明了 $\omega(k)$ 与 $v_r(k), v_t(k)$ 之间的关系，即

$$\omega(k)=\frac{2}{h}\arctan\left(\frac{v_r(k)\cos(\phi(k))-v_t(k)\sin(\phi(k))}{v_r(k)\sin(\phi(k))+v_t(k)\cos(\phi(k))}\right)-\frac{2}{h}\theta(k) \tag{2.12}$$

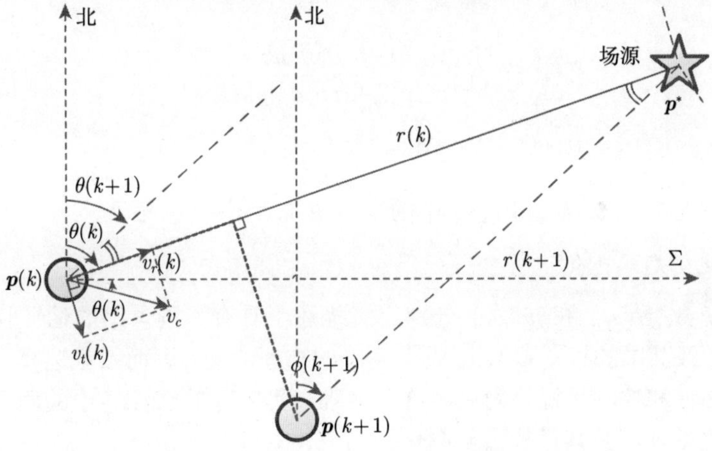

图 2.2 前向线速度的分解以及无人系统邻近两点间的几何关系

特别地，前向线速度 ν 的分解说明 $v_r(k)h$ 恰好是 $\boldsymbol{p}(k+1)-\boldsymbol{p}(k)$ 在 $\boldsymbol{p}^*-\boldsymbol{p}(k)$ 方向上的投影距离，即

$$v_r(k)h=\left\|\frac{(\boldsymbol{p}^*-\boldsymbol{p}(k))(\boldsymbol{p}^*-\boldsymbol{p}(k))^{\mathsf{T}}}{\|\boldsymbol{p}^*-\boldsymbol{p}(k)\|^2}(\boldsymbol{p}(k+1)-\boldsymbol{p}(k))\right\| \tag{2.13}$$

在图 2.2 中用沿 $\boldsymbol{p}^*-\boldsymbol{p}(k)$ 方向的加粗虚线段表示。同样地

$$v_t(k)h=\left\|\left(\boldsymbol{I}_2-\frac{(\boldsymbol{p}^*-\boldsymbol{p}(k))(\boldsymbol{p}^*-\boldsymbol{p}(k))^{\mathsf{T}}}{\|\boldsymbol{p}^*-\boldsymbol{p}(k)\|^2}\right)(\boldsymbol{p}(k+1)-\boldsymbol{p}(k))\right\| \tag{2.14}$$

在图 2.2 中用垂直于 $\boldsymbol{p}^* - \boldsymbol{p}(k)$ 方向的加粗虚线段表示。联合式 (2.13)、式 (2.14) 和图 2.2 中的几何关系可以得到

$$\begin{aligned}\sin^2(\phi(k+1)-\phi(k)) &= \frac{v_t^2(k)}{(r(k)/h - v_r(k))^2 + v_t^2(k)} \\ r^2(k) - r^2(k+1) &= 2r(k)v_r(k)h - (v_r^2(k) + v_t^2(k))h^2\end{aligned} \tag{2.15}$$

此外，式 (2.9) 给出了

$$v_r^2(k) + v_t^2(k) = \nu^2 \tag{2.16}$$

那么，将式 (2.15) 和式 (2.16) 代入到复合优化问题 (2.8) 中，可得到其转化形式

$$\begin{aligned}&\underset{v_r}{\text{maximize}} \quad f_e(v_r) + \alpha f_c(v_r) \\ &\text{s.t.} \quad \frac{\nu^2 h}{2r} \leqslant v_r \leqslant \nu\end{aligned} \tag{2.17}$$

其中

$$\begin{aligned}f_e(v_r) &= \frac{(\nu^2 - v_r^2)h^2}{\sigma^4 r^2 (r^2 - 2rv_r h + \nu^2 h^2)^2} \\ f_c(v_r) &= 2rv_r h - \nu^2 h^2\end{aligned} \tag{2.18}$$

其中，我们略去了 $v_r(k)$ 和 $r(k)$ 中的变量 k 来简化符号表示。

2. 优化问题规范化

目标函数 $f_e(v_r)$ 和 $f_c(v_r)$ 分别定量描述了具有不同量纲的估计目标和控制目标，这导致其中的权重参数 α 没有明确的物理意义，因而很难选择一个合适的 α 来平衡估计和控制目标。为克服这个困难，我们对式 (2.17) 中的两个目标函数进行规范化处理，对其进行去量纲化和归一化处理。

为实现规范化，首先对式 (2.18) 中的 $f_e(v_r)$ 和 $f_c(v_r)$ 进行求导，得

$$\begin{aligned}\frac{\mathrm{d}f_e(v_r)}{\mathrm{d}v_r} &= \frac{-2v_r h^2(r^2 - 2rv_r h + \nu^2 h^2) + 4rh^3(\nu^2 - v_r^2)}{\sigma^4 r^2 (r^2 - 2rv_r h + \nu^2 h^2)^3} \\ \frac{\mathrm{d}f_c(v_r)}{\mathrm{d}v_r} &= 2rh\end{aligned} \tag{2.19}$$

显然，$f_c(v_r)$ 在可行集合 $[\nu^2 h/2r, \nu]$ 中递增。再令 $\mathrm{d}f_e(v_r)/\mathrm{d}v_r = 0$，可得 $f_e(v_r)$ 的一个驻点，记为

$$v_s = \frac{2r\nu^2 h}{r^2 + \nu^2 h^2} \tag{2.20}$$

假设无人系统与场源位置距离较远，即满足 $r \geqslant \nu h$，则有 $v_s > \nu^2 h/2r$。那么，函数 $f_e(v_r)$ 在 $v_r \in [\nu^2 h/2r, \nu]$ 上的递增和递减区间分别为 $[\nu^2 h/2r, v_s)$ 和 $[v_s, \nu]$。这就说明复合优化问题 (2.17) 的 Pareto 最优集合为 $[v_s, \nu]$。

将 $v_r = v_s$ 代入到 $f_e(v_r)$ 和 $f_c(v_r)$ 中，我们可以得到 $f_e(v_r)$ 的理想值和 $f_c(v_r)$ 的最低值

$$f_e^* = \frac{\nu^2 h^2}{r^2(r^2-\nu^2h^2)^2},\ f_c^{\text{nad}} = \frac{3r^2\nu^2h^2-\nu^4h^4}{r^2+\nu^2h^2} \tag{2.21}$$

类似地，令 $v_r = \nu$，我们可以得到 $f_e(v_r)$ 的最低值和 $f_c(v_r)$ 的理想值

$$f_e^{\text{nad}} = 0,\ f_c^* = 2r\nu h - \nu^2 h^2 \tag{2.22}$$

联合式 (2.18)，式 (2.21) 和式 (2.22)，目标函数可规范化表示为

$$\begin{aligned} f_e^{\text{norm}}(v_r) &= \frac{f_e(v_r)-f_e^{\text{nad}}}{f_e^*-f_e^{\text{nad}}} = 1-\frac{(\nu^2-v_r^2)(r^2-\nu^2h^2)^2}{\nu^2(r^2-2rv_rh+\nu^2h^2)^2} \\ f_c^{\text{norm}}(v_r) &= \frac{f_c(v_r)-f_c^{\text{nad}}}{f_c^*-f_c^{\text{nad}}} = \frac{(\nu-v_r)(\nu^2h^2+r^2)}{\nu(\nu h-r)^2} \end{aligned}$$

因此，规范化复合目标函数为

$$\begin{aligned} f(v_r) &= f_e^{\text{norm}}(v_r) + \beta f_c^{\text{norm}}(v_r) \\ &= 1-\frac{(\nu^2-v_r^2)(r^2-\nu^2h^2)^2}{\nu^2(r^2-2rv_rh+\nu^2h^2)^2} + \beta\,\frac{(\nu-v_r)(\nu^2h^2+r^2)}{\nu(\nu h-r)^2} \end{aligned} \tag{2.23}$$

其中，$\beta \in [0, +\infty)$ 是一个新的权重参数。

这样，规范化的复合优化问题写为

$$\begin{aligned} &\underset{v_r}{\text{minimize}}\ f(v_r) \\ &\text{s.t.}\ \frac{\nu^2 h}{2r} \leqslant v_r \leqslant \nu \end{aligned} \tag{2.24}$$

与复合优化问题 (2.17) 中的权重参数 α 不同，规范化复合优化目标函数 (2.23) 中的权重参数 β 能够直接定量地说明控制目标和估计目标之间的相对重要性，这也是本章的规范优化问题 (2.24) 相比于目前已有工作如文献 [116]~[117]、文献 [119]~[120] 中直接取加权和为目标函数的优势。举例来说，规范化问题 (2.24) 中的权重参数 $\beta = 1$ 意味着控制目标和估计目标有相同的重要性，而 $\alpha = 1$ 则没

有明确的物理意义。因此，新的权重参数 β 能够使使用者更直接地表明估计和控制目标之间的重要性。

当 β 具有不同取值时，规范化问题的解也会使无人系统呈现出不同的运动轨迹。有趣的是，本章能够证明，如果 $\beta \geqslant 4$，规范化问题 (2.24) 的解表示无人系统的运动轨迹将直接朝向其估计的场源位置。这种情况意味着忽略了估计目标，此时，本章提出的两目标优化控制律退化为与文献 [12]、[16]、[126] 中相似。

注释 2.2 本章中的权重参数 β 均设置为常值。事实上，权重参数 β 的选取也可以作为一个优化变量在寻源任务中不断调整。一种启发式的想法是定义一个比率

$$\frac{f_e(v_r(k)))}{f_e(v_r(k-1))}$$

来衡量估计的进展，当该比率接近于 1 时可以增大 $\beta(k)$，反之则减小。

2.3.3 规范化问题的求解

在求解优化问题之前，我们首先定义一个参量 $\rho = \nu h/r$ 来描述寻源任务的完成度。特别地，$\rho > 1$，即 $\nu h > r$ 说明无人系统的在一个采样周期内的运动路程严格大于其到目标的距离，这意味着无人系统已经距离目标充分近，因此本章关注于更复杂的情况 $0 < \rho \leqslant 1$。

首先给出以下引理，然后在此引理下得到规范优化问题 (2.24) 的解，如命题 2.1 所述。

引理 2.1 方程 $\mathrm{d}f(v_r)/\mathrm{d}v_r = 0$ 在区间 $[v_s, \nu]$ 上至少存在一个根，即式 (2.20) 中给出的 v_s。

证明 对规范优化问题 (2.24) 中的目标函数 $f(v_r)$ 相对于 v_r 求导得

$$\frac{\mathrm{d}f(v_r)}{\mathrm{d}v_r} = \frac{(2v_r(r^2+\nu^2h^2)-4r\nu^2h)(r^2-\nu^2h^2)^2}{\nu^2(r^2-2rv_rh+\nu^2h^2)^3} - \beta\frac{\nu^2h^2+r^2}{\nu(\nu h-r)^2} \tag{2.25}$$

令 $\mathrm{d}f(v_r)/\mathrm{d}v_r = 0$，我们可以得到三个根，分别记作 z_1, z_2 和 z_3。因为我们只关注 v_r 在区间 $[v_s, \nu]$ 内的情况，所以计算

$$\begin{aligned} \left.\frac{\mathrm{d}f(v_r)}{\mathrm{d}v_r}\right|_{v_r=v_s} &= 0 \\ \left.\frac{\mathrm{d}f(v_r)}{\mathrm{d}v_r}\right|_{v_r=\nu} &= \frac{(2-\beta)(\nu^2h^2+r^2)+4r\nu h}{\nu(r+\nu h)^2} \end{aligned} \tag{2.26}$$

因此，v_s 是方程 $\mathrm{d}f(v_r)/\mathrm{d}v_r = 0$ 的一个根，这意味着 $\mathrm{d}f(v_r)/\mathrm{d}v_r = 0$ 在区间 $v_r \in [v_s, \nu]$ 上至少存在一个根。 ■

令 $\rho_c = \left(2 - \sqrt{4\beta - \beta^2}\right)/(\beta - 2)$，$v_z$ 表示方程 $\mathrm{d}f(v_r)/\mathrm{d}v_r = 0$ 在区间 (v_s, ν) 上最大的根。特别注意，由引理 3.1 可知，当方程 $\mathrm{d}f(v_r)/\mathrm{d}v_r = 0$ 在区间 $[v_s, \nu)$ 上只有一个根时，v_z 不存在。

命题 2.1 规范化问题 (2.24) 的最优解 v_r^* 如下。

(1) 如果 $\beta \in [4, \infty)$，那么 $v_r^* = \nu$.

(2) 如果 $\beta \in [2, 4)$，那么

$$v_r^* = \begin{cases} \nu, & \text{当} \rho \in (0, \rho_c] \\ v_z, & \text{当} \rho \in (\rho_c, 1] \end{cases}$$

(3) 如果 $\beta \in [1, 2)$，那么 $v_r^* = v_z$.

(4) 如果 $\beta \in [0, 1)$，那么

$$v_r^* = \begin{cases} v_z, & \text{当} f(v_z) < \beta \\ v_s, & \text{其他} \end{cases}$$

证明 由于规范优化问题 (2.24) 的最优解一定存在于 Pareto 最优集合中，只须关注区间 $v_r \in [v_s, \nu]$ 内的目标函数 $f(v_r)$。基于引理 2.1 的证明，一阶导函数 $\mathrm{d}f(v_r)/\mathrm{d}v_r$ 的符号不定，故进行如下分析。

首先考虑函数 $\dot{f}(v_r)$ 的连续性，由于 $\dot{f}(v_r)$ 仅存在一个不连续点 $v_r = (r^2 + \nu^2h^2)/2rh$ 且 $v_r \geqslant \nu$，因此 $\dot{f}(v_r)$ 在 Pareto 最优集合 $[v_s, \nu)$ 中连续的。然后，我们取 $f(v_r)$ 在 $v_r \in [v_s, \nu]$ 上的二阶导数

$$\frac{\mathrm{d}^2 f(v_r)}{\mathrm{d}v_r^2} = \frac{2\zeta^2}{\nu^2\varepsilon^2} + \frac{24r^2h^2\zeta^2(v_r^2 - \nu^2)}{\nu^2\varepsilon^4} + \frac{16rv_rh\zeta^2}{\nu^2\varepsilon^3} \tag{2.27}$$

其中，$\zeta = r^2 - \nu^2h^2$，$\varepsilon = r^2 - 2v_rhr + \nu^2h^2$。将 Pareto 最优集合的边界代入到二阶导数中可得

$$\left.\frac{\mathrm{d}^2 f(v_r)}{\mathrm{d}v_r^2}\right|_{v_r=v_s} > 0,\ \left.\frac{\mathrm{d}^2 f(v_r)}{\mathrm{d}v_r^2}\right|_{v_r=\nu} > 0 \tag{2.28}$$

这意味着一阶导函数 $\mathrm{d}f(v_r)/\mathrm{d}v_r$ 在 v_s 和 ν 是递增的。

现在关注一阶导函数 $\mathrm{d}f(v_r)/\mathrm{d}v_r$ 的符号。由于在区间 $[v_s, \nu]$ 内分母的符号始终为正，我们只需要分析分子 $(2 - \beta)(\nu^2h^2 + r^2) + 4r\nu h$ 的符号。

由基本不等式 $a^2 + b^2 \geqslant 2ab, \forall a, b$，可以得到 $\beta \geqslant 4$ 是 $\mathrm{d}f(v_r)/\mathrm{d}v_r \leqslant 0$ 的充分条件。图 2.3 的上子图大致描绘了在这种情况下的 $\mathrm{d}f(v_r)/\mathrm{d}v_r$，其中 $\mathrm{d}f(v_r)/\mathrm{d}v_r$ 在区间 $[v_s, \nu]$ 是连续的，且有 $\mathrm{d}f(v_r)/\mathrm{d}v_r|_{v_r=v_s} = 0, \mathrm{d}f(v_r)/\mathrm{d}v_r|_{v_r=\nu} \leqslant 0$ 和式 (2.28) 成立。那么，$f(v_r)$ 的函数曲线可以对应 $\mathrm{d}f(v_r)/\mathrm{d}v_r = 0$ 估计得到，其中有 $f(v_s) - f(\nu) = \beta - 1 > 0$ 和 $f(\nu) = 1$。因此，函数 $f(v_r)$ 的最小值是 $f(\nu)$。

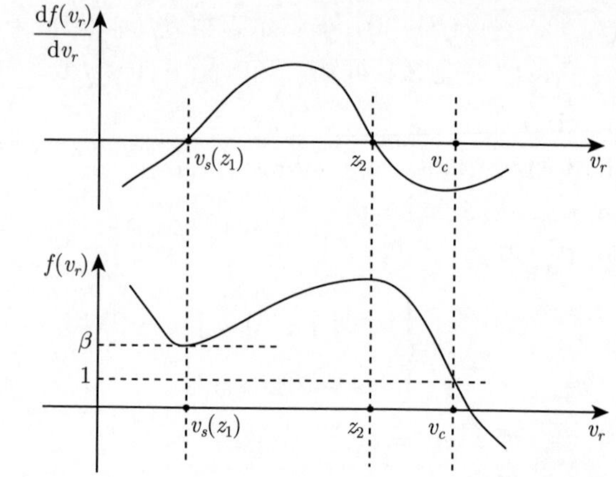

图 2.3 $df(v_r)/dv_r$ 和 $f(v_r)$ 的一种大致函数曲线

类似地，$\beta \leqslant 2$ 是 $df(v_r)/dv_r \geqslant 0$ 的充分条件。此时，导函数 $df(v_r)/dv_r$ 的零点个数可能有两种情况：三个 (图 2.4 所示) 和一个 (图 2.5 所示)。在第一种情况下，我们记最大的零点为 v_z。由 $f(v_s)-f(\nu)=\beta-1$ 可知，如果 $1 \leqslant \beta \leqslant 2$，则 $v_r = v_z$ 时 $f(v_r)$ 取得区间 $[v_s, \nu]$ 上的最小值；如果 $\beta < 1$，那么最小值在 v_s 或 v_z 之间取得。图 2.4 描绘了 $df(v_r)/dv_r$ 和 $f(v_r)$ 的函数曲线，其中 $df(v_r)/dv_r|_{v_r=v_s}=0$，另外两个零点在区间 $[v_s, \nu]$ 上，对应的 $f(v_r)$ 函数曲线标记了 $1 \leqslant \beta \leqslant 2$ 和 $\beta < 1$。在第二种情况下，导函数 $df(v_r)/dv_r$ 在区间 (v_s, ν) 上始终为正，那么可以推出 $f(v_r)$ 在 (v_s, ν) 上递增，且有 $\beta < 1$，如图 2.5 所示。因此，$v_r = v_s$ 时 $f(v_r)$ 取得区间 $[v_s, \nu]$ 上的最小值。

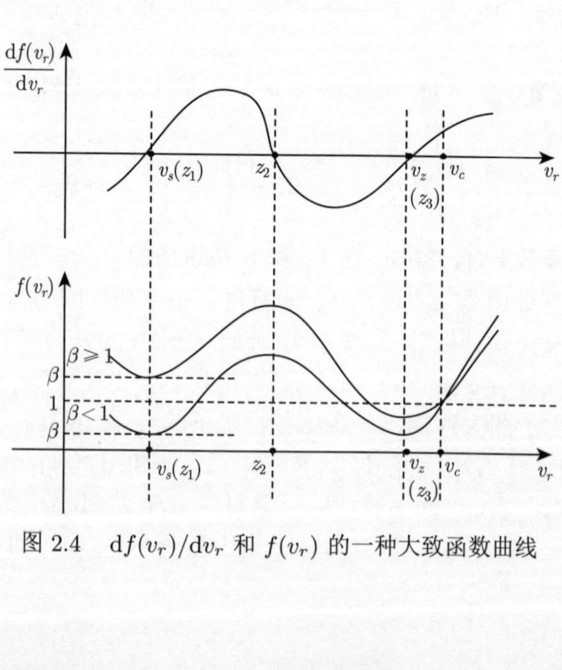

图 2.4 $df(v_r)/dv_r$ 和 $f(v_r)$ 的一种大致函数曲线

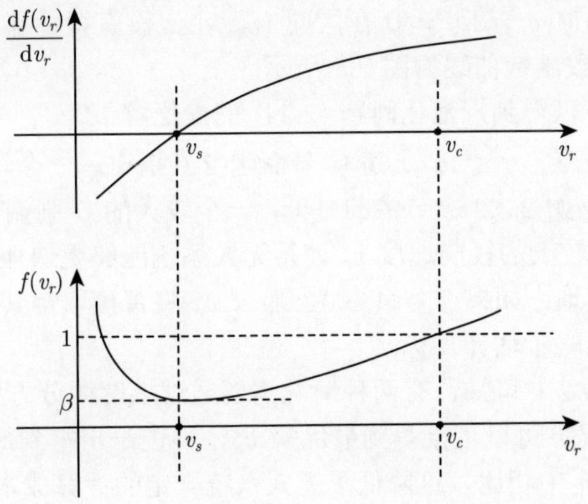

图 2.5 $df(v_r)/dv_r$ 和 $f(v_r)$ 的一种大致函数曲线

最后，考虑 $\beta \in (2,4)$ 的情况，显然有 $f(v_s) - f(\nu) = \beta - 1 > 0$。令 $(2-\beta)(\nu^2h^2 + r^2) + 4r\nu h = 0$，可以得到以下关系

$$\frac{\nu h}{r} = \frac{2 - \sqrt{4\beta - \beta^2}}{\beta - 2} := \rho_c$$

因此，当 $\rho \in (0, \rho_c]$ 时，有 $df(v_r)/dv_r \leqslant 0$，此时的函数曲线如图 2.3 所示，$v_r = \nu$ 时 $f(v_r)$ 取得区间 $[v_s, \nu]$ 上的最小值；否则，$df(v_r)/dv_r > 0$，函数曲线如图 2.4 中标记 $\beta \geqslant 1$，$f(v_r)$ 在 $[v_s, \nu]$ 上的最小值为 $f(v_z)$。

总结来说，我们可以根据 β 的不同取值得到以下结论。

(1) 如果 $\beta \in [4, \infty)$，那么 $df(v_r)/dv_r \leqslant 0$，则由 $f(v_s) - f(\nu) = \beta - 1 > 0$ 可得函数 $f(v_r)$ 的最小值为 $f(\nu)$。大致函数曲线如图 2.3 所示。

(2) 如果 $\beta \in [2, 4)$，联系 $f(v_s) - f(\nu) = \beta - 1 > 0$，有以下两种情况。

① 如果 $\rho \in \left(0, (2 - \sqrt{4\beta - \beta^2})/(\beta - 2)\right]$，那么 $\dot{f}(\nu) \leqslant 0$。因此，函数 $f(v_r)$ 的最小值为 $f(\nu)$。大致函数曲线如图 2.3 所示。

② 如果 $\rho \in \left((2 - \sqrt{4\beta - \beta^2})/(\beta - 2), 1\right)$，那么 $\dot{f}(\nu) > 0$。因此，函数 $f(v_r)$ 的最小值为 $f(v_z)$，其中 v_z 为方程 $\dot{f}(v_r) = 0$ 在区间 $v_r \in [v_s, \nu]$ 上的最大特征根。大致函数曲线如图 2.4 所示。

(3) 如果 $\beta \in [1, 2)$，那么 $df(v_r)/dv_r > 0$，则由 $f(v_s) - f(\nu) = \beta - 1 \geqslant 0$，可得函数 $f(v_r)$ 的最小值为 $f(v_z)$。大致函数曲线如图 2.4 所示。

(4) 如果 $\beta \in [0, 1)$，那么 $df(v_r)/dv_r > 0$。联系 $f(v_s) - f(\nu) = \beta - 1 < 0$，有以下两种情况。

① 如果方程 $df(v_r)/dv_r = 0$ 在区间 $(v_s, \nu]$ 上存在两个根，那么函数 $f(v_r)$ 的最小值为 $f(v_z)$ 和 $f(v_s)$ 的较小值。大致函数曲线如图 2.4 所示。

② 如果方程 $\mathrm{d}f(v_r)/\mathrm{d}v_r = 0$ 在区间 $(v_s, \nu]$ 上没有根，那么函数 $f(v_r)$ 的最小值为 $f(v_s)$。大致函数曲线如图 2.5 所示。

综上，我们可以得到规范化问题 (2.24) 的最优解 v_r^*。 ■

我们注意到 $v_s \leqslant v_z \leqslant \nu$，这意味着命题 2.1 指出，一个较大的 β 将会得到一个较大的 v_r^*。正如 2.3.2 小节中的讨论，一个较大的 β 强调了控制目标更为重要，因此需要一个较大的径向速度 v_r 使得无人系统能够更快地接近目标，与直观认知相一致。特别地，如果 $\beta \in [4, \infty)$，那么 v_r^* 将直接取得其最大值 ν，这意味着无人系统完全忽略了估计目标。

此外，由命题 2.1 可知，有两种情况需要通过求解微分方程 $\mathrm{d}f(v_r)/\mathrm{d}v_r = 0$ 计算 v_z，其他情况下可以直接得到最优解 v_r^*，再进一步得到最优的角速度输入。与文献 [116]~[120] 中相比，这降低了无人系统一定的计算成本。

2.4 两目标优化控制律

由命题 2.1 和式 (2.12) 可知，无人系统的最优角速度依赖真实的距离 $r(k)$ 和方位角 $\phi(k)$，但是这两个物理量都是未知的。为此，本节提出了递归的最小二乘估计方法，并利用确定性等价原理进行控制律设计。

2.4.1 利用全局位置信息的最小二乘估计方法

由于未知的距离 $r(k)$ 和方位角 $\phi(k)$ 都依赖未知的场源位置 $\boldsymbol{p}^*$，因此需要得到 $\boldsymbol{p}^*$ 的最优估计。我们将其定义为下列非线性最小二乘问题的解

$$\underset{\boldsymbol{p}^*}{\text{minimize}} \ \frac{1}{2}\sum_{i=1}^{k}\left\| m(i) - \arctan\left(\frac{x(i)-x^*}{y(i)-y^*}\right)\right\|^2 \tag{2.29}$$

与文献 [127] 中的 Stansfield 类似，我们假设测量噪声 $\varepsilon(k)$ 充分小，这样就可以将式 (2.29) 中

$$m(i) - \arctan\left(\frac{x(i)-x^*}{y(i)-y^*}\right)$$

替换为

$$\sin\left(m(i) - \arctan\left(\frac{x(i)-x^*}{y(i)-y^*}\right)\right)$$

再利用如下关系

$$\sin\left(m(i) - \arctan\left(\frac{x(i)-x^*}{y(i)-y^*}\right)\right) = \frac{1}{r(i)}\begin{bmatrix}\sin(m(i)) & -\cos(m(i))\end{bmatrix}\begin{bmatrix} y(i)-y^* \\ x(i)-x^* \end{bmatrix} \tag{2.30}$$

可以将优化问题 (2.29) 估计为

$$\underset{\boldsymbol{p}^*}{\text{minimize}}\ \frac{1}{2}\sum_{i=1}^{k}\left\|x(i)\cos(m(i))-y(i)\sin(m(i))-[\cos(m(i)),-\sin(m(i))][x^*,y^*]^{\mathsf{T}}\right\|^2 \tag{2.31}$$

其中，我们忽略了式 (2.30) 中 $1/r(i)$ 的微弱影响。

由此可见，优化问题 (2.31) 是一个标准的最小二乘问题，那么我们可以设计一个递归的算法进行求解，见算法 2.1。实际应用中，算法 2.1 中场源位置的初始估计 $\widehat{\boldsymbol{p}}^*(1)$ 可以使用如下方程组的解

$$\tan(m(i))=\frac{x(i)-x^*}{y(i)-y^*},\quad i=0,1 \tag{2.32}$$

算法 2.1 最小二乘估计

1. 在时间步 $k=1$，设置 $\widehat{\boldsymbol{p}}^*(1)$ 为方程组 (2.32) 的解，以及 $Q(1)=\boldsymbol{I}_2$.
2. 在时间步 $k\geqslant 2$，无人系统获得方位角量测 $m(k)$ 并计算得

$$\begin{aligned}H&=[-\cos(m(k)),\sin(m(k))]\\K&=Q(k-1)H^{\mathsf{T}}(HQ(k-1)H^{\mathsf{T}}+1)^{-1}\\Q(k)&=(\boldsymbol{I}_2-KH)Q(k-1)\\\widehat{\boldsymbol{p}}^*(k)&=\widehat{\boldsymbol{p}}^*(k-1)+KH\big(\boldsymbol{p}(k)-\widehat{\boldsymbol{p}}^*(k-1)\big)\end{aligned}$$

我们注意到，算法 2.1 提出的前提条件是假设一个幅值较小的 $\varepsilon(k)$ 并忽略 $1/r(k)$ 的影响，且可能得到有偏估计。不过仿真实验可以证明该算法得到的估计误差较小，具有实用价值[128]。

2.4.2 利用局部位置信息的最小二乘估计方法

算法 2.1 中用到了无人系统在地球坐标下的自身位置 $\boldsymbol{p}(k)$，但在 GNSS 拒止的环境下无人系统无法获得 $\boldsymbol{p}(k)$。为了解决这个问题，本小节考虑只使用无人系统的局部位置信息对未知的 $\boldsymbol{p}^*(k)$ 进行估计。此情况下，无人系统采用其本体坐标系 Σ_l，如图 2.6 所示。

本体坐标系以无人系统的重心为原点，x 轴方向与无人系统的朝向一致。在此坐标系中，目标在时间步 k 的位置记为 $\boldsymbol{p}_l^*(k)=\left[x_l^*(k),y_l^*(k)\right]^{\mathsf{T}}$，由于无人系统在运动中，因此 $\boldsymbol{p}_l^*(k)$ 为时变量。无人系统的方位角仍可以通过机载罗盘获得。

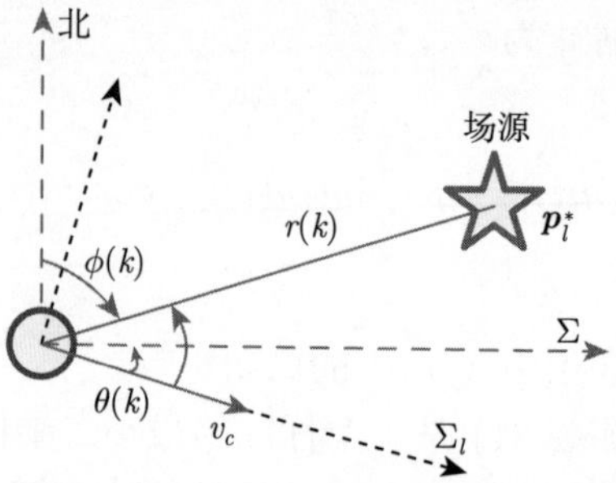

图 2.6　本体坐标系 Σ_l 中纯方位角量测下的快速寻源问题

此外，无人系统能够在本体坐标下测量相对于目标的方位角，即

$$m_l(k) = \phi_l(k) + \varepsilon_l(k) \tag{2.33}$$

其中，$\phi_l(k) = \arctan(y_l^*(k)/x_l^*(k))$ 表示无人系统本体坐标系下真实的方位角，$\varepsilon_l(k) \sim \mathcal{N}(0, \sigma^2)$ 表示局部测量噪声。我们将利用局部测量 $m_l(k)$ 估计本体坐标系下的场源位置 $\boldsymbol{p}_l^*(k)$，即需要求解以下非线性最小二乘优化问题

$$\underset{\boldsymbol{p}_l^*(k)}{\text{minimize}} \ \frac{1}{2}\sum_{i=1}^{k}\left\| m_l(i) - \arctan\left(\frac{x_l^*(i)}{y_l^*(i)}\right)\right\|^2 \tag{2.34}$$

我们利用下面的线性优化问题估计非线性优化问题 (2.34)

$$\underset{\boldsymbol{p}_l^*(k)}{\text{minimize}} \ \frac{1}{2}\sum_{i=1}^{k}\left\| x_l^*(i)\cos(m_l(i)) - y_l^*(i)\sin(m_l(i))\right\|^2 \tag{2.35}$$

与 2.4.1 小节中的优化问题相比，式 (2.35) 中的场源位置由于运动的无人系统而变为一个时变量。为此，建立 $\boldsymbol{p}_l^*(k)$ 的状态方程，根据全局坐标系与无人系统本体坐标系之间的关系，可以得到

$$\boldsymbol{p}_l^*(k) = \begin{bmatrix} \cos(\theta(k)) & \sin(\theta(k)) \\ -\sin(\theta(k)) & \cos(\theta(k)) \end{bmatrix} (\boldsymbol{p}^* - \boldsymbol{p}(k)) \tag{2.36}$$

结合无人系统动力学，可进一步得到

$$\boldsymbol{p}_l^*(k) = A(k-1)\boldsymbol{p}_l^*(k-1) + \boldsymbol{b} \tag{2.37}$$

其中

$$A(k-1) = \begin{bmatrix} 1 & \omega(k-1) \\ -\omega(k-1) & 1 \end{bmatrix}, \ \boldsymbol{b} = \begin{bmatrix} -\nu h \\ 0 \end{bmatrix}$$

结合式 (2.35) 和式 (2.37)，只利用本体坐标系下方位角的递归最小二乘估计器在算法 2.2 中给出，其中无人系统本体坐标系下场源位置的初始估计 $\widehat{\boldsymbol{p}}_l^*(1)$ 可通过下面的方程组求得

$$\tan(m_l(i)) = \frac{x_l^*(i)}{y_l^*(i)}, \quad i = 0, 1 \tag{2.38}$$

算法 2.2 本体坐标系下的最小二乘估计

1. 在时间步 $k = 1$，设置 $\widehat{\boldsymbol{p}}_l^*(1)$ 为方程组 (2.38) 的解，以及 $Q(1) = \boldsymbol{I}_2$
2. 在时间步 $k \geqslant 2$，无人系统获得方位角量测 $m_l(k)$ 并计算得

$$H = [-\cos(m_l(k)), \sin(m_l(k))]$$

$$K = \boldsymbol{Q}(k-1)H^{\mathsf{T}}(HQ(k-1)H^{\mathsf{T}} + 1)^{-1}$$

$$Q(k) = (\boldsymbol{I}_2 - KH)Q(k-1)$$

$$\widehat{\boldsymbol{p}}_l^*(k) = (A(k-1) - KH)\widehat{\boldsymbol{p}}_l^*(k-1) + \boldsymbol{b}$$

2.4.3 确定性等价原理

利用算法 2.1 和算法 2.2 中的最小二乘估计器，可以分别得到全局坐标系和无人系统本体坐标系下的场源位置 $\boldsymbol{p}^*$ 和 $\boldsymbol{p}_l^*(k)$。进一步地，我们可以计算出距离和方位角的估计。

(1) 全局坐标系下

$$\widehat{\phi}(k) = \arctan\left((x(k) - \widehat{x}^*(k))/(y(k) - \widehat{y}^*(k))\right)$$

$$\widehat{r}(k) = \|\boldsymbol{p}(k) - \widehat{\boldsymbol{p}}^*(k)\|$$

(2) 无人系统本体坐标系下

$$\widehat{\phi}(k) = \frac{\pi}{2} - \theta(k) - \arctan\left(\frac{\widehat{x}_l^*(k)}{\widehat{y}_l^*(k)}\right)$$

$$\widehat{r}(k) = \left\|\widehat{\boldsymbol{p}}_l^*(k)\right\|$$

基于确定性等价原理，我们在利用命题 2.1 求解优化问题时，使用距离和方位角的估计 $\widehat{\phi}(k)$ 和 $\widehat{r}(k)$ 代替其真实值。由于估计值与真实值之间存在误差，本章无法严格证明 2.4.4 小节中基于该优化求解的控制律下闭环系统的稳定性，但可以通过 2.5 节中的仿真结果说明该控制律能够驱动无人系统完成寻源任务。

2.4.4 两目标优化控制律

本小节给出两目标优化控制律，图 2.7 展示了该控制律结构。

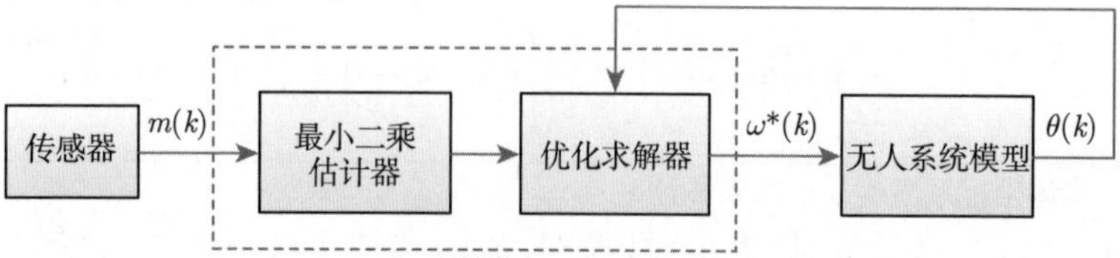

图 2.7 纯方位角量测下快速寻源的两目标控制律结构

首先，利用最小二乘方法由实时量测 $m(k)$ 估计出未知的场源位置。然后利用该估计求解两目标优化问题 (2.4)，从而得到最优的角速度输入 $\omega^*(k)$。

详细的操作过程见算法 2.3。

算法 2.3 无人系统的角速度输入

1. 在时间步 $k=0$，无人系统获得方位角量测 $m(k)$，随机选择角速度 $\omega(k)$
2. **for** 时间步 $k \geqslant 1$ **do**
3. 　无人系统获得方位角量测 $m(k)$
4. 　运行算法 2.1 得到目标的位置估计 $\widehat{\boldsymbol{p}}^*(k)=[\widehat{x}^*(k),\widehat{y}^*(k)]^\mathsf{T}$
5. 　计算距离和方位角估计 $\widehat{\phi}(k)$ 和 $\widehat{r}(k)$
6. 　使用命题 2.1 计算 $v_r^*(k)$，其中用距离估计 $\widehat{r}(k)$ 替换其真实值 $r(k)$
7. 　计算式 (2.12) 中的角速度，其中用方位角估计 $\widehat{\phi}(k)$ 替换其真实值 $\phi(k)$，$v_r^*(k)$ 替换 $v_r(k)$
8. **end for**

当无人系统只能获得局部位置信息时，只须使用无人系统本体坐标系下的方位角量测和场源位置估计替换算法 2.3 中的 $m(k)$ 和 $\widehat{\boldsymbol{p}}^*(k)$ 即可。

2.5 仿真验证与分析

本节将通过仿真实验证明两目标优化控制律在纯方位角量测下快速寻源问题中的有效性。以探测海底热液喷口为例，热液羽状流是确定热液喷口的重要依据，当水下无人系统距离羽状流较近时通常采用可视技术进行识别[129]。特别地，水下无人系统通常是下潜到一定的深度后再进行深海探测，此时的寻源任务在该高度的二维平面上展开，待寻找的场源为热液喷口在该平面上的投影，无人系统动力学模型可采用模型 (2.3)，无人系统能够获得与场源位置之间含噪声的方位角信息。因此，本章提出的控制方案可在此场景下进行验证。

本节设置无人系统的初始状态均为 $\boldsymbol{p}(0)=[0,0]^{\mathsf{T}}$，$\theta(0)=0$，常值前向线速度为 $\nu=4m/s$，假设场源位置 $\boldsymbol{p}^*=[100\text{m},100\text{m}]^{\mathsf{T}}$，其初始估计设置为 $\widehat{\boldsymbol{p}}^*(0)=[40\text{m},80\text{m}]^{\mathsf{T}}$。在没有特别说明的情况下，我们取权重参数 $\beta=1$，也就是认为控制目标和估计目标具有相同的重要性。此外，设置采样周期为 $h=0.25\text{s}$。

2.5.1 全局位置信息下仿真实验

本小节考虑无人系统可以获得全局位置信息，因此应用最小二乘估计方法 2.1 和算法 2.3 中的两目标优化控制律驱动无人系统快速寻源。

图 2.8 展示了无人系统的轨迹和场源位置估计，左上角的放大图为场源的邻近区域。由图 2.8 可知，无人系统的运动轨迹呈现出螺旋线形状而且逐渐逼近真实的场源，最终的位置误差约为 0.4m。与此同时，估计得到的场源位置逐渐逼近其真实位置。这说明无人系统在权重参数 $\beta=1$ 时能够同时完成控制目标和估计目标。

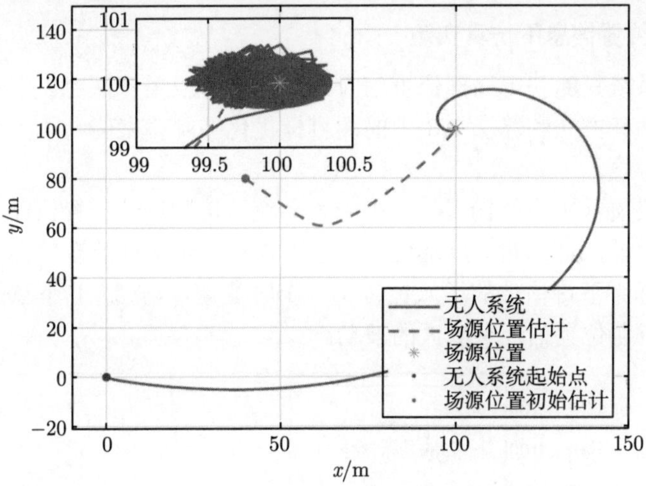

图 2.8　全局位置信息下 $\beta=1$ 时无人系统的运动轨迹和场源位置估计 (见彩图)

当权重参数 $\beta=0$ 和 $\beta=2$ 时，在算法 2.3 中两目标优化控制律的驱动下，无人系统的运动轨迹如图 2.9 所示。从图 2.9 中可以看到，在 $\beta=0$ 时，无人系统趋向于环绕目标运动以更好地完成估计目标；在 $\beta=6$ 时，无人系统几乎直接朝向目标运动以完成控制目标。这也说明了当 β 的取值介于两者之间，图 2.8 所示螺旋线轨迹的直观合理性。在两目标优化控制律，即控制算法 2.3 下，分别取 $\beta=0$，$\beta=1$ 和 $\beta=2$ 三种情况时的无人系统运动视频可参见 https://www.dropbox.com/s/9dtpijap65gup50/video_motion.mp4?dl=0.

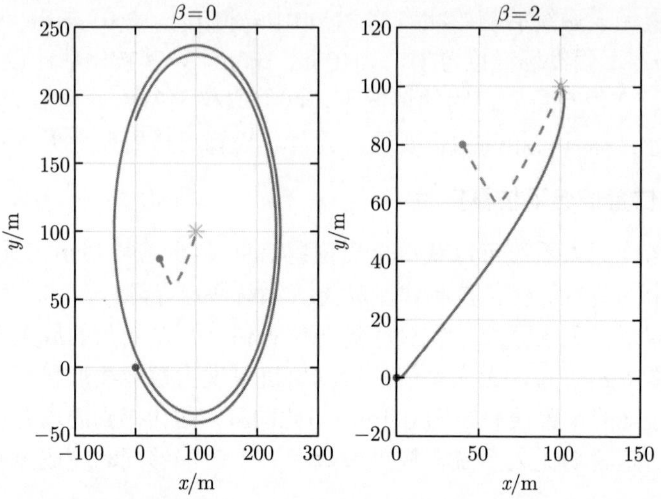

图 2.9　β 的不同取值下，无人系统的运动轨迹和场源位置估计对比

2.5.2　局部位置信息下仿真实验

在无人系统只能获得局部位置信息的情况下，应用算法 2.2 中的本体坐标系下最小二乘估计方法和算法 2.3 中的两目标优化控制律来驱动无人系统执行快速寻源任务。

仿真结果展示在图 2.10 中，其中无人系统轨迹和场源位置估计均逐渐收敛于真实的场源位置，这证明了局部位置信息下最小二乘估计的有效性。由于在无人系统本体坐标系下待估计的场源位置是一个时变量，与 2.5.1 小节的仿真结果相比，这里的场源位置估计有更大的波动。

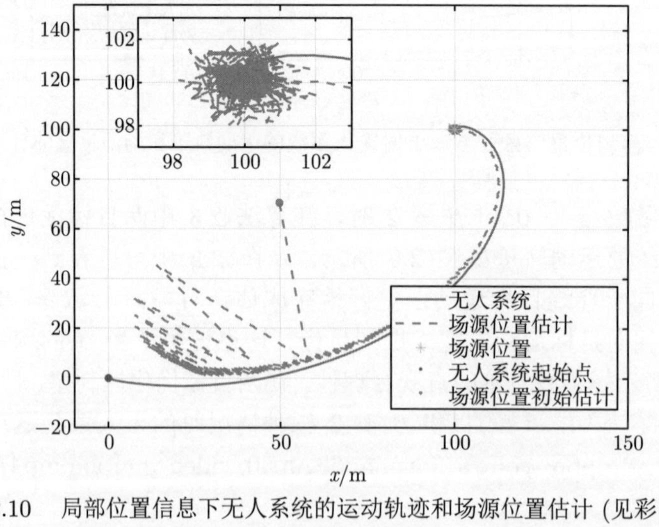

图 2.10　局部位置信息下无人系统的运动轨迹和场源位置估计 (见彩图)

此外，我们对比了全局和局部位置信息下最小二乘估计器算法 2.1 和 2.2 的估计性能。估计误差为

$$e_{\text{est}}(k) = \|\boldsymbol{p}^*(k) - \widehat{\boldsymbol{p}}^*(k)\|$$

图 2.11 给出了两估计器下该误差的变化过程。我们发现算法 2.1 和算法 2.2 下的估计误差 $e_{\text{est}}(k)$ 都能够收敛到零，但是由于缺少无人系统的全局位置信息，算法 2.2 下初始的估计误差更大且收敛速度较慢。这说明无人系统的全局位置信息在寻源任务中并不是必需的，但它能够提升无人系统的搜索性能，这一点在以往的工作如文献 [105]~[109] 中并没有充分研究。

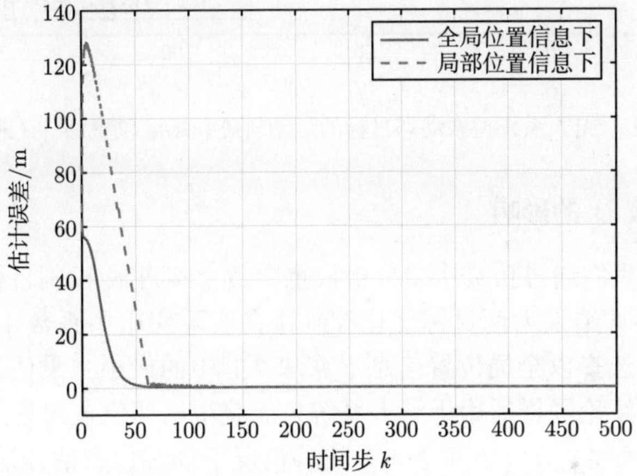

图 2.11 算法 2.1 和算法 2.2 中最小二乘估计器的估计误差

2.5.3 动态目标搜索仿真实验

本章中的快速寻源任务均假设目标处于静止状态，而实际应用中的场源很有可能是动态的。本小节将通过仿真实验说明本章中所提的两目标优化控制律同样适用于动态目标。特别地，这里需要假设动态目标的速度小于无人系统。假设目标的初始位置为 $[100\text{m}, 100\text{m}]^{\mathsf{T}}$，运动轨迹为

$$\boldsymbol{p}^* = \begin{bmatrix} 100 + 0.01k \\ 100 + 0.01k \end{bmatrix}$$

如图 2.12 所示，无人系统和场源位置的估计都能够跟踪真实的动态目标，只是递归最小二乘估计器带来的一段时间滞后会导致无法消除的跟踪稳态误差。这说明了本章所提的两目标优化控制律能够驱动无人系统跟踪运动速度较慢的场源。

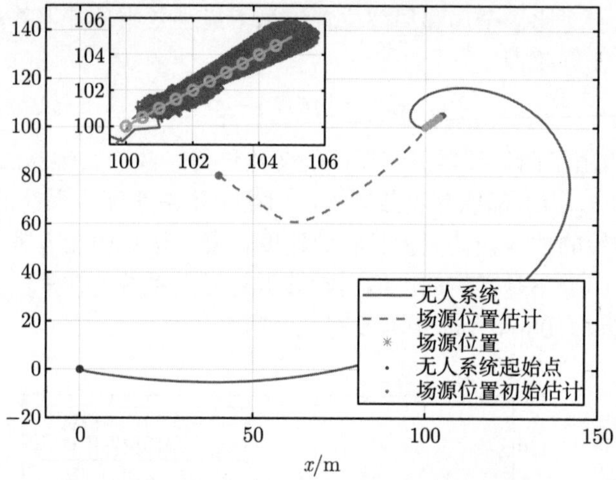

图 2.12 无人系统搜索动态目标的运动轨迹和场源位置估计 (见彩图)

2.5.4 权重参数 β 的影响

本小节中，我们通过仿真实验分析权重参数 β 对平衡控制目标和估计目标的影响，并利用仿真结果为两目标优化控制律在实际应用中系数 β 的选取提供参考。这里，我们选择以全局位置信息下算法 2.1 中的最小二乘估计器为例进行说明，分析得到的结论同样适用于无人系统只能获得局部位置信息的情况。

首先给出 $\beta = 1$，$\beta = 2$ 和 $\beta = 3$ 三种情况下场源位置估计误差 $e_{\text{est}}(k)$ 的变化情况如图 2.13 所示。其中可以看到估计误差小于 1m 时三种情况下消耗的时间分别为 51s，64s 和 145s。图 2.14 给出了三种情况下算法 2.3 驱动的无人系统与

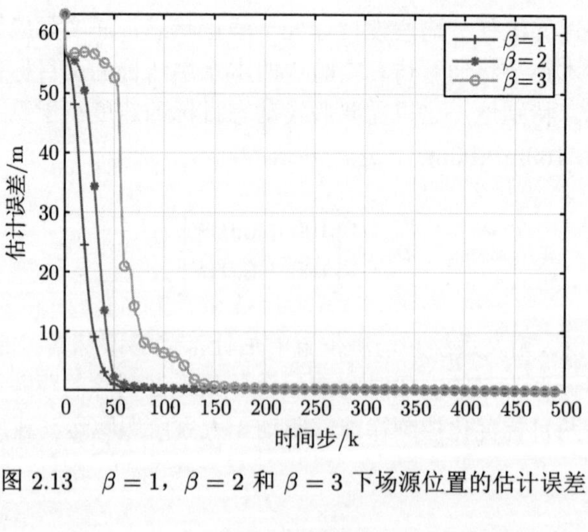

图 2.13 $\beta = 1$，$\beta = 2$ 和 $\beta = 3$ 下场源位置的估计误差

场源之间距离估计的变化情况，其中距离估计小于 1m 所需时间分别为 90s，71s 和 28s。

由这两组对比可知，权重参数 β 的取值越大，场源位置估计的收敛速度越慢，而无人系统接近目标的速度越快。特别是在图 2.14 中，对于较大的 β，无人系统与目标之间的距离估计可以很快地收敛到零。这与 2.3.2 小节中对权重参数 β 的讨论相一致，即越大的 β 说明了控制目标越重要。然而，一个很大的 β 可能导致无人系统对场源位置的估计很不准确，图 2.15 给出了一个例子：由于估计误差太大，无人系统不断接近一个“错误”的目标。因此，需要同时考虑估计性能和控制性能，谨慎选择权重参数 β。

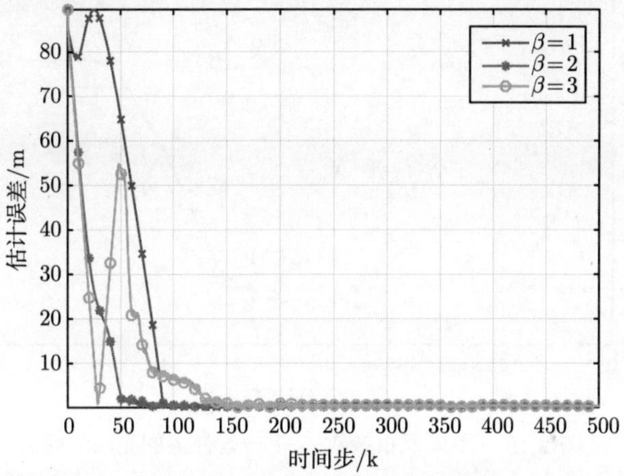

图 2.14 $\beta=1$，$\beta=2$ 和 $\beta=3$ 下无人系统与场源之间的距离估计

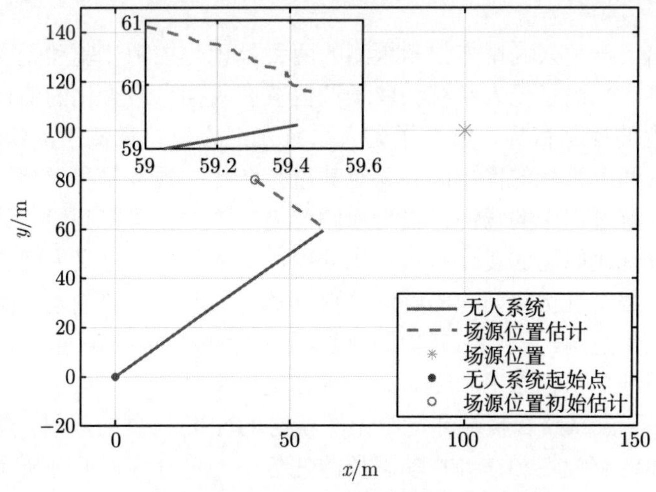

图 2.15 目标估计误差过大时的无人系统轨迹

为了进一步说明不同权重参数 β 对寻源性能的影响，我们为算法 2.3 中的两目标控制律设置了一个停止条件 $r(k) < \nu h$，满足该条件即意味着寻源任务完成。图 2.16 展示了 β 的不同取值下搜索任务的完成时间。可以看到，搜索时间随 β 取值的增大先增加后减少，最后在 $\beta \geqslant 4.5$ 后保持不变。这意味着在一般的搜索任务中 β 的取值既不能过大也不能过小。

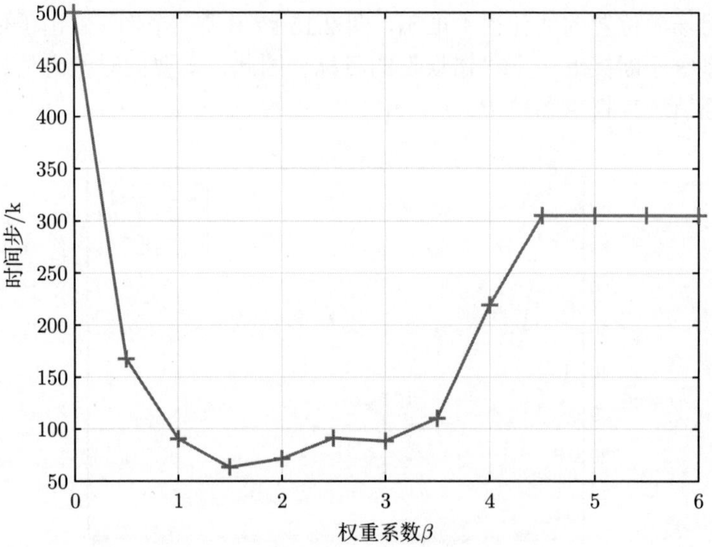

图 2.16　不同权重参数 β 下搜索任务的完成时间

2.6　本章小结

本章提出了一种只利用方位角量测的两目标优化控制律驱动无人系统执行信号场寻源任务，平衡了无人系统获取场源位置有关信息最大化的估计目标和尽快抵达场源位置的控制目标，解决了无人系统在纯方位角量测下的快速寻源问题。首先构建了这两个目标的优化问题并对其进行转化、规范化和求解，基于确定性等价原理，求解过程中的场源位置为递归最小二乘估计器得到的估计值。值得注意的是，通过优化问题的转化和规范化处理，引入了物理意义为两个目标相对重要性的权重参数，且优化问题的解依赖该参数。因此，只要输入一个权重参数和传感器的方位角量测，无人系统即可得到实现两目标平衡的角速度输入。此外，本章分别给出了地球坐标系下和无人系统本体坐标系下的递归最小二乘估计器设计方案，解决了无人系统在极端环境中无法获得 GNSS 信息的问题。仿真实验证明了所提控制律的有效性和在寻找动态场源任务中的可行性，并分析了权重参数对无人系统寻源轨迹的影响。

第 3 章　定高定姿寻源的矢量优化控制

在实际环境中的未知信号场中，无人系统无法总能通过传感器测量得到与场源位置直接相关的物理量，但可以获得其当前位置的场强测量值。因此，本章主要研究无人系统仅利用场强量测的寻源问题，特别考虑无人系统具有六自由度动力学，并期望设计合理的控制律驱动无人系统以预定的姿态和高度抵达未知的场源位置。为实现这一目标，本章构建了一个矢量优化问题。但由于无人系统对信号场分布完全未知，只能通过机载传感器测得其当前位置的场强以及自身的高度和姿态，一般的基于梯度的优化方法无法直接求解该矢量优化问题。在假设信号场场强在二维平面上光滑分布并在场源位置取得最大值的条件下，本章提出了一种基于梯度估计的矢量优化控制律，首先设计了一种半圆形的多传感器排布来获得同一时刻不同空间位置的场强，利用这些场强估计出信号场在当前位置的梯度，即学习到了场强的变化趋势。其次针对强非线性的六自由度无人系统，本章分别设计了利用准确梯度和估计梯度的控制律使其不断接近场源位置且达到期望姿态，给出了两种控制律下闭环系统的稳定性证明；并分析了梯度估计误差对无人系统寻源位置误差的影响。最后，以水下潜器搜索海底最低点为例，验证了多传感器协同的梯度估计方法和基于梯度估计的矢量优化控制律的有效性。

3.1　本 章 引 言

在资源勘探、污染监控等应用场景中，常常需要无人系统抵达未知的场源位置并进行拍照、采样、处置等操作，即要求无人系统以某些特定的姿态和高度抵达场源位置。本章重点研究上述应用场景中的寻源问题，目标是设计合理的控制律驱动无人系统实现定高定姿寻源。由以上控制目的可以看到，控制律设计的难点在于两个方面，一是多自由度无人系统的复杂动力学，二是信号场未知的分布和场源位置。

现有一些研究[30,130] 常使用一阶或二阶积分系统来描述无人系统的动力学模型，即将无人系统的各个自由度解耦以便于控制律的分析和综合，但在一些精细化作业的任务中，这种方法无法满足无人系统多个自由度的任务需求。Fossen 等[131] 给出了六自由度无人系统的二阶非线性模型，即著名的欧拉-拉格朗日模型。处理这一类模型的非线性控制方法包括滑模控制[132]、自适应控制[133] 和反步控制[134] 等，但这些方法往往局限于无人系统对预定目标或轨迹的跟踪任务，而没有考虑目标或轨迹未知的情况。为解决该问题，本章针对欧拉-拉格朗日动力学模型的无人系统设计了不依赖于模型参数和未知场源位置的控制律，其中引入了无人系统对信号场梯度的估计项，以驱动无人系统不断接近未知的场源位置。

本书 1.2 节综述了多种无人系统自主寻源方法，本章假设无人系统只能获得信号场中的单种场强，并考虑非线性规划中基于梯度估计的寻源方法。Rosero 等[135] 和 Lin 等[136] 分别给出了分布式一致性滤波器和随机极值搜索方法用于估计信号场未知的梯度，但没有考虑将其应用于欧拉-拉格朗日模型的可行性和稳定性。相比之下，Brinon 等[30] 将梯度估计与无人系统动力学完全解耦，因此更适合于考虑无人系统复杂动力学特性的情况，但其中的梯度估计需要多个无人系统形成圆形编队并进行实时通信，成本较高。与之不同，本章采用携带多个传感器的单个无人系统，免去了无人系统的编队控制和无人系统间的实时通信。此外，本章设计了一种半圆形的多传感器排布方式，减少了用于梯度估计的传感器数量，且可以得到与文献 [30] 精度相当的信号场梯度估计，弥补了基于梯度估计的寻源方法常采用多个无人系统而成本较高的不足。

综上所述，本章为六自由度无人系统设计了一种新型的多传感器排布方式用于未知信号场的梯度估计，提出了基于梯度估计且不依赖于模型参数的矢量优化控制律，可以驱动无人系统以预定姿态和高度抵达未知的场源位置。此外，本章分别对梯度已知和梯度估计两种情况中所提控制律下闭环系统的稳定性进行了严格的证明，并且分析了梯度估计误差对无人系统最终寻源误差的影响。

3.2 定高定姿寻源问题

本节将给出具有六自由度无人系统定高定姿寻源的矢量优化问题模型，其中无人系统的动力学模型取为具有强非线性和对称性质的欧拉-拉格朗日模型。

3.2.1 问题描述

考虑二维平面上某一分布未知的标量静止信号场，令 $f_s(\cdot):\mathbb{R}^2\to\mathbb{R}$ 表示该信号场的分布函数，$\boldsymbol{p}^*\in\arg\min\limits_{\boldsymbol{p}} f_s(\boldsymbol{p})\in\mathbb{R}^2$ 表示信号场的一个极小值点，即场源位置。一个具有六自由度的无人系统对该信号场的分布情况和场源位置完全未知，期望只利用其对信号场的强度量测信息，并以给定高度和姿态抵达该信号场的场源位置。

本章将上述寻源控制问题构建为一个矢量优化问题，即在无人系统的动力学约束下最小化一矢量目标函数 $\boldsymbol{f}(\boldsymbol{x}):\mathbb{R}^6\to\mathbb{R}^2$，其中决策变量 $\boldsymbol{x}$ 为无人系统的状态向量。令函数 $f_p(\boldsymbol{x}):\mathbb{R}^6\to\mathbb{R}$ 和 $f_a(\boldsymbol{x}):\mathbb{R}^6\to\mathbb{R}$ 分别表示抵达场源位置

$\boldsymbol{p}^* \in \mathbb{R}^2$ 和达到期望高度及姿态 $\boldsymbol{x}_a^d \in \mathbb{R}^4$ 两个目标，则可表示矢量目标函数如下：

$$\boldsymbol{f}(\boldsymbol{x}) =: \begin{bmatrix} f_p(\boldsymbol{x}) \\ f_a(\boldsymbol{x}) \end{bmatrix} = \begin{bmatrix} f_s(\boldsymbol{p}) \\ \|\boldsymbol{x}_a - \boldsymbol{x}_a^d\|^2 \end{bmatrix} \in \mathbb{R}^2 \tag{3.1}$$

其中，$\boldsymbol{p} \in \mathbb{R}^2$ 表示无人系统在二维平面上的位置，$\boldsymbol{x}_a \in \mathbb{R}^4$ 为包含无人系统垂直高度和三个姿态角的向量，$\boldsymbol{x}_a^d$ 为期望的无人系统垂直高度和姿态向量。

式 (3.1) 中，无人系统期望高度及姿态向量 $\boldsymbol{x}_a^d$ 是用户预先设计的已知量，因此直接给出了目标分量 $f_a(\boldsymbol{x})$ 的一种显式表达式；与之不同，目标分量 $f_p(\boldsymbol{x}) = f_s(\boldsymbol{p})$ 与信号场在空间中的未知分布有关，因此无法给出一种显式表达式，本章对其有以下假设。

假设 3.1 函数 $f_s(\boldsymbol{p})$ 为严格凸且二阶连续可微的函数。

假设 3.2 函数 $f_s(\boldsymbol{p})$ 为强制函数，即当 $\|\boldsymbol{p}\| \to \infty$ 时，$f_s(\boldsymbol{p}) \to \infty$。

假设 3.1 表明该信号场中具有唯一的场源。

注释 3.1 在大多数应用场景中，满足上述假设的目标函数 $f_s(\boldsymbol{p})$ 可根据具体的寻源任务进行构建。首先，一般的标量信号场可以通过平滑满足假设 3.1；其次，由于信号场的分布范围有限，通常情况下，当无人系统距离场源位置越远，可接收到的场强将越小直至消失，因此假设 3.2 成立。一种典型的目标函数设计是令 $f_s(\boldsymbol{p})$ 为位置 $\boldsymbol{p}$ 处信号场场强的负对数。

3.2.2 无人系统动力学模型

本章考虑六自由度无人系统的动力学模型如下：

$$M(\boldsymbol{x})\ddot{\boldsymbol{x}} + C(\boldsymbol{x}, \dot{\boldsymbol{x}})\dot{\boldsymbol{x}} + D(\boldsymbol{x}, \dot{\boldsymbol{x}})\dot{\boldsymbol{x}} + \boldsymbol{g}(\boldsymbol{x}) = \boldsymbol{u}(\boldsymbol{x}, \dot{\boldsymbol{x}}) \tag{3.2}$$

其中，$\boldsymbol{x}(t) = [x(t), y(t), z(t), \varphi(t), \psi(t), \theta(t)]^\mathsf{T} \in \mathbb{R}^6$ 为无人系统在地球坐标系下的状态向量，我们将时间变量 t 省略以简化符号表示，x, y, z 分别表示 x 轴、y 轴、z 轴上的位置坐标，φ, ψ, θ 分别表示绕 x 轴、y 轴、z 轴转动的姿态角；$M(\boldsymbol{x}) \in \mathbb{R}^{6\times 6}$ 为无人系统的惯性矩阵；$C(\boldsymbol{x}, \dot{\boldsymbol{x}}) \in \mathbb{R}^{6\times 6}$ 为无人系统所受科里奥利力及向心力和力矩矩阵；$D(\boldsymbol{x}, \dot{\boldsymbol{x}}) \in \mathbb{R}^{6\times 6}$ 为环境中流体阻尼系数矩阵；$g(\boldsymbol{x}) \in \mathbb{R}^6$ 为重力作用下力和力矩的已知向量；$\boldsymbol{u}(\boldsymbol{x}, \dot{\boldsymbol{x}}) \in \mathbb{R}^6$ 为无人系统的控制输入。动力学模型 (3.2) 具有如下性质[137]。

(1) $M(\boldsymbol{x})$ 为对称有界矩阵，即

$$M(\boldsymbol{x}) = M^\mathsf{T}(\boldsymbol{x}),\ \underline{m}\|\boldsymbol{s}\|^2 \leqslant \boldsymbol{s}^\mathsf{T} M(\boldsymbol{x})\boldsymbol{s} \leqslant \overline{m}(\boldsymbol{x})\|\boldsymbol{s}\|^2, \quad \forall \boldsymbol{s} \in \mathbb{R}^6 \tag{3.3}$$

其中，$\underline{m}$ 为已知的正常数，$\overline{m}(\boldsymbol{x}) : \mathbb{R}^6 \to \mathbb{R}_+$ 为已知的正函数。

(2) $C(\boldsymbol{x},\dot{\boldsymbol{x}})$ 为有界矩阵且 $\dot{M}(\boldsymbol{x})-2C(\boldsymbol{x},\dot{\boldsymbol{x}})$ 为反对称矩阵，即

$$\boldsymbol{s}^{\mathsf{T}}[\dot{M}(\boldsymbol{x})-2C(\boldsymbol{x},\dot{\boldsymbol{x}})]\boldsymbol{s}=0,\quad \forall \boldsymbol{s}\in\mathbb{R}^6 \tag{3.4}$$

(3) $D(\boldsymbol{x},\dot{\boldsymbol{x}})$ 为有界严格正矩阵，即

$$D(\boldsymbol{x},\dot{\boldsymbol{x}})>0 \tag{3.5}$$

以上性质将在无人系统闭环系统稳定性的分析中发挥重要作用。

3.2.3 本章目标

无人系统在标量信号场中的定高定姿寻源任务转化为矢量优化问题：

$$\begin{aligned}\underset{\boldsymbol{u}(\boldsymbol{x},\dot{\boldsymbol{x}})}{\text{minimize}}\quad & \boldsymbol{f}(\boldsymbol{x})\\ \text{s.t.}\quad & \text{动力学模型 (3.2) 成立}\end{aligned} \tag{3.6}$$

本章的目标为设计合理的控制律，使得无人系统 (3.2) 的状态向量 $\boldsymbol{x}\to\boldsymbol{x}^*$，其中 $\boldsymbol{x}^*$ 为矢量优化问题 (3.6) 的一个 Pareto 解，即对任意 $\boldsymbol{x}$ 都使 $\boldsymbol{f}(\boldsymbol{x})-\boldsymbol{f}(\boldsymbol{x}^*)$ 的所有分量非负成立。实现这个目标具有以下难点。

(1) 无人系统只能获取多个传感器的场强测量，而对信号场的分布函数 $f_s(\boldsymbol{p})$ 的具体形式未知，因此无法利用优化理论中的梯度法直接求解矢量优化问题 (3.6)。

(2) 无人系统 (3.2) 是一个具有强非线性、高耦合性的二阶六自由度系统，控制难度大。

针对以上难点，本章提出了一种利用多个传感器测量进行梯度估计并利用该梯度估计进行控制律设计的方案。具体来说，本章设计了一种半圆形的多传感器排布方式，通过不同空间位置的量测估计信号场在无人系统所在位置的梯度，即学习信号场场强的变化趋势，从而克服了第一个难点；然后利用得到的梯度估计为无人系统 (3.2) 设计控制律，并利用其动力学的相关性质证明控制律下闭环系统的稳定性，从而克服了第二个难点。

3.3 半圆形传感器排布下的梯度估计

优化理论的常用算法大多利用目标函数的一阶信息，即基于梯度的优化算法。但对于本章中的矢量优化问题 (3.6)，由于标量信号场的分布情况完全未知，无人系统需要利用仅可获得的场强量测估计信号场的梯度。为此，本节设计了一种利用不同空间位置上的场强量测来估计梯度的有效方法。

由于无人系统的期望高度和姿态 $\boldsymbol{x}_a^d$ 为用户设计的已知量，目标分量 $f_a(\boldsymbol{x})$ 的梯度可以直接得到，即

$$\nabla f_a(\boldsymbol{x}) = \begin{bmatrix} \boldsymbol{0}_{2\times 1} \\ 2(\boldsymbol{x}_a - \boldsymbol{x}_a^d) \end{bmatrix}$$

因此，求解矢量优化问题 (3.6) 时只需要利用多个传感器测量对目标分量 $f_p(\boldsymbol{x})$ 的梯度进行估计。假设无人系统能同时携带多个传感器，本章设计了如图 3.1 所示的多传感器排布方式，其中一个传感器安装在无人系统本体上，记为传感器 0，其他传感器与无人系统刚性连接并平均地分布在以传感器 0 为圆心的一个半圆上，该半圆的朝向为无人系统的前进方向。

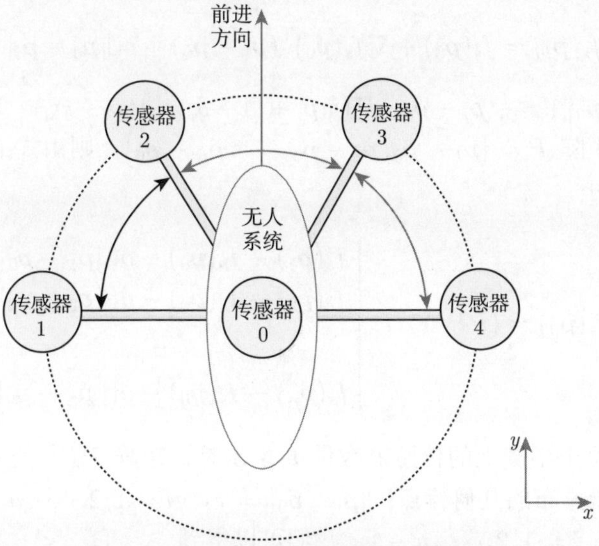

图 3.1 无人系统多个传感器的半圆形排布

利用多个传感器在不同位置上的场强量测，本节设计了基于最小二乘法的梯度估计方法，并得到如下引理。

引理 3.1 记第 i 个传感器在 xy 平面上的位置为 $\boldsymbol{p}_i = [x_i, y_i]^\mathsf{T}$，其中传感器 $i=0$ 安装在无人系统本体上，即 $\boldsymbol{p}_0 = \boldsymbol{p}$，传感器 $i=1,2,\cdots,n$ 为边缘传感器。如果有 $n \geqslant 3$ 边缘传感器等间隔地排布在以 $\boldsymbol{p}_0$ 为圆心，r 为半径的半圆上，且半圆的朝向与无人系统前进方向恰好垂直，那么函数 $f_s(\boldsymbol{p})$ 的梯度估计可表示为

$$\hat{\nabla} f_s(\boldsymbol{p}) = \frac{2N}{r^2}\sum_{i=1}^{n}(\boldsymbol{p}_i - \boldsymbol{p})^\mathsf{T}\big(f_s(\boldsymbol{p}_i) - f_s(\boldsymbol{p})\big) \tag{3.7}$$

其中，$N = \begin{bmatrix} \dfrac{1}{n+1} & 0 \\ 0 & \dfrac{1}{n-1} \end{bmatrix}$。此外，梯度估计误差可表示为

$$\tilde{\nabla} f_s(\boldsymbol{p}) = -\frac{2N}{r^2}\sum_{i=1}^{n}(\boldsymbol{p}_i-\boldsymbol{p})(\boldsymbol{p}_i-\boldsymbol{p})^{\mathsf{T}} H\big(\delta_i\boldsymbol{p}_i+(1-\delta_i)\boldsymbol{p}\big)(\boldsymbol{p}_i-\boldsymbol{p}) \tag{3.8}$$

其中，$\delta_i \in [0,1]$，且满足如下关系

$$\big\|\tilde{\nabla} f_s(\boldsymbol{p})\big\| \leqslant \frac{nr}{n-1}\max_i\big\{\lambda_{\max}\big(H\big(\delta_i\boldsymbol{p}_i+(1-\delta_i)\boldsymbol{p}\big)\big)\big\} \tag{3.9}$$

其中，矩阵 $H(\boldsymbol{p})$ 表示函数 $f_s(\boldsymbol{p})$ 的 Hessian 矩阵。

证明 函数 $f_s(\boldsymbol{p}_i)$ 可通过泰勒公式表示为

$$f_s(\boldsymbol{p}_i) = f_s(\boldsymbol{p}_0) + \nabla f_s(\boldsymbol{p}_0)^{\mathsf{T}}(\boldsymbol{p}_i-\boldsymbol{p}_0) + o(\|\boldsymbol{p}_0-\boldsymbol{p}_i\|) \tag{3.10}$$

其中，$o(\|\boldsymbol{p}_i-\boldsymbol{p}_0\|) = \frac{1}{2}(\boldsymbol{p}_i-\boldsymbol{p}_0)^{\mathsf{T}} H\big(\delta_i\boldsymbol{p}_i+(1-\delta_i)\boldsymbol{p}_0\big)(\boldsymbol{p}_i-\boldsymbol{p}_0)$。为了表达的简便性，我们引入矩阵 $P = \big[\boldsymbol{p}_1-\boldsymbol{p}_0, \boldsymbol{p}_2-\boldsymbol{p}_0, \cdots, \boldsymbol{p}_n-\boldsymbol{p}_0\big]$，则由式 (3.10) 可将梯度 $\nabla f_s(\boldsymbol{p}_0)$ 表示为

$$\nabla f_s(\boldsymbol{p}_0) = (PP^{\mathsf{T}})^{-1}P\begin{bmatrix} f_s(\boldsymbol{p}_1)-f_s(\boldsymbol{p}_0)-o\big(\|\boldsymbol{p}_1-\boldsymbol{p}_0\|\big) \\ f_s(\boldsymbol{p}_2)-f_s(\boldsymbol{p}_0)-o\big(\|\boldsymbol{p}_2-\boldsymbol{p}_0\|\big) \\ \vdots \\ f_s(\boldsymbol{p}_n)-f_s(\boldsymbol{p}_0)-o\big(\|\boldsymbol{p}_n-\boldsymbol{p}_0\|\big) \end{bmatrix} \tag{3.11}$$

通常来说，当位于半圆上的传感器数量 $n \geqslant 3$ 时，矩阵 PP^{T} 的逆是存在的。此外，根据传感器排布的几何特点：$\|\boldsymbol{p}_i-\boldsymbol{p}_0\| = r$，$\forall i = 1,2,\cdots,n$，$\|\boldsymbol{p}_{i+1}-\boldsymbol{p}_i\| = \|\boldsymbol{p}_{j+1}-\boldsymbol{p}_j\|, \forall i,j = 1,2,\cdots,n-1$，我们可以得到

$$\begin{aligned} PP^{\mathsf{T}} &= \sum_{i=1}^{n}(\boldsymbol{p}_i-\boldsymbol{p}_0)(\boldsymbol{p}_i-\boldsymbol{p}_0)^{\mathsf{T}} \\ &= r^2\sum_{i=1}^{n}\begin{bmatrix}\cos\left(\dfrac{i-1}{n-1}\pi\right) \\ \sin\left(\dfrac{i-1}{n-1}\pi\right)\end{bmatrix}\begin{bmatrix}\cos\left(\dfrac{i-1}{n-1}\pi\right) \\ \sin\left(\dfrac{i-1}{n-1}\pi\right)\end{bmatrix}^{\mathsf{T}} \\ &= r^2\sum_{i=1}^{n}\begin{bmatrix}\cos^2\left(\dfrac{i-1}{n-1}\pi\right) & \dfrac{1}{2}\sin\left(\dfrac{2i-2}{n-1}\pi\right) \\ \dfrac{1}{2}\sin\left(\dfrac{2i-2}{n-1}\pi\right) & \sin^2\left(\dfrac{i-1}{n-1}\pi\right)\end{bmatrix} \end{aligned} \tag{3.12}$$

由三角恒等关系

$$2\cos^2\zeta = 1+\cos(2\zeta),\ 2\sin^2\zeta = 1-\cos(2\zeta)$$

$$\sum_{i=1}^{n}\cos\left(\frac{2i-2}{n-1}\pi\right)=1,\ \sum_{i=1}^{n}\sin\left(\frac{2i-2}{n-1}\pi\right)=0$$

可将式 (3.12) 进一步化简为

$$PP^{\mathsf{T}}=\frac{r^2}{2}\begin{bmatrix}n+1 & 0\\ 0 & n-1\end{bmatrix} \tag{3.13}$$

那么，将式 (3.13) 代入到式 (3.11) 中可以得到

$$\nabla f_s(\boldsymbol{p}_0)=\frac{2N}{r^2}\sum_{i=1}^{n}(\boldsymbol{p}_i-\boldsymbol{p}_0)\big(f_s(\boldsymbol{p}_i)-f_s(\boldsymbol{p}_0)\big)-\frac{2N}{r^2}\sum_{i=1}^{n}(\boldsymbol{p}_i-\boldsymbol{p}_0)o\big(\|\boldsymbol{p}_i-\boldsymbol{p}_0\|\big)$$

该等式右端的两项分别为梯度估计 (3.7) 和梯度估计误差 (3.8)。

特别地，由式 (3.10) 中 $o\big(\|\boldsymbol{p}_i-\boldsymbol{p}_0\|\big)$ 的定义，可以得到如下关系

$$\begin{aligned}\big|o\big(\|\boldsymbol{p}_i-\boldsymbol{p}_0\|\big)\big| &\leqslant \frac{1}{2}\lambda_{\max}\big(H\big(\delta_i\boldsymbol{p}_i+(1-\delta_i)\boldsymbol{p}_0\big)\big)\|\boldsymbol{p}_i-\boldsymbol{p}_0\|^2\\ &=\frac{r^2}{2}\lambda_{\max}\big(H\big(\delta_i\boldsymbol{p}_i+(1-\delta_i)\boldsymbol{p}_0\big)\big)\end{aligned}$$

因此，梯度估计误差 $\tilde{\nabla} f_s(\boldsymbol{p})$ 满足如下不等式

$$\begin{aligned}\|\tilde{\nabla} f_s(\boldsymbol{p})\|=\|\tilde{\nabla} f_s(\boldsymbol{p}_0)\| &\leqslant \sum_{i=1}^{n}\frac{2}{r^2(n-1)}\|\boldsymbol{p}_i-\boldsymbol{p}_0\|\big|o\big(\|\boldsymbol{p}_i-\boldsymbol{p}_0\|\big)\big|\\ &\leqslant \frac{nr}{n-1}\max_i\big\{\lambda_{\max}\big(H\big(\delta_i\boldsymbol{p}_i+(1-\delta_i)\boldsymbol{p}\big)\big)\big\}\end{aligned}$$

■

由梯度的最小二乘估计 (3.7) 可以得到，本章所提的梯度估计方法与多个无人系统在圆形编队下的梯度估计方法类似[30]。与之不同的是，本章采用多个传感器的刚性结构，损失了多个无人系统的灵活性，但同时避免了多个无人系统的编队控制问题；此外，为达到相似精度的估计梯度，本章所提传感器构型可比圆形编队节省近一半数量的传感器，因此更经济实用。

注释 3.2 若信号场在空间中的分布具有二次型形式，那么一个圆形的传感器排布即可准确地估计出其梯度[30]。然而在实际的信号场寻源任务中，无人系统对信号场的分布完全未知，因此梯度估计误差 (3.8) 将一直存在。幸运的是，引理 3.1 表明在如图 3.1 所示的传感器排布下梯度估计误差是有上界的，且可以通过增加传感器数量和减小半圆形排布的半径来减小该上界。但是出于经济性的考虑，以及排布半径太小将导致不同传感器的量测值相近，该上界只能在一定范围内减小。

3.4 矢量优化控制律

本节首先在梯度信息完全已知的假设下设计六自由度无人系统的控制律，并证明在其作用下无人系统闭环系统的稳定性，然后将此控制律中的准确梯度替换为梯度估计，再次分析闭环系统的稳定性，以及梯度估计误差对无人系统最终收敛位置的影响。

3.4.1 基于准确梯度的控制律设计

假设信号场的梯度信息已知，设计无人系统的控制律为

$$\boldsymbol{u}(\boldsymbol{x},\dot{\boldsymbol{x}}) = -k\dot{\boldsymbol{x}} - \alpha\nabla f_p(\boldsymbol{x}) - \beta\nabla f_a(\boldsymbol{x}) + \boldsymbol{g}(\boldsymbol{x}) \tag{3.14}$$

其中，$-k\dot{\boldsymbol{x}}$ 为速度阻尼项，保证了无人系统速度的有界性；$-\nabla f_p(\boldsymbol{x})$ 和 $-\nabla f_a(\boldsymbol{x})$ 为矢量目标函数中两个分量的负梯度，驱动无人系统分别向 $f_p(\boldsymbol{x})$ 和 $f_a(\boldsymbol{x})$ 减小的方向运动；控制参数 $k>0$，$\alpha>0$ 和 $\beta>0$，其中 α 和 β 可以看作优化问题中梯度法的步长，极大地影响了控制性能，具体来说，较大的 α 和 β 可以加速无人系统向 Pareto 最优点收敛，但是也增加了发散的可能性；最后一项 $g(\boldsymbol{x})$ 用来补偿动力学模型 (3.2) 中重力和浮力带来的力和力矩。

梯度方向为函数增加速度最快的方向，将负梯度信息作为控制律输入可驱动无人系统沿目标函数下降最快的方向运动。此外，该控制律最大的特点在于完全不依赖无人系统动力学模型中的参数，更容易应用于不同类型的无人系统。基于控制律 (3.14) 可以得到如下结论。

命题 3.1 若控制律 (3.14) 中的参数满足 $k>0$，$\alpha>0$ 和 $\beta>0$，那么无人系统的状态变量 $\boldsymbol{x}$ 将渐近地收敛于目标函数的一个 Pareto 最优点 $\boldsymbol{x}^*$ 。

证明 本节采用 Lyapunov 稳定性理论来分析无人系统在控制律 (3.14) 下的闭环稳定性。首先，构造 Lyapunov 函数

$$V = \frac{1}{2}\dot{\boldsymbol{x}}^\top M\dot{\boldsymbol{x}} + \alpha\big(f_s(\boldsymbol{p}) - f_p(\boldsymbol{x}^*)\big) + \beta\big(f_a(\boldsymbol{x}) - f_a(\boldsymbol{x}^*)\big) \tag{3.15}$$

由 Pareto 最优解 $\boldsymbol{x}^*$ 的定义容易得到函数 V 是正定的。沿无人系统轨迹对 Lyapunov 函数 (3.15) 求时间导数可得

$$\begin{aligned}\dot{V} &= \frac{1}{2}\dot{\boldsymbol{x}}^\top \dot{M}\dot{\boldsymbol{x}} + \dot{\boldsymbol{x}}^\top M\ddot{\boldsymbol{x}} + \alpha\nabla f_s(\boldsymbol{p})^\top\dot{\boldsymbol{x}} + \beta\nabla f_a(\boldsymbol{x})^\top\dot{\boldsymbol{x}} \\ &= \frac{1}{2}\dot{\boldsymbol{x}}^\top \dot{M}\dot{\boldsymbol{x}} + \dot{\boldsymbol{x}}^\top\big(\boldsymbol{u}(\boldsymbol{x},\dot{\boldsymbol{x}}) - C(\boldsymbol{x},\dot{\boldsymbol{x}})\dot{\boldsymbol{x}} - D(\boldsymbol{x},\dot{\boldsymbol{x}})\dot{\boldsymbol{x}} - g(\boldsymbol{x})\big) \\ &\quad + \alpha\nabla f_s(\boldsymbol{p})^\top\dot{\boldsymbol{x}} + \beta\nabla f_a(\boldsymbol{x})^\top\dot{\boldsymbol{x}}\end{aligned} \tag{3.16}$$

将控制律 (3.14) 代入到式 (3.16) 中，并应用无人系统动力学模型的性质 (3.4)，可以得到

$$\begin{aligned}\dot{V} &= \dot{\boldsymbol{x}}^{\top}\big(-k\dot{\boldsymbol{x}} - \alpha\nabla f_p(\boldsymbol{x}) - \beta\nabla f_a(\boldsymbol{x}) - D(\boldsymbol{x},\dot{\boldsymbol{x}})\dot{\boldsymbol{x}}\big) + \alpha\nabla f_p(\boldsymbol{x})^{\top}\dot{\boldsymbol{x}} + \beta\nabla f_a(\boldsymbol{x})^{\top}\dot{\boldsymbol{x}} \\ &= -k\dot{\boldsymbol{x}}^{\top}\dot{\boldsymbol{x}} - \dot{\boldsymbol{x}}^{\top}D(\boldsymbol{x},\dot{\boldsymbol{x}})\dot{\boldsymbol{x}}\end{aligned}$$

由于 $k > 0$ 和无人系统动力学模型的性质 (3.5)，对所有的 $\dot{\boldsymbol{x}}$，显然有 $\dot{V} \leqslant 0$ 成立，且只有当 $\dot{\boldsymbol{x}} = \mathbf{0}$ 时，有 $\dot{V} = 0$ 成立。在 $\dot{\boldsymbol{x}} = \mathbf{0}$ 的情况下，因为结构参数 $C(\boldsymbol{x},\dot{\boldsymbol{x}})$ 和 $D(\boldsymbol{x},\dot{\boldsymbol{x}})$ 均有上界，所以无人系统闭环系统可以写作

$$M(\boldsymbol{x})\ddot{\boldsymbol{x}} + \alpha\nabla f_p(\boldsymbol{x}) + \beta\nabla f_a(\boldsymbol{x}) = 0$$

那么，无人系统动力学 (3.2) 的有界性保证了当 $\ddot{\boldsymbol{x}} = 0$ 时，一定有 $\nabla f_p(\boldsymbol{x}) = 0$ 和 $\nabla f_a(\boldsymbol{x}) = 0$ 成立。因此，无人系统闭环系统只可能陷入满足 $\nabla f_s(\boldsymbol{p}) = 0$ 和 $\nabla f_a(\boldsymbol{x}) = 0$ 的某一平衡点，在假设 3.1 下，此平衡点恰好就是严格凸的目标函数的 Pareto 最优点 $\boldsymbol{x}^*$。

根据拉萨尔 (LaSalle) 不变原理[138]，定义 $\mathscr{S} = \{x \in \mathbb{R}^{12} | \dot{V} = 0\}$，则 $\mathscr{S}$ 中最大的不变集 $\mathscr{M}$ 只包含一个点，即控制律 (3.14) 下无人系统闭环系统的一个稳定平衡点 $\dot{\boldsymbol{x}} = \mathbf{0}, \boldsymbol{x} = \boldsymbol{x}^*$。因此，可以得到结论：无人系统在控制律 (3.14) 的驱动下将以零速度最终抵达目标函数的 Pareto 最优点 $\boldsymbol{x}^*$。 ■

注释 3.3 命题 3.1 说明了梯度法对于求解矢量优化问题 (3.6) 具有很好的收敛性能。此外，本节提出的控制律 (3.14) 是不需要信号场 Hessian 矩阵的一种梯度下降方法，其形式与最速下降法[139] 类似，但与这些方法不同，本章所提控制律 (3.14) 的设计依据是式 (3.15) 中的能量函数 V 而不是式 (3.1) 中的目标函数。该设计方法具有更大的灵活性，而且能够更方便地搜索给定函数的局部最小值。

3.4.2 梯度估计下的控制律设计

由于梯度项 $\nabla f_p(\boldsymbol{x})$ 无法准确获得，本节根据确定性等价原理，将其替换为估计梯度 $\hat{\nabla} f_p(\boldsymbol{x})$。结合目标函数 (3.1) 中的 $f_p(\boldsymbol{x}) = f_s(\boldsymbol{p})$ 和估计梯度 (3.7)，可以得目标函数分量 $f_p(\boldsymbol{x})$ 的梯度估计

$$\hat{\nabla} f_p(\boldsymbol{x}) = \begin{bmatrix} \hat{\nabla} f_s(\boldsymbol{p}) \\ \mathbf{0}_{4\times 1} \end{bmatrix} \tag{3.17}$$

那么，可以得到如下基于估计梯度的控制律

$$\boldsymbol{u}(\boldsymbol{x},\dot{\boldsymbol{x}}) = -k\dot{\boldsymbol{x}} - \alpha\hat{\nabla} f_p(\boldsymbol{x}) - \beta\nabla f_a(\boldsymbol{x}) + \boldsymbol{g}(\boldsymbol{x}) \tag{3.18}$$

在控制律 (3.18) 作用下，无人系统闭环系统的稳定性由命题 3.2 给出。

命题 3.2 考虑搭载有如图 3.1 所示多传感器排布的无人系统，假设其前进方向与其速度方向一致，如果控制律 (3.18) 中的参数满足 $k>0$，$\alpha>0$ 和 $\beta>0$，那么在其作用下，无人系统的状态变量 $\boldsymbol{x}$ 将渐近地收敛于目标函数的一个 Pareto 最优点 $\boldsymbol{x}^*$ 附近的小区域内。

此外，记函数 $f_s(\boldsymbol{p})$ 的 Hessian 矩阵为 $H(\boldsymbol{p})$，假设矩阵 $H(\boldsymbol{p})$ 的特征值有界，即 $\forall\boldsymbol{p}$，有 $\lambda(H(\boldsymbol{p}))\in[\lambda_m,\lambda_M]$ 成立，那么无人系统的最终收敛点与 Pareto 最优点之间的位置误差满足

$$\lim_{t\to+\infty}\|\boldsymbol{x}(t)-\boldsymbol{x}^*\|\leqslant\frac{nr\lambda_M}{(n-1)\lambda_m}\tag{3.19}$$

证明 根据 Lyapunov 稳定性理论，构建与命题 3.1 证明中相同的 Lyapunov 函数 (3.15)。在控制律 (3.18) 的作用下，Lyapunov 函数的时间导数沿无人系统轨迹可表示为

$$\begin{aligned}\dot V&=\dot{\boldsymbol{x}}^{\mathsf T}\big(-k\dot{\boldsymbol{x}}-\alpha\hat\nabla f_p(\boldsymbol{x})-\beta\nabla f_a(\boldsymbol{x})-D(\boldsymbol{x},\dot{\boldsymbol{x}})\dot{\boldsymbol{x}}\big)+\alpha\nabla f_s(\boldsymbol{p})^{\mathsf T}\dot{\boldsymbol{x}}+\beta\nabla f_a(\boldsymbol{x})^{\mathsf T}\dot{\boldsymbol{x}}\\&=-k\dot{\boldsymbol{x}}^{\mathsf T}\dot{\boldsymbol{x}}-\dot{\boldsymbol{x}}^{\mathsf T}D(\boldsymbol{x},\dot{\boldsymbol{x}})\dot{\boldsymbol{x}}+\alpha\tilde\nabla f_s(\boldsymbol{p})^{\mathsf T}\dot{\boldsymbol{x}}\end{aligned}\tag{3.20}$$

显然，如果梯度估计误差项满足 $\tilde\nabla f_s(\boldsymbol{p})^{\mathsf T}\dot{\boldsymbol{x}}\leqslant 0$，则可以直接得到 $\dot V\leqslant 0$。为了证明这一点，我们将梯度估计误差的表达式 (3.8) 代入到 $\tilde\nabla f_s(\boldsymbol{p})^{\mathsf T}\dot{\boldsymbol{x}}$ 中，利用矩阵 $H(\delta_i\boldsymbol{p}_i+(1-\delta_i)\boldsymbol{p}_0)$ 和 N 的对称性以及估计梯度 (3.17) 得到

$$\tilde\nabla f_s(\boldsymbol{p})^{\mathsf T}\dot{\boldsymbol{x}}=-\frac{2}{r^2}\sum_{i=1}^{n}(\boldsymbol{p}_i-\boldsymbol{p}_0)^{\mathsf T}H\big(\delta_i\boldsymbol{p}_i+(1-\delta_i)\boldsymbol{p}_0\big)(\boldsymbol{p}_i-\boldsymbol{p}_0)(\boldsymbol{p}_i-\boldsymbol{p}_0)^{\mathsf T}N\dot{\boldsymbol{p}}\tag{3.21}$$

在以无人系统的重心为原点，无人系统的前进方向为 y 轴正方向的平面直角坐标系中，对于任意的 $i=1,2,\cdots,n$，存在如下关系：

$$\begin{aligned}(\boldsymbol{p}_i-\boldsymbol{p}_0)^{\mathsf T}N\dot{\boldsymbol{p}}&=\begin{bmatrix}\cos\left(\dfrac{i-1}{n-1}\pi\right)\\\sin\left(\dfrac{i-1}{n-1}\pi\right)\end{bmatrix}^{\mathsf T}\begin{bmatrix}\dfrac{1}{n+1}&0\\0&\dfrac{1}{n-1}\end{bmatrix}\begin{bmatrix}0\\\|\dot{\boldsymbol{p}}\|\end{bmatrix}\\&=\frac{\|\dot{\boldsymbol{p}}\|}{n-1}\sin\left(\frac{i-1}{n-1}\pi\right)\geqslant 0\end{aligned}\tag{3.22}$$

结合正定矩阵 $H\big(\delta_i\boldsymbol{p}_i+(1-\delta_i)\boldsymbol{p}_0\big)$ 和式 (3.22)，由式 (3.21) 可以得到 $\tilde\nabla f_s(\boldsymbol{p})^{\mathsf T}\dot{\boldsymbol{x}}\leqslant 0$，则可证得 $\dot V\leqslant 0$，而且只有当 $\dot{\boldsymbol{x}}=\boldsymbol{0}$ 时 $\dot V=0$ 成立。那么与命题 3.1 中的情况

类似，我们可以得到 $\lim\limits_{t\to+\infty}\dot{\boldsymbol{x}}=0$，并由闭环系统的连续性得到 $\lim\limits_{t\to+\infty}\hat{\nabla}f_s(\boldsymbol{p})=0$ 和 $\lim\limits_{t\to+\infty}\nabla f_a(\boldsymbol{x})=0$。

根据 LaSalle 不变原理，闭环系统将渐近地收敛到某一平衡点，记为 $\boldsymbol{x}_\infty$，即无人系统将以期望高度和姿态趋近于二维平面内的某一位置。通常情况下，由于梯度估计误差的存在，$\boldsymbol{x}_\infty$ 不等于 $\boldsymbol{x}^*$，更具体地说，只有在二维平面上的位置分量不同，即 $\boldsymbol{p}_\infty\neq\boldsymbol{p}^*$，这里，我们关心二者之间的距离大小 $\|\boldsymbol{x}_\infty-\boldsymbol{x}^*\|=\|\boldsymbol{p}_\infty-\boldsymbol{p}^*\|$。

首先，由中值定理可得

$$\nabla f_s(\boldsymbol{p})|_{\boldsymbol{x}=\boldsymbol{x}_\infty}-\nabla f_s(\boldsymbol{p})|_{\boldsymbol{x}=\boldsymbol{x}^*}=H\big(\delta\boldsymbol{p}_\infty+(1-\delta)\boldsymbol{p}^*\big)(\boldsymbol{p}_\infty-\boldsymbol{p}^*)$$

其中，$\delta\in[0,1]$。那么，由 Hessian 矩阵的对称性能够得到如下不等关系

$$\big\|\nabla f_s(\boldsymbol{p})|_{\boldsymbol{x}=\boldsymbol{x}_\infty}-\nabla f_s(\boldsymbol{p})|_{\boldsymbol{x}=\boldsymbol{x}^*}\big\|\geqslant\lambda_{\min}\big(H\big(\delta\boldsymbol{p}_\infty+(1-\delta)\boldsymbol{p}^*\big)\big)\|\mathbf{p}_\infty-\boldsymbol{p}^*\| \tag{3.23}$$

记 $\lim\limits_{t\to+\infty}\hat{\nabla}f_s(\boldsymbol{p})=0$ 为 $\hat{\nabla}f_s(\boldsymbol{p})|_{\boldsymbol{x}=\boldsymbol{x}_\infty}=0$，则由 $\nabla f_s(\boldsymbol{p})|_{\boldsymbol{x}=\boldsymbol{x}^*}=0$ 可得

$$\begin{aligned}\big\|\nabla f_s(\boldsymbol{p})|_{\boldsymbol{x}=\boldsymbol{x}_\infty}-\nabla f_s(\boldsymbol{p})|_{\boldsymbol{x}=\boldsymbol{x}^*}\big\|&=\big\|\nabla f_s(\boldsymbol{p})|_{\boldsymbol{x}=\boldsymbol{x}_\infty}-\hat{\nabla}f_s(\boldsymbol{p})|_{\boldsymbol{x}=\boldsymbol{x}_\infty}\big\|\\&=\big\|\tilde{\nabla}f_s(\boldsymbol{p})|_{\boldsymbol{x}=\boldsymbol{x}_\infty}\big\|\end{aligned} \tag{3.24}$$

在假设 3.1 下，$f_s(\boldsymbol{p})$ 为一个强凸函数，即其最小特征值大于零，那么将式 (3.24) 代入到不等式 (3.23) 中可以得到

$$\|\mathbf{p}_\infty-\boldsymbol{p}^*\|\leqslant\frac{\big\|\tilde{\nabla}f_s(\boldsymbol{p})|_{\boldsymbol{x}=\boldsymbol{x}_\infty}\big\|}{\lambda_{\min}\big(H\big(\delta\boldsymbol{p}_\infty+(1-\delta)\boldsymbol{p}^*\big)\big)} \tag{3.25}$$

由梯度估计误差的上界 (3.9)，当 $t\to+\infty$ 时

$$\big\|\tilde{\nabla}f_s(\boldsymbol{p})|_{\boldsymbol{x}=\boldsymbol{x}_\infty}\big\|\leqslant\frac{nr}{n-1}\max_i\big\{\lambda_{\max}\big(H\big(\delta_i\boldsymbol{p}_{i,\infty}+(1-\delta_i)\boldsymbol{p}_\infty\big)\big)\big\} \tag{3.26}$$

其中，$\boldsymbol{p}_{i,\infty}$ 表示传感器 i 最终收敛的位置。结合不等式 (3.25) 和式 (3.26)，无人系统最终状态 $\boldsymbol{x}_\infty$ 与 Pareto 最优点 $\boldsymbol{x}^*$ 之间的距离满足

$$\|\boldsymbol{x}_\infty-\boldsymbol{x}^*\|=\|\mathbf{p}_\infty-\boldsymbol{p}^*\|\leqslant\frac{nr\max_i\big\{\lambda_{\max}\big(H\big(\delta_i\boldsymbol{p}_{i,\infty}+(1-\delta_i)\boldsymbol{p}_\infty\big)\big)\big\}}{(n-1)\lambda_{\min}\big(H\big(\delta\boldsymbol{p}_\infty+(1-\delta)\boldsymbol{p}^*\big)\big)} \tag{3.27}$$

最后，由于 $\lambda(H(\boldsymbol{p}))\in[\lambda_m,\lambda_M]$，可以得到不等关系 (3.19)。 ■

命题 3.2 说明了控制律 (3.18) 作用下无人系统闭环系统的稳定性，式 (3.19) 则说明了无人系统最终收敛状态与 Pareto 最优点之间的误差 $\|\boldsymbol{x}_\infty-\boldsymbol{x}^*\|$ 具有一个上界。综上，我们在理论上证明了基于梯度估计的矢量优化控制律 (3.18) 的有效性。

注释 3.4 由式 (3.19) 可以得到无人系统最终状态与 Pareto 最优点之间的误差上界和其他物理量之间的如下关系。

(1) 与函数 $f_s(\boldsymbol{p})$ 的 Hessian 矩阵 $H(\boldsymbol{p})$ 的最大和最小特征值之比呈正相关。这一结论具有直观的物理意义：特征值之比反映了信号场在空间中的变化程度，信号场的变化程度越大意味着梯度估计的难度越大，则无人系统的最终定位误差可能越大。

(2) 与半圆形的传感器排布半径 r 呈正相关，即当 r 趋近于 0 时误差也将趋近于 0。然而，在物理世界中，当排布半径 r 较小时，各传感器的测量值差异也较小，很容易因噪声影响而产生很大的梯度估计误差，因此传感器半径的选择需要兼顾梯度估计的准确性和各传感器的测量差异，同时还要考虑传感器系统机械结构的稳定性。

(3) 与传感器数量呈负相关，即传感器数量越多，上界越小。但随着传感器数量的增多，上界减小的程度变小，因此在实际应用中设计传感器排布时还要考虑估计精度与经济性之间的平衡。

3.5 仿真验证与分析

本节通过仿真实验来验证含有估计梯度项的矢量优化控制律 (3.18) 在无人系统定高定姿寻源任务中的有效性。本节以水下潜器探测海底最低点为例进行实验验证。与陆地不同，深海中无法采用卫星等设备进行海底地形的测绘，而深海中往往蕴含着丰富的矿产和生物资源，因此具有重要的探测价值。本节取中国南海东北部的部分海域，其深度为水下潜器可以测得的信号场场强量测，最低点为水下潜器的寻源目标。

3.5.1 无人系统动力学模型

本节仿真实验中的无人系统动力学模型及物理参数，均依据中国科学院沈阳自动化所主持研制的作业型全海深自主遥控潜水器“海斗一号”[140] 选定，其最大下潜深度为 10907m[141]，设计有自主式水下潜器工作模式，因此能够执行南海最低点的自主探测任务。

海斗一号在其本体坐标系下的动力学模型如下：

$$\tilde{M}\dot{\boldsymbol{v}}+\tilde{C}(\boldsymbol{v})\boldsymbol{v}+\tilde{D}(\boldsymbol{v})\boldsymbol{v}+\tilde{g}(\boldsymbol{x})=\tilde{\boldsymbol{u}} \tag{3.28}$$

其中，$\tilde{M}$，$\tilde{C}(\boldsymbol{v})$，$\tilde{D}(\boldsymbol{v})$，$\tilde{g}(\eta)$，$\tilde{\boldsymbol{u}}$ 分别为本体坐标系下的惯性矩阵、科里奥利力，即向心力和力矩矩阵、阻尼矩阵、重力和力矩矩阵以及控制输入的力和力矩，$\boldsymbol{v}$ 为本体坐标系下六个自由度的速度向量。无人系统参数的具体取值以及水动力学参数的取值均在文献 [140] 中详细给出，请读者自行查阅，此处不再赘述。

利用六自由度无人系统运动学的转换关系[131]

$$\begin{aligned} \boldsymbol{v} &= J^{-1}(\boldsymbol{x})\dot{\boldsymbol{x}} \\ \dot{\boldsymbol{v}} &= J^{-1}(\boldsymbol{x})\big(\ddot{\boldsymbol{x}} - \dot{J}_i(\boldsymbol{x})J_i^{-1}(\boldsymbol{x})\dot{\boldsymbol{x}}\big) \end{aligned} \tag{3.29}$$

其中，$J(\boldsymbol{x})$ 表示 Jacobian 矩阵，可以将本体坐标系下的模型 (3.28) 转化为式 (3.2) 中的动力学模型，其中

$$\begin{aligned} M(\boldsymbol{x}) &= J^{-\mathsf{T}}(\boldsymbol{x})\tilde{M}J^{-1}(\boldsymbol{x}) \\ C(\boldsymbol{x},\dot{\boldsymbol{x}}) &= J^{-\mathsf{T}}(\boldsymbol{x})\big(C(\boldsymbol{v})MJ^{-1}(\boldsymbol{x})\dot{J}(\boldsymbol{x})\big)J^{-1}(\boldsymbol{x}) \\ D(\boldsymbol{x},\dot{\boldsymbol{x}}) &= J^{-\mathsf{T}}(\boldsymbol{x})\tilde{D}(\boldsymbol{v})J^{-1}(\boldsymbol{x}) \\ g(\boldsymbol{x}) &= J^{-\mathsf{T}}(\boldsymbol{x})\tilde{g}(\boldsymbol{x}) \\ \boldsymbol{u} &= J^{-\mathsf{T}}(\boldsymbol{x})\tilde{\boldsymbol{u}} \end{aligned}$$

其中，$J^{-\mathsf{T}}(\boldsymbol{x})$ 表示 $J(\boldsymbol{x})$ 求逆后的转置。通过以上转换，我们可直接针对海斗一号模型 (3.2) 设计控制律 (3.18)，驱动其执行定高定姿的海底最低点探测任务，从而验证控制律 (3.18) 的有效性。

3.5.2 海底最低点探测任务

图 3.2 为中国南海东北部的部分海底地形图，本节选择其中面积约 10km × 4.5km 的部分区域进行仿真实验，并将海洋深度数据进行平滑使其满足假设 3.1。取这片区域的中心点为原点，在地球坐标系下建立平面直角坐标系，海底最低点的位置为 $[293.33\text{m}, -76.67\text{m}]^{\mathsf{T}}$，深度为 9669.80m。

为完成海底最低点的探测任务，水下潜器需搭载深度计及测距声呐，分别用来测量自身深度和自身与海底的距离，二者相加即为海底深度值。采用如图 3.1 所示 $n = 4$ 个边缘声呐组成的半圆形排布测量海底深度，从而进行梯度的估计，传感器排布的半径为 50m。仿真实验中，水下潜器对海洋深度情况完全未知，只能获得五个声呐所在位置的海底深度测量值。

此外，任务要求水下潜器始终保持在海面下 3000m 的高度和相应的姿态角

$$\boldsymbol{x}_a^d = \left[3000\text{m}, \frac{\pi}{8}, \frac{\pi}{6}, \frac{\pi}{10}\right]^{\mathsf{T}}$$

水下潜器的初始状态为

$$\boldsymbol{x}(0) = \Big[-4500\text{m}, -1700\text{m}, 0, 0, 0, 0\Big]^{\mathsf{T}}$$

控制律 (3.18) 的参数设置为

$$k = [1, 1, 1, 10, 10, 10]^{\mathsf{T}}$$

$$\alpha = 1000$$

$$\beta = [1, 1, 1, 10, 10, 10]^{\mathsf{T}}$$

注意，由于水下潜器位置和姿态角数值上的量级差别，在选择参数 k 和 β 时会对应地存在差别，但所有参数的选择均与水下潜器初始状态、模型参数以及海底深度信号场的分布完全独立。

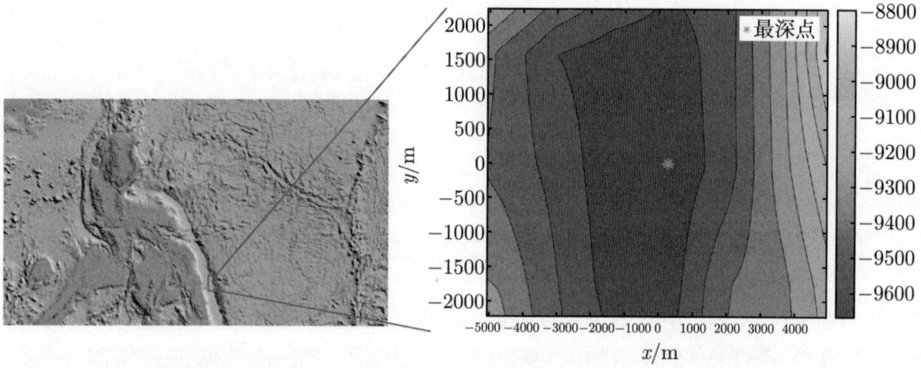

图 3.2　中国南海部分海底地形图及本节所选区域 (见彩图)

3.5.3　仿真结果

本小节给出了在控制律 (3.18) 的驱动下，水下潜器在海底最低点探测任务中的表现。图 3.3 和图 3.4 分别给出了水下潜器在三维空间中的运动轨迹以及在二维平面上的投影，图片背景是海洋深度的等高线。

从图 3.4 中可以清晰地看到，水下潜器大致沿着与海洋深度等值线相垂直的方向运动，这说明半圆形的多传感器排布给出了比较准确的梯度估计。水下潜器最终收敛于海底最低点附近，终止点位置为 $[246.00\text{m}, -100.84\text{m}]^{\mathsf{T}}$，与最低点之间距离为 53.15m，终止点深度为 9669.60m，与最低点相差仅为 0.20m，在工程意义上可以认为水下潜器圆满完成海底最低点探测任务。

水下潜器在三维空间中位置坐标的变化如图 3.5 所示。可以看到在时间为 4800s 左右，水下潜器到达了场源位置附近；在 2200s 左右时即达到了 z 轴上的高度期望值，这是因为期望值是预先给定的，无需 xy 平面内对海底深度场的学习过程，所以收敛速度更快。水下潜器的姿态角变化情况如图 3.6 所示，从图中可以看到三个姿态角经过较小的振荡后在运动 1200s 左右收敛到期望值，稳态误差分别为 0.005rad、0.005rad、0.001rad 左右，说明了本章所提控制律的优越性能。

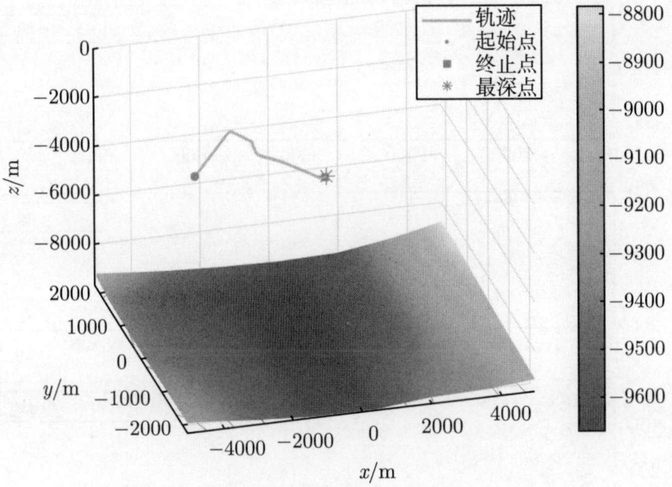

图 3.3 水下潜器在三维空间的运动轨迹 (见彩图)

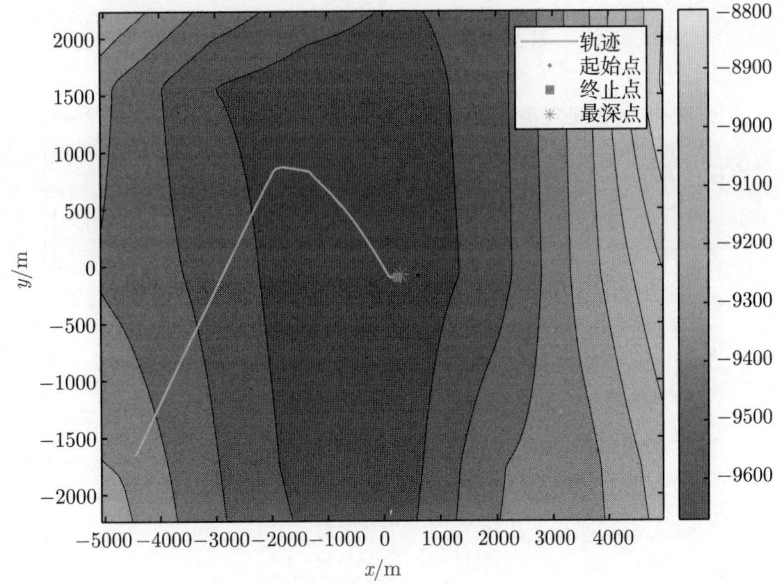

图 3.4 水下潜器运动轨迹在二维平面上的投影 (见彩图)

图 3.7 和图 3.8 分别描绘了水下潜器六个自由度上的速度变化和控制输入。由于水下潜器自身的速度限制，我们对速度项进行了限幅处理，可以看到在任务

执行期间，水下潜器的速度存在一定振荡，但是在实际应用中水下潜器自身可实现低通滤波，因此不会发生本体的抖振。对比两图可以发现，当各自由度逐渐收敛到稳定时，其对应的控制输入通道收敛到零，该结果符合二阶系统特性。

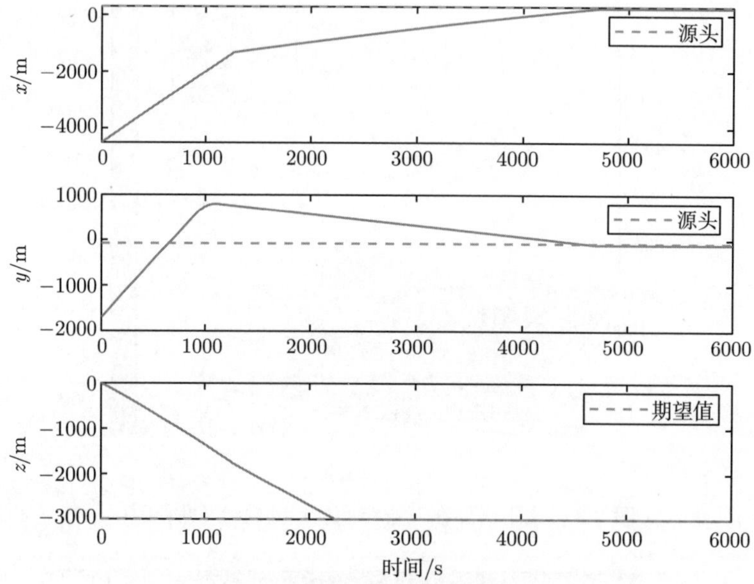

图 3.5　水下潜器位置坐标变化

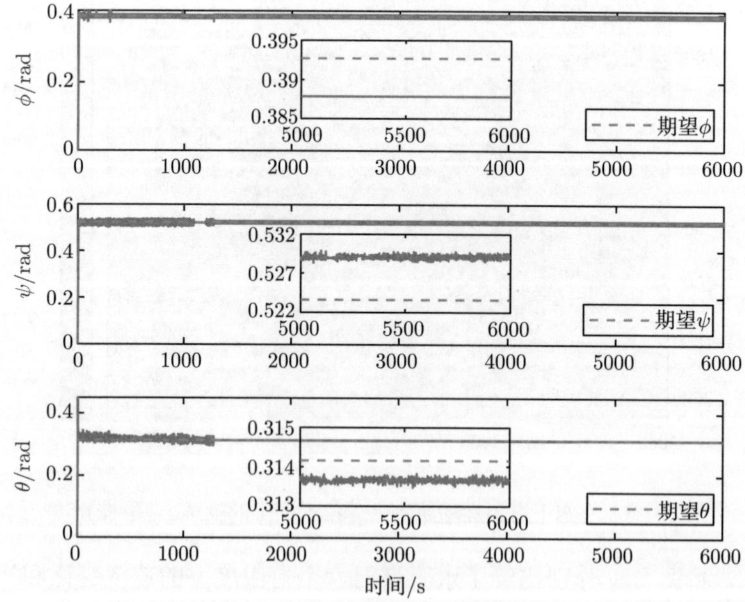

图 3.6　水下潜器姿态角变化

以上结果均证明了基于梯度估计的控制律 (3.18) 在驱动六自由度自主式水下潜器定高定姿寻源的任务中的有效性。

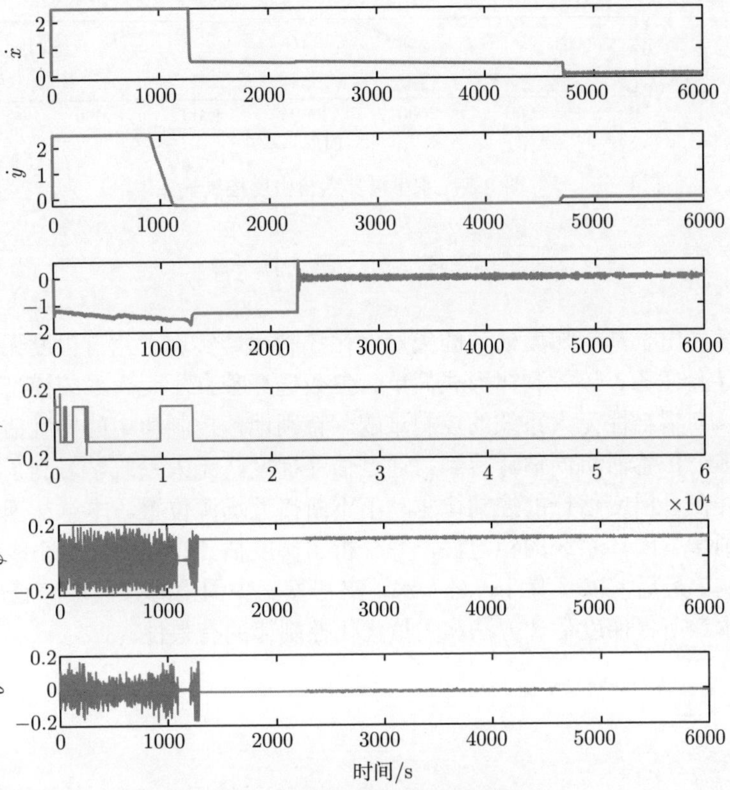

图 3.7 水下潜器六个自由度的速度变化

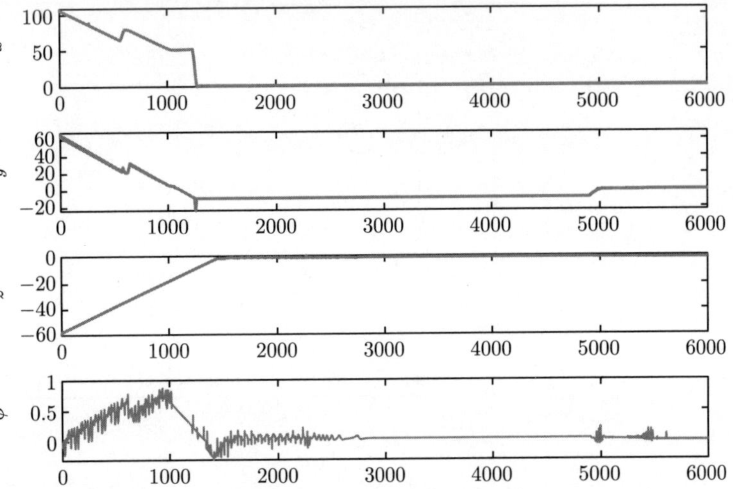

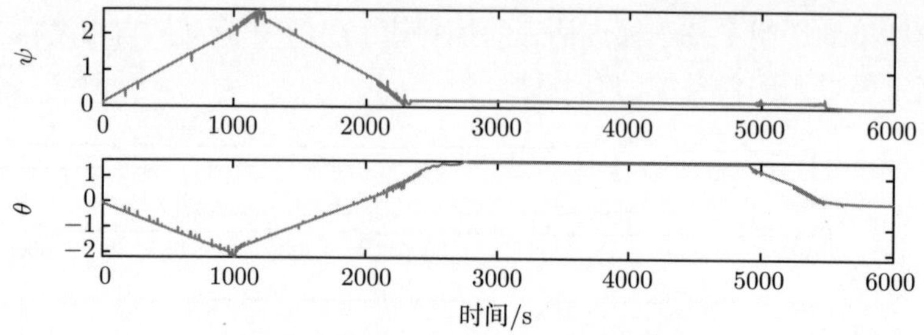

图 3.8　水下潜器六自由度控制输入

3.6　本 章 小 结

本章提出了基于梯度估计的矢量优化控制律，实现了六自由度无人系统的定高定姿寻源任务。该控制律形式简单、参数选择独立于无人系统模型，解决了强非线性、高耦合性无人系统的控制难题。特别地，控制律中的梯度估计是半圆形排布的多个传感器协同估计得到。通过估计梯度，无人系统学习到了场强的变化方向，并在含梯度估计的控制律驱动下不断接近场源位置。本章从理论上证明了所提控制律下闭环系统的稳定性，并分析了梯度估计误差对无人系统最终寻源误差的影响。最后，以“海斗一号”水下潜器搜索中国南海某区域海底最低点为例，验证了本章所提梯度估计方法和矢量优化控制律的有效性。

第 4 章　复合信号场寻源的分布式极值搜索控制

物理世界中的信号分布同时受自然和人为因素影响，场源位置常常无法只通过一种信号确定。为此，本章主要研究场源位置需由多种信号联合确定的复合信号场寻源问题，并提出多个无人系统的合作式寻源方案和协同寻源控制算法。具体来说，本章通过结合分布式优化中的一致性算法和随机极值搜索 (extremum seeking, ES) 方法，考虑无人系统间采用无向通信和有向通信两种情况，分别提出了分布式随机极值搜索 (distributed stochastic ES, DSES) 控制律，并基于图论和 Lyapunov 稳定性定理，证明了所提控制律作用下无人系统在二次型标量信号场中的收敛性。DSES 控制律的优势在于，每个无人系统只需要测量某一种信号的场强量测和自身与邻近无人系统间的相对位置，即可实现所有无人系统抵达相同的场源位置。得益于无需地球坐标系下的任何位置信息，本章所提算法非常适合于海底、隧道、室内等 GNSS 拒止环境。本章的最后以搜索海底热液喷口为例，通过仿真实验验证了 DSES 控制律的有效性。

4.1　本 章 引 言

在实际应用场景中，场源位置常常不能由某一种信号独立确定，而需要联合空间区域内的多种信号。例如，在海底热液喷口的搜索任务中，海洋环境中的信号分布比较均匀，很难找到某一种信号的一个孤立极大值点，因此需要测量并分析环境中的多种信号，如铁、镁等元素在海水中的浓度、海水浊度、温度及氧化还原电位 (oxidation reduction potential, ORP) 等进行综合判断[142]。本章主要研究无人系统在这类复合信号场的寻源任务，假设信号场中多种信号强度之和的最大值点为待搜索的场源位置，该任务的难度远远大于只依赖于一种信号量测的寻源任务。具体的难点主要在于两个方面：多种信号的分布均完全未知，而无人系统只能获得信号场的场强量测；ES 方法的驱动下每个无人系统只能抵达自身测量信号的极大值点，仍无法抵达多种信号联合确定的场源位置。

对于第一个难点，本书第 3 章给出了利用多个传感器的梯度估计方法，但其中的多个传感器测量的是同一种信号强度。若采用该方法处理本章多种信号确定的寻源问题，则需要大量的传感器进行梯度估计，这将导致无人系统载荷过大、严重减少续航时间。为此，本章采用随机极值搜索方法来实现信号的梯度估计。每个无人系统只需携带一个传感器，通过在控制输入上加入一个扰动信号，然后利用输出位置的场强量测即可估计出对应种类信号的梯度。这样，多个无人系统可以获得多种信号的梯度轨迹。ES 方法提出于 1922 年，在 2000 年得到理论证明后实现了长足的发展和更广泛的应用，其突出优势在于不需要无人系统在地球坐标系下的位置信息，因此非常适合于海底、隧道等 GNSS 拒止环境中的寻源任务，极大地拓宽了无人系统的应用场景。

第二个难点则要求多个无人系统必须相互合作，协同抵达场源位置。多个无人系统合作执行寻源任务并不少见，但大多数现有研究如文献 [37]、[38]、[143]、[144] 中均采用多个无人系统对同一种信号进行采样进而实现寻源，因此其合作并不必要。与上述工作不同，本章采用分布式控制中的一致性算法实现无人系统的合作寻源，令每个无人系统在趋向于自身测量信号极大值点的同时不断靠近邻近无人系统，最终所有无人系统将一致地抵达场源位置。此外，一致性算法只需要每个无人系统与邻近无人系统的相对位置，而不需要任何地球坐标系下的位置信息，因此与 ES 方法结合时能够保留 ES 方法不需要全局位置信息的优势。

综上，本章结合一致性算法和随机 ES 方法设计了 DSES 控制律，能够驱动多个无人系统协同地抵达未知的场源位置。现有文献中也提出了类似的合作式 ES 方法，如文献 [39]~[41]，但其目的在于解决鞍点问题，因此没有考虑无人系统的动力学等约束；此外，上述工作均采用确定性 ES 方法，要求每个个体的扰动信号相互正交。与之相比，本章的随机 ES 方法所采用的随机扰动信号本身即具有独立性，因此不需要任何特别设计，其缺点在于随机信号的使用增加了闭环系统稳定性分析的难度。尽管如此，本章利用随机平均理论和 Lyapunov 稳定性理论，在无人系统无向通信和有向通信两种情况下，分别严格证明了二次型形式的信号场中 DSES 控制律下闭环系统的稳定性，且通过仿真实验说明了非二次型形式信号场中 DSES 控制律依然有效。

4.2 多无人系统协同寻源问题

本节详细描述多个无人系统的合作式寻源问题，其中场源位置由多种信号联合确定。每个无人系统只需搭载一种传感器测量一种信号的场强，并与其邻近无人系统相互通信，最终同时抵达未知的场源位置。

4.2.1 问题描述

考虑未知信号场的场源位置由环境中的 n 种信号联合确定，令 $f_i(\boldsymbol{x}) : \mathbb{R}^m \to \mathbb{R}, i = 1, 2, \cdots, n$，表示第 i 种信号函数，则场源位置定义为

$$\boldsymbol{x}^* \in \arg\max_{\boldsymbol{x}} \boldsymbol{f}(\boldsymbol{x}) := \sum_{i=1}^{n} f_i(\boldsymbol{x}) \tag{4.1}$$

其中，$\arg\max\limits_{\boldsymbol{x}} f(\boldsymbol{x})$ 表示最大化多个未知标量信号场之和的最优点的集合。从优化问题的角度来看，每一个未知的标量信号场 $f_i(\boldsymbol{x})$ 是一个局部目标函数。

本章采用 n 个无人系统合作执行寻源任务，其中每个无人系统 i 对自身状态 $\boldsymbol{x}_i$ 未知，但可以获得当前状态下一种标量信号场的函数值，即 $f_i(\boldsymbol{x}_i)$，且邻近的无人系统可以相互通信。在此条件下，协同寻源任务要求所有无人系统同时抵达场源位置，即 n 个信号场函数 $f_i(\boldsymbol{x})$ 之和最大的位置。

注释 4.1 不同种类的信号场场强的量纲不同，且量级差别可能很大，因此局部目标函数 $f_i(\boldsymbol{x})$ 大多不能直接定义为场强，而是将场强经过标准化处理后得到，故只称之为信号函数。

由于第 i 个无人系统只能获得信号场 $f_i(\cdot)$ 在其当前所在位置 $\boldsymbol{x}_i \in \mathbb{R}^m$ 的取值，而对其在空间上的分布未知，所有无人系统需要通过协同才能完成寻源任务。以下例子可以说明协同寻源任务的实际应用场景和研究意义。

例 4.1 自 1965 年美国“发现者”号发现了海底热液的成因——金属矿床以来，寻找海底热液喷口一直是国际上的热点问题。热液由海底喷出后会在流体环境中形成羽状流，造成周围环境的物理和化学特性发生改变。这些特性的变化为寻找海底热液喷口提供了线索，称为羽状流示踪。这些示踪方法中，浊度、ORP 是目前使用最广泛也最准确的羽状流调查方式[142]。在这个场景下，寻源目标是热液喷口位置 $\boldsymbol{x}^*$，也是在一定空间区域内达到浊度、温度和 ORP 之和最大值的位置，即

$$\boldsymbol{x}^* \in \arg\max_{\boldsymbol{x}} \sum_{i=1}^{3} f_i(\boldsymbol{x}) \tag{4.2}$$

其中，$f_1(\boldsymbol{x}), f_2(\boldsymbol{x})$ 和 $f_3(\boldsymbol{x})$ 分别表示位置 $\boldsymbol{x} \in \mathbb{R}^m$ 处的温度、浊度和 ORP。

在变化多端的海洋环境中，每一个信号场 $f_i(\boldsymbol{x})$ 都可能含有多个甚至无穷多个极大值点，使得任何一个无人系统都无法保证恰好寻找到喷口位置，而是必须采用多个无人系统协同寻找热液喷口 $\boldsymbol{x}^*$。使用多个无人系统进行水下探测和海洋调查也是未来的发展方向[145,146]。

值得注意的是，在协同寻源问题 (4.1) 中，$f(\boldsymbol{x})$ 的最大值点，即场源位置 $\boldsymbol{x}^*$，可能不是任何一个局部目标函数的最优点，任意一个局部目标函数 $f_i(\boldsymbol{x})$ 都只能提供有关场源位置 $\boldsymbol{x}^*$ 的有限信息。因此，无人系统必须通过协同才能完成寻源任务。

4.2.2 多无人系统通信拓扑

本章采用图 $\mathscr{G} = \{\mathscr{V}, \mathscr{E}\}$ 描述多个无人系统之间的通信 (协同) 关系。其中，$\mathscr{V} = \{1, 2, \cdots, n\}$ 为所有节点 (无人系统) 的集合，$\mathscr{E} \subseteq \mathscr{V} \times \mathscr{V}$ 为节点之间可通

信的边的集合。当且仅当 $(i,j)\in\mathscr{E}$ 时，节点 i 能够测量其与节点 j 之间的相对位置。节点 i 的邻居定义为集合

$$\mathscr{N}_i=\{j\in\mathscr{V}|(i,j)\in\mathscr{E}\}$$

一条由节点 j_0 出发到节点 j_k 的路径定义为多个不同节点的集合 $\{j_0,j_1,\cdots,j_k\}$，且对于任意的 $i\in\{1,2,\cdots,k\}$ 都需满足 $(j_{i-1},j_i)\in\mathscr{E}$。如果图 $\mathscr{G}$ 中任意两个节点能够通过一条路径连接起来，那么图 $\mathscr{G}$ 为强连通。定义连接矩阵 $[a_{ij}]_{n\times n}$，如果 $(i,j)\in\mathscr{E}$，则 $a_{ij}>0$，否则 $a_{ij}=0$。与之对应的 Laplacian 矩阵为 $L=[l_{ij}]_{n\times n}$，其中 $l_{ii}=\sum_{j=1}^n a_{ij}$，$l_{ij}=-a_{ij}$，$\forall i\neq j$。特别地，对于强连通的图 $\mathscr{G}$，向量 $\mathbf{1}_n$ 是方程 $L\boldsymbol{x}=\mathbf{0}$ 的唯一解 (带有一个乘子)[147]。如果 $L=L^{\mathrm{T}}$，那么图 $\mathscr{G}$ 是一个无向图，否则为一有向图。对于本章中的协同寻源问题，每个无人系统都需要能够获取其余所有无人系统的信息，即图 $\mathscr{G}$ 需要为强连通，因此有如下假设。

假设 4.1　图 $\mathscr{G}$ 为强连通。

注释 4.2　网络化的多个无人系统在信号场寻源问题中已有广泛应用，如文献 [37]、[38]、[143]、[144] 中，但要注意这些工作中待寻找场源均可以由一种标量信号场直接确定，所有无人系统都是在这同一个信号场中进行采样，这与本章中的叠加信号场寻源有着本质的不同。在本章中，式 (4.1) 中的场源位置 $\boldsymbol{x}^*$ 是多种信号场叠加确定的，因此多个无人系统之间的协同必不可少。

本章将每个无人系统建模为一阶积分器系统

$$\dot{\boldsymbol{x}}_i=\boldsymbol{u}_i,\quad i\in\mathscr{V}\tag{4.3}$$

其中，$\boldsymbol{x}_i(t)\in\mathbb{R}^m$ 和 $\boldsymbol{u}_i(t)\in\mathbb{R}^m$ 分别表示第 i 个无人系统在时间 t 的状态和控制输入。

注释 4.3　实际应用中的无人系统一般具有较为复杂的动力学模型，如第 3 章中采用了具有强非线性、高耦合性的二阶系统来描述无人系统的动力学。但本章的重点在于为多个无人系统设计分布式协同控制律，从而解决多个信号场叠加的寻源问题，而不是针对单个具有复杂动力学的无人系统进行控制律设计。本章基于简单的一阶线性模型进行分布式控制律的设计，并给出了控制律下闭环系统严格的收敛性证明。此外，本章采用 m 维的状态变量，旨在说明所提方法可拓展应用于不同种类、不同维度下的无人系统。

4.2.3　本章目标

本章的目标是在每个无人系统 i 只能获得 $f_i(\boldsymbol{x}_i)$ 的测量值和与邻居无人系统的相对位置信息的条件下，为每个无人系统设计分布式控制律，使得网络化多无人系统能够一致地接近式 (4.1) 中的场源位置 $\boldsymbol{x}^*$。

在只能获得 $f_i(\boldsymbol{x}_i)$ 的测量值条件下，无人系统对 $f_i(\cdot)$ 的具体形式即信号的分布情况完全未知，因此无法直接用梯度方法解决协同寻源问题 (4.1)。为解决此问题，本章采用随机 ES 方法[148] 为每一个无人系统设计一个无梯度控制律，不需要信号场的任何先验信息且不需要无人系统自身状态信息。尽管 ES 方法已经广泛应用于信号场寻源问题中，但已有工作中大多只考虑了单一的标量信号场，即式 (4.1) 中 $n=1$。在这种情况下，只需要一个无人系统就足够完成寻源任务，无人系统之间的协同并不必要。与之不同，本章中无人系统之间的协同是不可或缺的，并通过使用一致性算法加以实现[147]。

在能够获得邻居无人系统相对位置的条件下，本章采用一致性算法，设计了只使用邻居间相对位置信息的分布式控制律，尤其适用于 GNSS 拒止的环境中，如寻找海底热液喷口、室内火源等。从这个角度来看，该分布式控制律保持了 ES 方法不需要无人系统自身状态信息的优点。在实际应用中，很多类型的传感器都能够测量两个无人系统之间相对位置但不能获得任意一个无人系统的 GNSS 信息，例如声纳系统和视觉传感器，这也进一步说明了本章中所提控制律在应用中的可行性。

需要说明的是，无人系统在实际应用中只能获得其当前位置 $\boldsymbol{x}$ 上带有噪声的场强测量 $f_i(\boldsymbol{x})+\varepsilon_i(\boldsymbol{x})$。其中，$\varepsilon_i(\boldsymbol{x})$ 为外界环境产生的噪声。当假设该噪声是在空间上相互独立的白噪声时，本章中的主要结论依然成立。

4.3 无向图下 DSES 控制律设计

本节考虑无向图通信拓扑下的多个无人系统，结合一致性算法和 ES 方法为每个无人系统设计 DSES 控制律，并证明 DSES 控制律下多个无人系统将一致地接近式 (4.1) 中的场源位置 $\boldsymbol{x}^*$。

4.3.1 DSES 控制律

在无向图 $\mathscr{G}$ 下，本节为第 i 个无人系统设计 DSES 控制律如图 4.1 所示，即

$$\begin{aligned}\boldsymbol{u}_i &= \alpha\sum_{j\in\mathscr{N}_i} a_{ij}(\boldsymbol{x}_j-\boldsymbol{x}_i+\boldsymbol{y}_j-\boldsymbol{y}_i)+\beta\sin(\nu_i)\Delta_i(\boldsymbol{x}_i)+\gamma\mathrm{d}\sin(\nu_i)/\mathrm{d}t\\ \dot{\boldsymbol{y}}_i &= \sum_{j\in\mathscr{N}_i} a_{ij}(\boldsymbol{x}_i-\boldsymbol{x}_j)\end{aligned} \tag{4.4}$$

其中，$\alpha,\beta,\gamma>0$ 是控制参数；积分项 $\boldsymbol{y}_i\in\mathbb{R}^m$；$\Delta_i(\boldsymbol{x}_i)$ 为输入信号 $f_i(\boldsymbol{x}_i)$ 在高通滤波器下的输出，其拉普拉斯变换形式

$$\Delta_i(\boldsymbol{x}_i)=\frac{s}{s+h}f_i(\boldsymbol{x}_i)$$

其中，s 为拉普拉斯算子，$h>0$ 为高通滤波器的时间常数；$\sin(\nu_i)$ 为随机激励信号 $\nu_i\in\mathbb{R}^m$ 的正弦值，该信号为下面扩散过程的状态输出

$$\mathrm{d}\nu_i=-\frac{1}{\varepsilon}\nu_i\mathrm{d}t+\frac{g}{\sqrt{\varepsilon}}\mathrm{d}\omega_i \tag{4.5}$$

其中，$\varepsilon\in(0,\varepsilon_0]$ 是对于固定的 $\varepsilon_0>0$ 的给定参数，参数 $g>0$，ω_i 是一个 m 维布朗运动[149]，而且对于任意的 $i\neq j$，ω_i 和 ω_j 是相互独立生成的；最后一项 $\mathrm{d}\sin(\nu_i)/\mathrm{d}t$ 是 $\sin(\nu_i)$ 的 Ito 微分，用来持续激励该系统。文献 [33]、[37] 中详细讨论了标准的 ES 方法中参数 γ,h,ε_0,g 的选择，因此本章不再赘述。

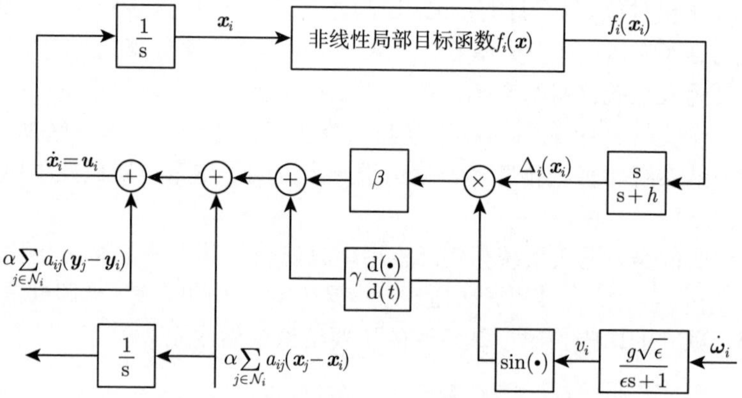

图 4.1　无向图下 DSES 控制律 (4.4)

在 DSES 控制律中，无人系统之间的协同体现在式 (4.4) 中 $\boldsymbol{u}_i$ 的第一项，其中 $\sum_{j\in\mathcal{N}_i}a_{ij}(\boldsymbol{x}_i-\boldsymbol{x}_j)$ 是在一致性控制中被广泛应用的一致性项，$\boldsymbol{y}_i$ 为一致性项的积分项。这一项只依赖第 i 个无人系统与其邻居之间的相对位置并可以用来协调所有无人系统。因此，每个无人系统不仅能够利用其自身的局部测量，还能够利用其邻居的状态信息，这也正是协同的优势所在。

为了估计局部目标函数 $f_i(\cdot)$ 的梯度，本章采用了文献 [148] 中的随机 ES 方法。DSES 控制律 (4.4) 中 $\boldsymbol{u}_i$ 的最后两项分别为估计梯度和随机激励信号。一般来说，在大规模的网络化系统中，确定性 ES 方法对正交性的要求很难得到满足。相比之下，随机 ES 方法使用布朗运动 ω_i 作为激励信号，则因其本身具有独立性而更容易应用于网络化系统。

总的来说，DSES 控制律 (4.4) 综合了一致性算法和随机 ES 方法的特点。将式 (4.4) 中 $\boldsymbol{u}_i$ 改写为如下形式

$$\boldsymbol{u}_i=\alpha\sum_{j\in\mathcal{N}_i}a_{ij}(\boldsymbol{x}_j-\boldsymbol{x}_i+\boldsymbol{y}_j-\boldsymbol{y}_i)+\beta\left(\sin(\nu_i)\Delta_i(\boldsymbol{x}_i)+\frac{\gamma}{\beta}\frac{\mathrm{d}\sin(\nu_i)}{\mathrm{d}t}\right)$$

可以清晰地看出正参数 α 和 β 起到了对一致性项和随机 ES 项重要性的平衡作用。具体来说，若参数 α 相对较大，无人系统将更快地趋于一致，若参数 β 相对较大，则各无人系统将更快地收敛到各自最优点的集合 $\arg\max\limits_{\boldsymbol{x}} \boldsymbol{f}_i(\boldsymbol{x})$ 附近，这一点在仿真中也得以验证。因此，参数 α 可以看作对邻居无人系统行为的学习率，参数 β 则可以看作对局部目标函数的学习率。为了使多无人系统同时抵达场源位置 $\boldsymbol{x}^*$，两个速率都非常重要不能忽视。

注释 4.4 现有工作很多也采用了协同 ES 的思想，如文献 [36]、[150]~[152] 中的社会博弈问题和文献 [153] 中的资源分配问题。在这两类问题中，多智能体协同的目的分别是达到博弈平衡点和计算最优资源，而本章的目的是使所有无人系统同时达到相同的场源位置。因此，这些工作中的一致性算法用于估计局部目标函数 $f_i(\cdot)$ 之和，与控制律 (4.4) 中对一致性项的利用不同。

4.3.2 收敛性分析

本小节将在与文献 [148] 中相同的假设下证明 DSES 控制律 (4.4) 驱动多个无人系统 (4.3) 的收敛性。

假设 4.2 式 (4.1) 中的局部目标函数 $f_i(\boldsymbol{x})$ 为二次型，即

$$f_i(\boldsymbol{x}) = -\frac{1}{2}\boldsymbol{x}^\top H_i \boldsymbol{x} + \boldsymbol{b}_i^\top \boldsymbol{x} + c_i, \quad \forall i \in \mathscr{V} \tag{4.6}$$

其中，$H_i \in \mathbb{R}^{m\times m}$ 为半正定矩阵，而 $\sum_{i=1}^n H_i$ 为严格正定矩阵。

尽管本章中的理论证明是以二次型假设为条件，4.5 节中的仿真结果证明本章所提的 DSES 控制律在非二次型情况下依然适用。此外，对于非二次型的情况，二次型的函数可作为其局部估计，因此能够得到局部意义上的收敛性结果。

注释 4.5 本章关注局部目标函数 (4.6) 中 H_i 为奇异矩阵的情况，即式 (4.1) 中的最优点 $\boldsymbol{x}^*$ 不是局部目标函数 $f_i(\boldsymbol{x})$ 唯一的最优点，此时，单个无人系统 i 无法独立完成寻源任务，必须要与其他无人系统协同完成。此外，矩阵 $\sum_{i=1}^n H_i$ 的严格正定性保证了多个无人系统一定能够完成协同寻源任务。

令 $e_i = f_i(\boldsymbol{x}_i) - \Delta_i(\boldsymbol{x}_i) - f_i(\boldsymbol{x}^*)$。将 DSES 控制律 (4.4) 代入到无人系统动力学方程 (4.3) 中，即得到闭环系统

$$\begin{cases} \mathrm{d}\boldsymbol{x}_i = \alpha \sum\limits_{j\in\mathscr{N}_i} a_{ij}(\boldsymbol{x}_j - \boldsymbol{x}_i + \boldsymbol{y}_j - \boldsymbol{y}_i)\mathrm{d}t + \beta \sin(\nu_i)\Delta_i \mathrm{d}t + \gamma \mathrm{d}\sin(\nu_i) \\ \mathrm{d}\boldsymbol{y}_i = \sum\limits_{j\in\mathscr{N}_i} a_{ij}(\boldsymbol{x}_i - \boldsymbol{x}_j)\mathrm{d}t \\ \mathrm{d}e_i = h\Delta_i \mathrm{d}t \end{cases} \tag{4.7}$$

其中，为了简化符号，我们采用 Δ_i 来表示 $\Delta_i(\boldsymbol{x}_i)$。下面的命题将给出闭环系统 (4.7) 的收敛性结果。

命题 4.1　给定无向图 $\mathscr{G}$ 的通信拓扑结构，考虑网络化 n 个无人系统 (4.3) 在 DSES 控制律 (4.4) 驱动下的闭环系统。令 $\tilde{\boldsymbol{x}}_i(t)=\boldsymbol{x}_i(t)-\gamma\sin(\nu_i)-\boldsymbol{x}^*$，其中 $\boldsymbol{x}^*$ 为式 (4.1) 中定义的场源位置，如果假设 4.1 和假设 4.2 成立，那么存在一个正常数 ρ_1 和一个函数 $T_1(\varepsilon):(0,\varepsilon_0)\to\mathbb{N}$ 使得对于任意的 $\delta>0$ 和有界初始条件 (即对于所有的 $i\in\mathscr{V}$，有 $\|\boldsymbol{x}_i(t_0)\|<+\infty$ 和 $\|\boldsymbol{y}_i(t_0)\|<+\infty$ 成立) 都满足

$$\lim_{\varepsilon\to 0}\mathscr{P}\left\{\|\tilde{\boldsymbol{x}}_i(t)\|\leqslant\rho_1\exp(-\lambda_1 t)+\delta,\quad\forall i\in\mathscr{V},\ \forall t\in[t_0,T_1(\varepsilon)]\right\}=1 \tag{4.8}$$

其中，$\lim\limits_{\varepsilon\to 0}T_1(\varepsilon)=+\infty$，$\lambda_1>0$ 为下面正定矩阵的最小特征值

$$\Psi:=\alpha(L\otimes I_m)+\kappa\beta H^d$$

其中，$\kappa=\gamma/2(1-\exp(-g^2))$，$H^d=\mathrm{diag}(H_1,\cdots,H_n)$。

式 (4.8) 说明 DSES 控制律能够几乎确定地驱动网络化多个无人系统抵达场源位置 $\boldsymbol{x}^*$ 附近，且误差大小为 $O(\gamma)+O(\delta)$。由于 δ 是一个任意小的常数，我们可以通过调节参数 γ 来调控无人系统的最终位置到场源位置 $\boldsymbol{x}^*$ 的距离。

Liu 等在文献 [148] 中给出了闭环系统在一个标量信号场中的指数收敛性，在本章的叠加信号场寻源问题中，该指数收敛性依然成立。主要的区别在于，本章中的收敛速率依赖于多个无人系统的通信拓扑结构。由式 (4.8) 中指数 λ_1 和矩阵 Ψ 的定义可以看到，控制参数 α,β,γ 和 g 的数值越大，位置误差 $\tilde{\boldsymbol{x}}_i(t)$ 在连续时间意义下的收敛速度越快。然而，这在实际中的离散系统中并不成立。特别地，如果控制参数 α,β,γ 或 g 过大，闭环系统很可能发散。

我们注意到，函数 $T_1(\varepsilon)$ 中的变量 ε 恰好是随机机理信号 ν_i 中的参量 ε。也就是说，闭环系统的收敛性还依赖于随机激励信号。因此，我们常令参数 ε 充分小以保证闭环系统的收敛性。

证明　由闭环系统 (4.7)，我们得到误差的动力学①系统

$$\begin{cases}\dot{\tilde{\boldsymbol{x}}}_i=\alpha\sum\limits_{j\in\mathscr{N}_i}a_{ij}\big(\tilde{\boldsymbol{x}}_j+\gamma\sin(\nu_j)-\tilde{\boldsymbol{x}}_i-\gamma\sin(\nu_i)+\boldsymbol{y}_j-\boldsymbol{y}_i\big)+\beta\sin(\nu_i)\Delta_i\\ \dot{\boldsymbol{y}}_i=\sum\limits_{j\in\mathscr{N}_i}a_{ij}(\tilde{\boldsymbol{x}}_i+\gamma\sin(\nu_i)-\tilde{\boldsymbol{x}}_j-\gamma\sin(\nu_j))\\ \dot{e}_i=h\Delta_i\end{cases} \tag{4.9}$$

① 本章中的微分均为 Ito 微分。

本证明将分为以下三个步骤完成。

步骤 1 误差系统 (4.9) 的随机平均系统

令激励信号 $\nu_i(t)=\chi_i(t/\varepsilon)$，并将其代入到误差系统 (4.9) 中，误差项 $\dot{\tilde{\boldsymbol{x}}}_i$ 的随机平均值定义为

$$\begin{aligned}\dot{\tilde{\boldsymbol{x}}}_i^a=&\lim_{T\to+\infty}\frac{1}{T}\int_{t_0}^{T+t_0}\alpha\sum_{j\in\mathcal{N}_i}a_{ij}(\tilde{\boldsymbol{x}}_j+\gamma\sin(\chi_j)-\tilde{\boldsymbol{x}}_i-\gamma\sin(\chi_i)+\boldsymbol{y}_j-\boldsymbol{y}_i)\\&+\beta\sin(\chi_i)\Delta_i\ \mathrm{d}t\end{aligned}\tag{4.10}$$

其中，$t_0\geqslant 0$，并出于符号的简便性用 χ_i 表示 $\chi_i(t/\varepsilon)$。我们采用一个标准的布朗运动设计随机系统 (4.10) 中的激励信号

$$\varpi_i(t)=\frac{1}{\sqrt{\varepsilon}}\mathrm{d}\omega_i(\varepsilon t)$$

并由扩散过程 (4.5) 得到 $\mathrm{d}\chi_i(t)=-\chi_i(t)\mathrm{d}t+g\mathrm{d}\varpi_i(t)$。很明显，$\{\chi_i(t)\}_{t\geqslant t_0}$ 是一个遍历的 Ornstein-Uhlenbeck 过程，并具有一个不变的分布

$$\eta\mathrm{d}s=\frac{1}{\sqrt{\pi}g\exp(-s^2/g^2)\mathrm{d}s}$$

那么可以由遍历性定理[154] 得到，在几乎确定的意义下

$$\lim_{T\to+\infty}\frac{1}{T}\int_{t_0}^{T+t_0}\sin(\chi_i(t))\mathrm{d}t=\int_{\mathbb{R}}\sin(s)\eta\mathrm{d}s\tag{4.11}$$

且 $\forall t_0\geqslant 0$ 是一致的。根据文献 [148] 中第 III 节内容，有

$$\begin{aligned}&\int_{\mathbb{R}}\sin^k(s)\eta\mathrm{d}s=\begin{cases}0, & k=1,3\\ \dfrac{1}{2}\big(1-\exp(-g^2)\big), & k=2\end{cases}\\&\int_{\mathbb{R}^2}\sin^k(s)\eta\mathrm{d}s\cdot\sin^l(t)\eta\mathrm{d}t\\&=\frac{1}{\pi g^2}\int_{\mathbb{R}}\sin^k(s)\exp\big(-s^2/g^2\big)\mathrm{d}s\int_{\mathbb{R}}\sin^l(t)\exp\big(-t^2/g^2\big)\mathrm{d}t\end{aligned}\tag{4.12}$$

此外，式 (4.10) 中的 Δ_i 可以根据 e_i 的定义表示为

$$\Delta_i=-\frac{1}{2}\tilde{\boldsymbol{x}}_i^{\mathsf{T}}H_i\tilde{\boldsymbol{x}}_i-\frac{\gamma^2}{2}\sin(\chi_i^{\mathsf{T}})H_i\sin(\chi_i)-\gamma\sin(\chi_i^{\mathsf{T}})H_i\tilde{\boldsymbol{x}}_i$$

$$- \gamma \sin(\chi_i^\top) H_i \boldsymbol{x}^* - \tilde{\boldsymbol{x}}_i^\top H_i \boldsymbol{x}^* + \boldsymbol{b}_i^\top (\tilde{\boldsymbol{x}}_i + \gamma \sin(\chi_i)) - e_i$$

因此，联合式 (4.11) 中 χ_i 的遍历性和式 (4.12) 中的关系，我们可以计算式 (4.10) 并得到

$$\dot{\tilde{\boldsymbol{x}}}_i^a = \alpha \sum_{j \in \mathcal{N}_i} a_{ij} (\tilde{\boldsymbol{x}}_j^a - \tilde{\boldsymbol{x}}_i^a + \boldsymbol{y}_j^a - \boldsymbol{y}_i^a) - \kappa \beta \big(H_i (\tilde{\boldsymbol{x}}_i^a + \boldsymbol{x}^*) - \boldsymbol{b}_i \big)$$

该平均状态对于 t_0 一致且独立于 e_i。接着，我们对 $\dot{\boldsymbol{y}}_i$ 进行类似的处理，可以得到如下随机平均系统

$$\begin{cases} \dot{\tilde{\boldsymbol{x}}}_i^a = \alpha \displaystyle\sum_{j \in \mathcal{N}_i} a_{ij} (\tilde{\boldsymbol{x}}_j^a - \tilde{\boldsymbol{x}}_i^a + \boldsymbol{y}_j^a - \boldsymbol{y}_i^a) - \kappa \beta \big(H_i (\tilde{\boldsymbol{x}}_i^a + \boldsymbol{x}^*) - \boldsymbol{b}_i \big) \\ \dot{\boldsymbol{y}}_i^a = \displaystyle\sum_{j \in \mathcal{N}_i} a_{ij} (\tilde{\boldsymbol{x}}_i^a - \tilde{\boldsymbol{x}}_j^a) \end{cases} \tag{4.13}$$

步骤 2 随机平均系统 (4.13) 的稳定性

网络化的 n 个无人系统的随机平均系统可以写成以下紧凑的形式

$$\begin{cases} \dot{\tilde{\boldsymbol{x}}}^a = -\alpha (L \otimes I_m)(\tilde{\boldsymbol{x}}^a + \boldsymbol{y}^a) - \kappa \beta (H^d (\tilde{\boldsymbol{x}}^a + \boldsymbol{1}_n \otimes \boldsymbol{x}^*) - \boldsymbol{b}) \\ \dot{\boldsymbol{y}}^a = (L \otimes I_m) \tilde{\boldsymbol{x}}^a \end{cases} \tag{4.14}$$

记系统 (4.14) 的平衡点为 $[(\tilde{\boldsymbol{x}}_{\text{eq}}^a)^\top, (\boldsymbol{y}_{\text{eq}}^a)^\top]^\top$，随之得到

$$\begin{aligned} -\kappa \beta (H^d (\tilde{\boldsymbol{x}}_{\text{eq}}^a + \boldsymbol{1}_n \otimes \boldsymbol{x}^*) - \boldsymbol{b}) &= \alpha (L \otimes I_m) \boldsymbol{y}_{\text{eq}}^a \\ (L \otimes I_m) \tilde{\boldsymbol{x}}_{\text{eq}}^a &= \boldsymbol{0}_{mn} \end{aligned} \tag{4.15}$$

在式 (4.15) 中的第一个等式两侧同时左乘 $(\boldsymbol{1}_n^\top \otimes I_m)$ 且有 $\boldsymbol{1}_n^\top L = \boldsymbol{0}_n$，可以得到

$$-\kappa \beta (\boldsymbol{1}_n^\top \otimes I_m) \big(H^d (\tilde{\boldsymbol{x}}_{\text{eq}}^a + \boldsymbol{1}_n \otimes \boldsymbol{x}^*) - \boldsymbol{b} \big) = \boldsymbol{0}_{mn} \tag{4.16}$$

由式 (4.15) 中的第二个等式和假设 4.1，可以推出存在一个向量 $\boldsymbol{x}_1 \in \mathbb{R}^m$ 使得 $\tilde{\boldsymbol{x}}_{\text{eq}}^a = \boldsymbol{1}_n \otimes \boldsymbol{x}_1$，将其代入到式 (4.16) 中，则

$$\sum_{i=1}^n H_i (\boldsymbol{x}_1 + \boldsymbol{x}^*) = \sum_{i=1}^n \boldsymbol{b}_i$$

在假设 4.2 下，式 (4.1) 中的场源位置 $\boldsymbol{x}^*$ 满足

$$\boldsymbol{x}^* = \left(\sum_{i=1}^n H_i \right)^{-1} \sum_{i=1}^n \boldsymbol{b}_i$$

因此我们有 $\boldsymbol{x}_1=\mathbf{0}_m$，即 $\tilde{\boldsymbol{x}}^a_{\rm eq}=\mathbf{0}_{mn}$。也就是说，网络化随机平均系统 (4.14) 的一个平衡点是 $[\mathbf{0}_{mn}^{\mathsf T},(\boldsymbol{y}^a_{\rm eq})^{\mathsf T}]^{\mathsf T}$。

现在，我们开始讨论网络化随机平均系统 (4.14) 的收敛性。首先，构造非负的 Lyapunov 函数

$$V=\frac{1}{2}\big(\|\tilde{\boldsymbol{x}}^a\|^2+\alpha\cdot\|\boldsymbol{y}^a-\boldsymbol{y}^a_{\rm eq}\|^2\big)$$

然后沿系统 (4.14) 对 Lyapunov 函数求有关时间的导数

$$\begin{aligned}\dot V=&-\alpha(\tilde{\boldsymbol{x}}^a)^{\mathsf T}(L\otimes I_m)(\tilde{\boldsymbol{x}}^a+\boldsymbol{y}^a)+\alpha(v^a-\boldsymbol{y}^a_{\rm eq})^{\mathsf T}(L\otimes I_m)\tilde{\boldsymbol{x}}^a\\&-\kappa\beta(\tilde{\boldsymbol{x}}^a)^{\mathsf T}\big(H^d\tilde{\boldsymbol{x}}^a+H^d(\mathbf{1}_n\otimes\boldsymbol{x}^*)-\boldsymbol{b}\big)\end{aligned}\tag{4.17}$$

由式 (4.15) 中的第一个等式和 $\tilde{\boldsymbol{x}}^a_{\rm eq}=0$，式 (4.17) 中的 $\dot V$ 能够进一步化简为

$$\begin{aligned}\dot V&=(\tilde{\boldsymbol{x}}^a)^{\mathsf T}(-\alpha(L\otimes I_m)-\kappa\beta H^d)\tilde{\boldsymbol{x}}^a\\&=-(\tilde{\boldsymbol{x}}^a)^{\mathsf T}\Psi\tilde{\boldsymbol{x}}^a\end{aligned}\tag{4.18}$$

在假设 4.1 和假设 4.2 下，$\alpha(L\otimes I_m)$ 和 $\kappa\beta H^d$ 均为半正定[147]，则显然有 Ψ 为半正定矩阵。假设存在一个非零向量 $\zeta\in\mathbb{R}^{mn}$ 使得 $\zeta^{\mathsf T}\Psi\zeta=0$，即 $\zeta^{\mathsf T}\big(L\otimes I_m\big)\zeta=0$ 且 $\zeta^{\mathsf T}H^d\zeta=0$。根据假设 4.1，$\zeta$ 一定具有 $\zeta=\mathbf{1}_n\otimes\zeta_1$ 的形式，其中 $\zeta_1\in\mathbb{R}^m$ 为某一非零向量。因此可得到 $\zeta_1^{\mathsf T}\left(\sum_{i=1}^n H_i\right)\zeta_1=0$，这一结果与假设 4.2 中 $\sum_{i=1}^n H_i$ 为严格正定矩阵产生了矛盾。因此非零向量 ζ 使得 $\zeta^{\mathsf T}\Psi\zeta=0$ 的假设不成立，我们可以得到结论矩阵 Ψ 一定是严格正定的。

令 λ_1 表示矩阵 Ψ 的最小特征值，那么由式 (4.18) 可以得到 $\dot V(t)\leqslant-\lambda_1\|\tilde{\boldsymbol{x}}^a(t)\|^2$。此外，因为

$$\frac{1}{2}\|\tilde{\boldsymbol{x}}^a(t)\|^2\leqslant V(t)=V(t_0)+\int_{t_0}^t\dot V(s)\mathrm{d}s\leqslant V(t_0)+\int_{t_0}^t-\lambda_1\|\tilde{\boldsymbol{x}}^a(s)\|^2\mathrm{d}s$$

所以存在一个有限的常数 $\rho_1>0$ 使得

$$\|\tilde{\boldsymbol{x}}^a_i(t)\|\leqslant\|\tilde{\boldsymbol{x}}^a(t)\|\leqslant\rho_1\exp(-\lambda_1 t)$$

需要注意的是，ρ_1 依赖于无人系统的初始状态。

步骤 3 误差系统 (4.9) 的稳定性

根据文献 [149] 中命题 5.5 和假设 4.2，误差系统 (4.9) 在 $[t_0,+\infty)$ 上 (几乎确定地) 具有唯一的连续解。结合文献 [148] 中定理 2，我们可以得到式 (4.8) 中 $\tilde{\boldsymbol{x}}_i(t)$ 在概率意义下以指数速度收敛，证明结束。 ■

由于 $f(\boldsymbol{x}_i) = f(\boldsymbol{x}^* + \tilde{\boldsymbol{x}}_i + \gamma\sin(\nu_i))$，我们可以由式 (4.8) 得到，对任意的 $\delta > 0$，有

$$\lim_{\varepsilon\to 0}\mathscr{P}\{|f(\boldsymbol{x}_i) - f(\boldsymbol{x}^*)| \leqslant O(\gamma) + O(\delta) + O(\exp(-\lambda_1 t)),\quad \forall t\in[t_0, T_1(\varepsilon)]\} = 1 \tag{4.19}$$

4.4 有向图下 DSES 控制律设计

本节考虑有向图通信拓扑下多个无人系统 DSES 控制律的设计，并证明其能够驱动所有无人系统一致地趋向于式 (4.1) 中的场源位置 $\boldsymbol{x}^*$。

4.4.1 DSES 控制律

在有向图通信拓扑结构下，网络化多个无人系统的 Laplacian 矩阵 L 是非对称的，而且图 $\mathscr{G}$ 非平衡，即对于某些 $i\in\mathscr{V}$，$\sum_j a_{ij} \neq \sum_j a_{ji}$。为克服这一难点，对 DSES 控制律 (4.4) 做出如下调整

$$\begin{aligned}
\boldsymbol{u}_i &= \alpha\sum_{j\in\mathscr{N}_i} a_{ij}\big(\mu(\boldsymbol{x}_j - \boldsymbol{x}_i) + \boldsymbol{y}_j - \boldsymbol{y}_i\big) + \frac{\beta}{z_{ii}}\sin(\nu_i)\Delta_i + \gamma\frac{\mathrm{dsin}(\nu_i)}{\mathrm{d}t}\\
\dot{\boldsymbol{y}}_i &= \sum_{j\in\mathscr{N}_i} a_{ij}(\boldsymbol{x}_i - \boldsymbol{x}_j)\\
\dot{\boldsymbol{z}}_i &= \sum_{j\in\mathscr{N}_i} a_{ij}(\boldsymbol{z}_j - \boldsymbol{z}_i)
\end{aligned} \tag{4.20}$$

其中，$\alpha,\beta,\gamma,\mu\in\mathbb{R}_+$ 为正的控制参数，$\mu = \rho + (1+\alpha)/(\alpha\rho)$ 中常数 $\rho > 0$；$\boldsymbol{z}_i = [z_{1i}, z_{2i}, \cdots, z_{ni}]^{\mathsf{T}}\in\mathbb{R}^n$，为保证 $z_{ii}\neq 0$，我们对其初值做出如下假设。

假设 4.3　*控制律 (4.20) 中 $\boldsymbol{z}_i$ 的初值满足 $z_{ii}(t_0) = 1$，以及 $z_{ji}(t_0) = 0, j\neq i$。*

令 $\boldsymbol{z} = [\boldsymbol{z}_1^{\mathsf{T}}, \boldsymbol{z}_2^{\mathsf{T}}, \cdots, \boldsymbol{z}_n^{\mathsf{T}}]^{\mathsf{T}}$，那么由式 (4.20) 的第三式可以得到

$$\dot{\boldsymbol{z}} = -(L\otimes I_n)\boldsymbol{z} \tag{4.21}$$

根据文献 [155] 中定理 1，由假设 4.1 可知 $\boldsymbol{z}_i$ 是矩阵 L 对应于特征值 0 的左特征向量的估计。解方程 (4.21) 可得 $\boldsymbol{z}(t) = \exp\left(-(L\otimes I_n)t\right)\boldsymbol{z}(0)$，由假设 4.3 可得在任意时间 $t > t_0$，有 $z_{ii}(t) > 0$ 成立。特别地，由控制律 (4.20) 中的第三个等式可以看出，每个无人系统 i 只需邻居无人系统 $j\in\mathscr{N}_i$ 的信息即可估计 $\boldsymbol{z}_i$，即 $\boldsymbol{z}_i$ 可通过分布式计算得到。

4.4.2 收敛性分析

将 DSES 控制律 (4.20) 代入到无人系统动力学方程 (4.3) 中，即可得到无人系统的闭环系统

$$\begin{cases} \mathrm{d}\boldsymbol{x}_i = \alpha \sum\limits_{j \in \mathcal{N}_i} a_{ij} \big(\mu(\boldsymbol{x}_j - \boldsymbol{x}_i) + \boldsymbol{y}_j - \boldsymbol{y}_i\big) + \dfrac{\beta}{z_{ii}} \sin(\nu_i) \Delta_i + \gamma \dfrac{\mathrm{d}\sin(\nu_i)}{\mathrm{d}t} \\ \mathrm{d}\boldsymbol{y}_i = \sum\limits_{j \in \mathcal{N}_i} a_{ij} (\boldsymbol{x}_i - \boldsymbol{x}_j) \mathrm{d}t \\ \dot{\boldsymbol{z}}_i = \sum\limits_{j \in \mathcal{N}_i} a_{ij} (\boldsymbol{z}_j - \boldsymbol{z}_i) \\ \mathrm{d}e_i = h \Delta_i \mathrm{d}t \end{cases} \tag{4.22}$$

其收敛性由以下命题给出。

命题 4.2 给定有向图 $\mathscr{G}$ 的通信拓扑结构，考虑网络化 n 个无人系统 (4.3) 在 DSES 控制律 (4.4) 驱动下的闭环系统。令 $\tilde{\boldsymbol{x}}_i(t) = \boldsymbol{x}_i(t) - \gamma\sin(\nu_i) - \boldsymbol{x}^*$，其中 $\boldsymbol{x}^*$ 为式 (4.1) 中定义的场源位置，如果假设 4.1 ~ 假设 4.3 成立，那么存在一个正常数 ρ_2 和一个函数 $T_2(\varepsilon) : (0, \varepsilon_0) \to \mathbb{N}$ 使得对于任意的 $\delta > 0$ 和有界初始条件 (即对于所有的 $i \in \mathscr{V}$，有 $\|\boldsymbol{x}_i(t_0)\| < +\infty$ 和 $\|\boldsymbol{y}_i(t_0)\| < +\infty$ 成立) 都满足

$$\lim_{\varepsilon \to 0} \mathscr{P}\{\|\tilde{\boldsymbol{x}}_i(t)\| \leqslant \rho_2 \exp(-\lambda_2 t) + \delta,\ \forall i \in \mathscr{V},\ \forall t \in [t_0, T_2(\varepsilon)]\} = 1$$

其中，$\lim\limits_{\varepsilon \to 0} T_2(\varepsilon) = +\infty$，$\lambda_2 > 0$ 在式 (4.35) 中给出。

证明 考虑 DSES 控制律 (4.20) 下的无人系统 (4.3)，可以得到误差系统

$$\begin{cases} \dot{\tilde{\boldsymbol{x}}}_i = \alpha \sum\limits_{j \in \mathcal{N}_i} a_{ij} \big(\mu(\tilde{\boldsymbol{x}}_j + \gamma\sin(\nu_j) - \tilde{\boldsymbol{x}}_i - \gamma\sin(\nu_i)) + \boldsymbol{y}_j - \boldsymbol{y}_i\big) + \dfrac{\beta}{z_{ii}} \sin(\nu_i) \Delta_i \\ \dot{\boldsymbol{y}}_i = \sum\limits_{j \in \mathcal{N}_i} a_{ij} \big(\tilde{\boldsymbol{x}}_i + \gamma\sin(\nu_i) - \tilde{\boldsymbol{x}}_j - \gamma\sin(\nu_j)\big) \\ \dot{\boldsymbol{z}}_i = \sum\limits_{j \in \mathcal{N}_i} a_{ij} (\boldsymbol{z}_j - \boldsymbol{z}_i) \end{cases} \tag{4.23}$$

与命题 4.1 的证明类似，本证明也分三个步骤完成。

步骤 1 误差系统 (4.23) 的随机平均系统

采用与式 (4.11) ~ 式 (4.12) 中相同的处理方法，我们可以得到网络化多个无人系统的随机平均系统

$$\begin{cases} \dot{\tilde{\boldsymbol{x}}}^a = -\alpha(L \otimes \boldsymbol{I}_m)(\mu \tilde{\boldsymbol{x}}^a + \boldsymbol{y}^a) - \kappa\beta(Z^{-1} \otimes \boldsymbol{I}_m)(H^d(\tilde{\boldsymbol{x}}^a + \boldsymbol{1}_n \otimes \boldsymbol{x}^*) - \boldsymbol{b}) \\ \dot{\boldsymbol{y}}^a = (L \otimes I_m)\tilde{\boldsymbol{x}}^a \\ \dot{\boldsymbol{z}} = -(L \otimes I_n)\boldsymbol{z} \end{cases} \tag{4.24}$$

其中，$Z = \mathrm{diag}(z_{11}, \cdots, z_{nn})$。

步骤 2 随机平均系统 (4.24) 的稳定性

为了分析随机平均系统 (4.24) 的稳定性，我们首先分析其估计系统

$$\begin{cases} \dot{\tilde{\boldsymbol{x}}}^a = -\alpha(L \otimes I_m)(\mu\tilde{\boldsymbol{x}}^a + \boldsymbol{y}^a) - \kappa\beta(\Lambda^{-1} \otimes I_m)\big(H^d(\tilde{\boldsymbol{x}}^a + \mathbf{1}_n \otimes \boldsymbol{x}^*) - \boldsymbol{b}\big) \\ \dot{\boldsymbol{y}}^a = (L \otimes I_m)\tilde{\boldsymbol{x}}^a \end{cases} \tag{4.25}$$

其中，系统 (4.24) 中的矩阵 $\boldsymbol{z}$ 替换为矩阵 $\Lambda = \mathrm{diag}(\boldsymbol{\lambda}_{\mathrm{l}})$，其中 $\boldsymbol{\lambda}_{\mathrm{l}} \in \mathbb{R}_+^{1\times n}$ 是矩阵 L 对应于特征值 $\mathbf{0}$ 的左特征向量 (文献 [155] 中引理 1)。令 $[(\tilde{\boldsymbol{x}}_{\mathrm{eq}}^a)^\mathsf{T}, (\boldsymbol{y}_{\mathrm{eq}}^a)^\mathsf{T}]^\mathsf{T}$ 表示估计系统 (4.25) 的一个平衡点，我们可以得到

$$-\kappa\beta(\Lambda^{-1} \otimes I_m)\big(H^d(\tilde{\boldsymbol{x}}_{\mathrm{eq}}^a + \mathbf{1}_n \otimes \boldsymbol{x}^*) - \boldsymbol{b}\big) = \alpha(L \otimes I_m)\boldsymbol{y}_{\mathrm{eq}}^a \tag{4.26}$$

利用 $\mathbf{1}_n^\mathsf{T}\Lambda = \boldsymbol{\lambda}_{\mathrm{l}}$，在式 (4.26) 两端左乘 $(\mathbf{1}_n^\mathsf{T}\Lambda \otimes \boldsymbol{I}_m)$ 可以得到与式 (4.16) 中相同的关系。那么，我们可以同命题 4.1 的证明一样，得到平衡点 $\tilde{\boldsymbol{x}}_{\mathrm{eq}}^a = \mathbf{0}_{mn}$。

为估计系统 (4.25) 构建如下的 Lyapunov 函数

$$V = \frac{1}{2}\begin{bmatrix} \tilde{\boldsymbol{x}}^a & \boldsymbol{y}^a - \boldsymbol{y}_{\mathrm{eq}}^a \end{bmatrix} \begin{bmatrix} \rho^2 + 1 & \rho \\ \rho & 1 \end{bmatrix} \otimes (\Lambda \otimes I_m) \begin{bmatrix} \tilde{\boldsymbol{x}}^a \\ \boldsymbol{y}^a - \boldsymbol{y}_{\mathrm{eq}}^a \end{bmatrix} \tag{4.27}$$

其中，ρ 是一个非零常数。由式 (4.27) 易得 Lyapunov 函数 V 非负，且有如下不等关系成立

$$a_1\|x\|^2 \leqslant V(x) \leqslant a_2\|x\|^2, \quad \|\nabla V(x)\| \leqslant 2a_2\|x\| \tag{4.28}$$

其中，$\nabla V(x)$ 表示 Lyapunov 函数 V 相对于 $[(\tilde{\boldsymbol{x}}^a)^\mathsf{T}, (\boldsymbol{y}^a - \boldsymbol{y}_{\mathrm{eq}}^a)^\mathsf{T}]^\mathsf{T}$ 的梯度

$$a_1 = \frac{1}{4}\left(\rho + 1 + \frac{1}{\rho} - \sqrt{\left(\rho + 1 + \frac{1}{\rho}\right)^2 - \frac{4}{\rho}}\right)\lambda_{\mathrm{lm}}$$

$$a_2 = \frac{1}{4}\left(\rho + 1 + \frac{1}{\rho} + \sqrt{\left(\rho + 1 + \frac{1}{\rho}\right)^2 - \frac{4}{\rho}}\right)\lambda_{\mathrm{lM}}$$

其中，λ_{lm} 和 λ_{lM} 分别表示向量 $\boldsymbol{\lambda}_{\mathrm{l}}$ 中最小和最大的元素，即矩阵 Λ 的最小和最大特征值。

接着，沿估计系统 (4.25) 对式 (4.27) 中 Lyapunov 函数求导，通过选择 $\mu = \rho + (1+\alpha)/(\alpha\rho)$ 和式 (4.26) 中的关系，可以得到

$$\dot{V} = -\begin{bmatrix} \tilde{\boldsymbol{x}}^a & \boldsymbol{y}^a - \boldsymbol{y}_{\mathrm{eq}}^a \end{bmatrix} \left(R \otimes (\Lambda L + L^\mathsf{T}\Lambda) \otimes I_m + S \otimes H^d\right) \begin{bmatrix} \tilde{\boldsymbol{x}}^a \\ \boldsymbol{y}^a - \boldsymbol{y}_{\mathrm{eq}}^a \end{bmatrix}$$

其中

$$R = \frac{\alpha}{2}\begin{bmatrix} \rho^3 + 2\rho + (\alpha+1)/(\alpha\rho) & 1+\rho^2 \\ 1+\rho^2 & \rho \end{bmatrix},\ S = \kappa\beta\begin{bmatrix} 1+\rho^2 & \dfrac{\rho}{2} \\ \dfrac{\rho}{2} & 0 \end{bmatrix}$$

在式 (4.25) 中第二个等式两边同时左乘 $\boldsymbol{\lambda}_{\mathrm{l}} \otimes I_m$，则由 $\boldsymbol{\lambda}_{\mathrm{l}} L = \mathbf{0}_n^{\mathsf{T}}$ 可得 $(\lambda_{\mathrm{l}} \otimes I_m)\dot{\boldsymbol{y}}^a = \mathbf{0}_m$，这意味着

$$(\boldsymbol{\lambda}_{\mathrm{l}} \otimes I_m)(v^a - \boldsymbol{y}_{\mathrm{eq}}^a) = \mathbf{0}_m$$

因此，我们只需要分析估计系统 (4.25) 在下面子空间 $\mathscr{X} = \{[\boldsymbol{x}_1, \boldsymbol{x}_2]^{\mathsf{T}} \in \mathbb{R}^{2mn} | (\boldsymbol{\lambda}_{\mathrm{l}} \otimes \mathbf{I}_m)\boldsymbol{x}_2 = \mathbf{0}_m\}$ 中的收敛性。

令 $\mathscr{X}_1 = \left\{[\boldsymbol{x}_1, \boldsymbol{x}_2]^{\mathsf{T}} \in \mathbb{R}^{2mn} | \boldsymbol{x}_1 = \mathbf{1}_n \otimes \zeta, \boldsymbol{x}_2 = \mathbf{0}_{mn}, \zeta \in \mathbb{R}^m\right\}$ 表示矩阵 $\left(R \otimes (\Lambda L + L^{\mathsf{T}}\Lambda) \otimes \mathbf{I}_m\right)$ 在 $\mathscr{X}$ 上的零空间。那么，对于任意的向量 $\boldsymbol{x} = [\mathbf{1}_n \otimes \zeta, \mathbf{0}_{mn}]^{\mathsf{T}} \in \mathscr{X}_1$，有

$$\begin{aligned} \dot{V} &= -\begin{bmatrix} \mathbf{1}_n \otimes \zeta & 0 \end{bmatrix} Q \otimes H^d \begin{bmatrix} \mathbf{1}_n \otimes \zeta \\ \mathbf{0} \end{bmatrix} \\ &= -\kappa\beta(1+\rho^2)\zeta^{\mathsf{T}} \sum_{i=1}^{n} H_i \zeta \\ &\leqslant -c_0\|x\|^2 \end{aligned} \tag{4.29}$$

在假设 4.2 下，$c_0 > 0$。对任意的向量 $\boldsymbol{x} \in \mathscr{X} - \mathscr{X}_1$，应用 Weyl's 不等式 (文献 [156] 中定理 4.3.1) 可以得到

$$\begin{aligned} \dot{V} &= -\begin{bmatrix} \tilde{\boldsymbol{x}}^a & \boldsymbol{y}^a - \boldsymbol{y}_{\mathrm{eq}}^a \end{bmatrix} \left(R \otimes (\Lambda L + L^{\mathsf{T}}\Lambda) \otimes I_m + S \otimes H^d\right) \begin{bmatrix} \tilde{\boldsymbol{x}}^a \\ \boldsymbol{y}^a - \boldsymbol{y}_{\mathrm{eq}}^a \end{bmatrix} \\ &\leqslant -(\lambda_R\lambda_L - \lambda_S\lambda_H)\|x\|^2 \end{aligned} \tag{4.30}$$

其中，$\lambda_R = O(\rho)$ 是矩阵 R 的最小特征值，λ_L 是矩阵 $\Lambda L + L^{\mathsf{T}}\Lambda$ 的最小非零特征值，$\lambda_S = O(\rho^2)$ 是矩阵 $-S$ 的最大特征值，λ_H 是矩阵 H^d 的最大特征值。由 $\lim\limits_{\rho\to 0} \dfrac{\lambda_R}{\lambda_S} = +\infty$，那么一定存在一个 $\rho_0 > 0$ 使得对于任意的 $\rho \in (0, \rho_0)$，有 $\lambda_R\lambda_L - \lambda_S\lambda_H > 0$ 成立。综合考虑式 (4.28) ~ 式 (4.30)，可以得到对 $\forall \boldsymbol{x} \in \mathscr{X}$ 和 $\rho \in (0, \rho_0)$，都存在一个 $a_3 > 0$ 使得

$$\dot{V} \leqslant -a_3 V \tag{4.31}$$

因此，$[\mathbf{0}_{mn}^{\mathsf{T}}, (\boldsymbol{y}_{\mathrm{eq}}^a)^{\mathsf{T}}]^{\mathsf{T}}$ 是估计系统 (4.25) 的一个指数稳定平衡点。

至此，我们可以考虑式 (4.24) 中 $\tilde{\boldsymbol{x}}^a$ 的动力学，并可以将其重新表示为

$$\dot{\tilde{\boldsymbol{x}}}^a = -\alpha(L\otimes I_m)(\mu\tilde{\boldsymbol{x}}^a+\boldsymbol{y}^a)-\kappa\beta(\Lambda^{-1}\otimes I_m)(H^d(\tilde{\boldsymbol{x}}^a+\mathbf{1}_n\otimes\boldsymbol{x}^*)-\boldsymbol{b})+\boldsymbol{d} \tag{4.32}$$

其中，$\boldsymbol{d}=-\kappa\beta(Z^{-1}-\Lambda^{-1})\otimes I_m\big(H^d(\tilde{\boldsymbol{x}}^a+\mathbf{1}_n\otimes\boldsymbol{x}^*)-\boldsymbol{b}\big)$ 可以看作估计系统 (4.25) 的一个扰动项，且满足以下关系

$$\begin{aligned}\|d\| &\leqslant \|\kappa\beta(Z^{-1}-\Lambda^{-1})\otimes I_m H^d\tilde{\boldsymbol{x}}^a\|+\|\kappa\beta(Z^{-1}-\Lambda^{-1})\otimes I_m(H^d(\mathbf{1}_n\otimes\boldsymbol{x}^*)-\boldsymbol{b})\| \\ &\leqslant \kappa\beta\varsigma(t)\|H^d\tilde{\boldsymbol{x}}^a\|+\kappa\beta\varsigma(t)\|(H^d(\mathbf{1}_n\otimes\boldsymbol{x}^*)-\boldsymbol{b})\|\end{aligned} \tag{4.33}$$

其中，$\varsigma(t)=\|Z^{-1}-\Lambda^{-1}\|\otimes I_m$。根据文献 [155] 中定理 1，可得 $\|r(t)-\mathbf{1}_n\otimes\lambda_l^{\mathsf{T}}\|$ 将以慢于 $\exp(-\ell t)$ 的速度收敛到零，其中 ℓ 为矩阵 L 最靠近左半平面的特征值的实部而且在假设 4.1 下一定为正。这说明 $\varsigma(t)$ 将以相同的速度收敛到零，即

$$\sup_{t\geqslant t_0}\varsigma(t)<+\infty,\quad \int_{t_0}^{+\infty}\varsigma(s)\mathrm{d}s<a_4 \tag{4.34}$$

其中，$a_4>0$。

我们注意到估计系统 (4.25) 具有一个指数稳定的平衡点 $[\mathbf{0}_{mn}^{\mathsf{T}},(\boldsymbol{y}_{\mathrm{eq}}^a)^{\mathsf{T}}]^{\mathsf{T}}$，而且它的 Lyapunov 函数 (4.27) 在 $\mathscr{X}$ 上满足不等关系式 (4.28) 和式 (4.31)。那么，给定扰动项 $\mathbf{d}(t)$ 满足式 (4.33) 和式 (4.34)，则对于扰动系统 (4.32) 任意的有界初始条件 (文献 [138] 中定理 9.4)，都存在一个 $\rho_2>0$ 使得

$$\|\tilde{\boldsymbol{x}}^a\|\leqslant\frac{\rho_2}{2}\big(\exp(-a_3t)+\exp(-\ell t)\big)$$

进一步地，可以得到

$$\|\tilde{\boldsymbol{x}}_i^a\|\leqslant\rho_2\exp(-\min\{a_3,\ell\}t):=\rho_2\exp(-\lambda_2t) \tag{4.35}$$

步骤 3 误差系统 (4.23) 的稳定性

与命题 4.1 证明中的步骤 3 相同，这里不再赘述。■

对比命题 4.1，值得注意的是指数 $\lambda_2<\lambda_1$，即多个无人系统在有向图通信拓扑下的收敛速率要慢于无向图通信拓扑，这是由无人系统间有方向的通信决定的。

4.5 仿真验证与分析

本节将通过仿真实验证明本章所提的 DSES 控制律的有效性。首先基于二次型形式的信号场函数验证无向图和有向图通信拓扑下网络化无人系统的稳定性，

然后分析控制律中参数选择的影响，再将其应用到非二次型形式的信号场寻源和寻找海底热液喷口的问题中，进一步说明 DSES 控制律驱动多无人系统协同寻源的可行性和有效性。

4.5.1 二次型形式信号场情况

本小节验证 DSES 控制律驱动网络化多无人系统在多个二次型形式信号场叠加的寻源问题中的有效性。令 $n=4$，$m=2$，式 (4.1) 中二次型形式的信号场 $f_i(\boldsymbol{x})$ 的参数选择为

$$H_1=\begin{bmatrix}-2 & 1\\ 1 & -0.5\end{bmatrix}, H_2=\begin{bmatrix}-0.25 & 0.5\\ 0.5 & -1\end{bmatrix},$$

$$H_3=\begin{bmatrix}-0.5 & 1.5\\ 1.5 & -4.5\end{bmatrix}, H_4=\begin{bmatrix}-3 & 1\\ 1 & -0.33\end{bmatrix}$$

$$\boldsymbol{b}_1=[1.5,-0.75]^\mathsf{T}, \boldsymbol{b}_2=[-0.5,1]^\mathsf{T}, \boldsymbol{b}_3=[-2,6]^\mathsf{T}, \boldsymbol{b}_4=[2.5,-0.83]^\mathsf{T}$$

$$c_1=0.44, c_2=0.5, c_3=-3, c_4=-0.042$$

这里的 H_i 均为半正定矩阵，说明集合 $\arg\max\limits_{\boldsymbol{x}} f_i(\boldsymbol{x})$ 可能包含无限个元素。因此，只使用一个无人系统无法保证收敛到场源位置 $\boldsymbol{x}^*=[1.53,1.82]^\mathsf{T}$。

对于 DSES 控制律，激励信号的参数均选择为 $\varepsilon=0.05$，$g=0.6$ 和 $h=1$。在没有特殊说明时，无人系统的初始位置均为 $\boldsymbol{x}_1=[0,0]^\mathsf{T}, \boldsymbol{x}_2=[0.9,0]^\mathsf{T}, \boldsymbol{x}_3=[0.9,0.9]^\mathsf{T}, \boldsymbol{x}_4=[0,0.9]^\mathsf{T}$。四个无人系统的通信拓扑如图 4.2 所示，且满足假设 4.1。

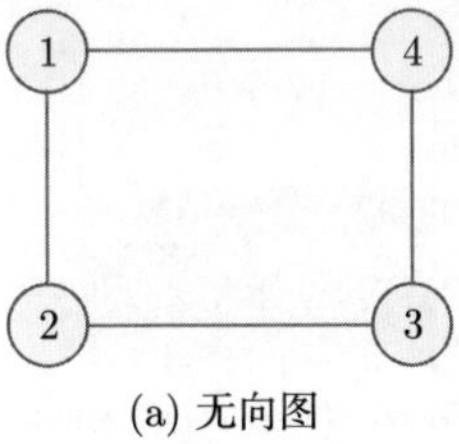

(a) 无向图

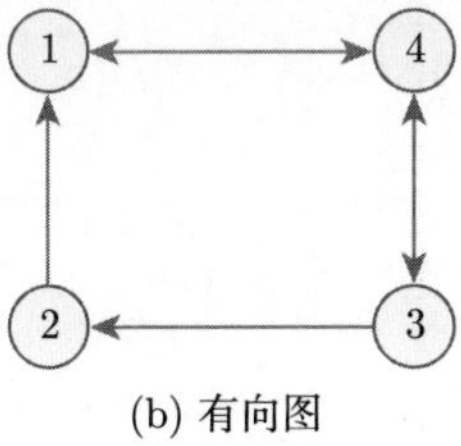

(b) 有向图

图 4.2 四个无人系统的通信拓扑结构

1. 无向图通信拓扑结构下仿真结果

考虑 DSES 控制律 (4.4) 下具有无向通信拓扑结构的多个无人系统 (4.3)，并选择控制律参数为 $\alpha=0.01$，$\beta=2.5$，$\gamma=0.1$。

仿真结果如图 4.3 所示，其中实线表示无人系统的轨迹，虚线表示局部目标函数 $f_i(\boldsymbol{x})$ 的最优点的集合。从图中我们可以清晰地看到，每个无人系统在被吸

引到 $f_i(\boldsymbol{x})$ 最优点附近的同时趋于一致。最终，所有无人系统在场源位置 $\boldsymbol{x}^*$ 附近环绕，这与命题 4.1 的结论一致，说明了 DSES 控制律 (4.4) 的有效性。无人系统获得的信号场量测随时间的变化如图 4.4 所示，可以看到多个无人系统的量测之和在 1000s 左右达到最大值，即抵达了场源位置附近。

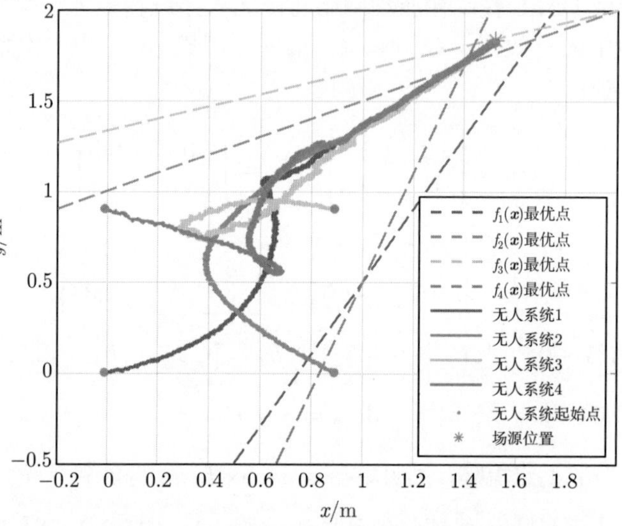

图 4.3 DSES 控制律 (4.4) 下无向通信的多个无人系统运动轨迹 (见彩图)

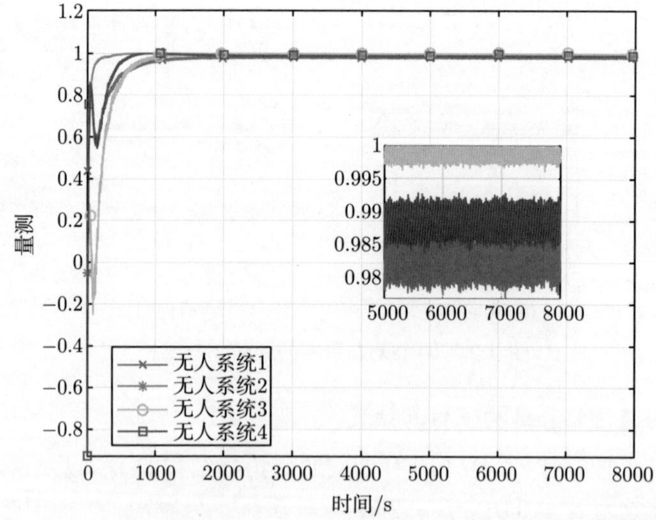

图 4.4 DSES 控制律 (4.4) 下无向通信的多个无人系统场强量测

2. 有向图通信拓扑结构下仿真结果

考虑有向图通信拓扑结构下的多个无人系统。DSES 控制律 (4.20) 的控制参数设置为 $\alpha = 0.002$，$\beta = 1.2$，$\gamma = 0.0125$ 和 $\mu = 50$。

图 4.5 给出了无人系统的运动轨迹，可以看到所有无人系统均收敛到场源位置 $\boldsymbol{x}^*$ 附近。图 4.6 展示了所有无人系统的测量过程，可以看到多个无人系统抵达场源附近的时间约为 1500s，与图 4.4 对比可知，有向图下的收敛速率要慢于无向图下的收敛速率。由于有向图与无向图相比较具有更少的通信连接，这个结果合乎直观认知，也与命题 4.1 和命题 4.2 中给出的收敛速度的指数 $\lambda_2 < \lambda_1$ 相一致。

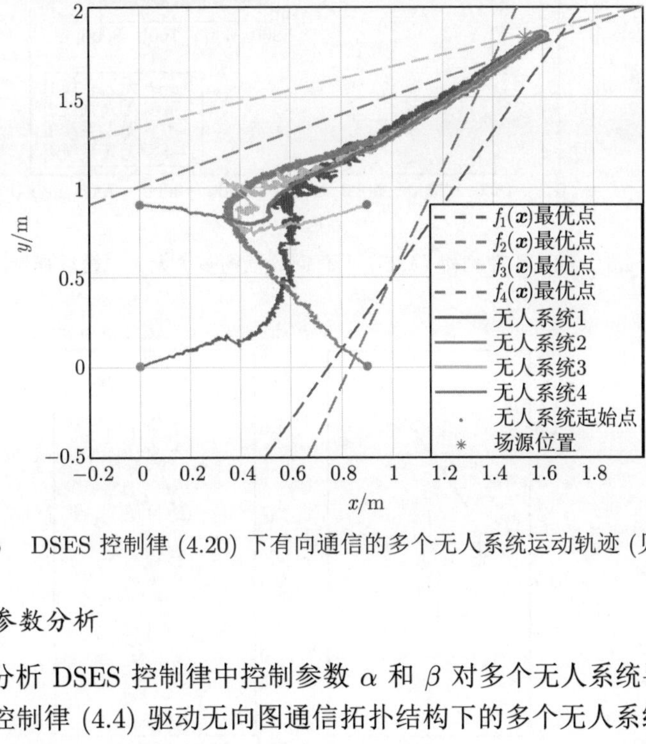

图 4.5 DSES 控制律 (4.20) 下有向通信的多个无人系统运动轨迹 (见彩图)

3. 控制参数分析

本小节分析 DSES 控制律中控制参数 α 和 β 对多个无人系统寻源性能的影响，这里以控制律 (4.4) 驱动无向图通信拓扑结构下的多个无人系统为例进行说明。首先，设置无人系统的初始位置为 $\boldsymbol{x}_1 = \boldsymbol{x}_2 = \boldsymbol{x}_3 = \boldsymbol{x}_4 = [0.5, 0.5]^\mathsf{T}$，控制参数为 $\alpha = 0.005$。这意味着所有无人系统将从一个一致的状态出发，而控制律中的参数 α 减小一半；然后，设置无人系统的初始位置为 $\boldsymbol{x}_1 = [0.75, 0]^\mathsf{T}, \boldsymbol{x}_2 = [0.5, 1.25]^\mathsf{T}, \boldsymbol{x}_3 = [0.75, 1.58]^\mathsf{T}, \boldsymbol{x}_4 = [1, 0.5]^\mathsf{T}$，控制参数为 $\beta = 1.25$。这意味着每个无人系统均从自身对应的局部目标函数的最优点出发，而控制中的参数 β 减小一半。

两种情况下的多个无人系统的运动轨迹和测量过程对比分别如图 4.7 和图

4.8 所示。在图 4.7(a) 中，每个无人系统会在初始时刻后暂时离开一致性状态而不断趋向于场源位置，并最终同时抵达场源位置；图 4.7(b) 中，每个无人系统会逐渐远离所对应的局部目标函数的最优点而不断趋于一致并同时到达场源位置。

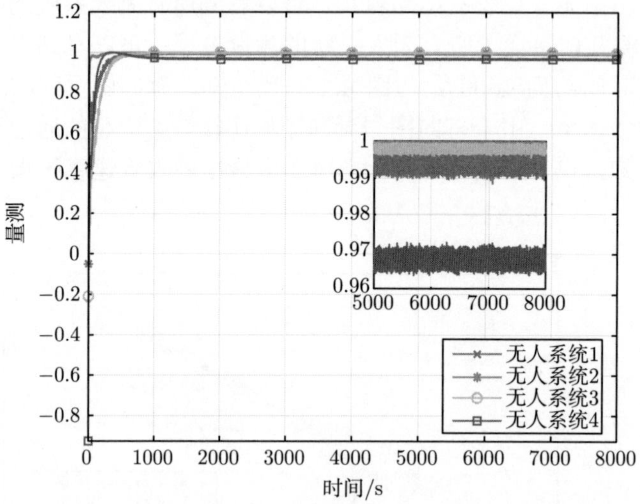

图 4.6　DSES 控制律 (4.20) 下有向通信的多个无人系统场强量测

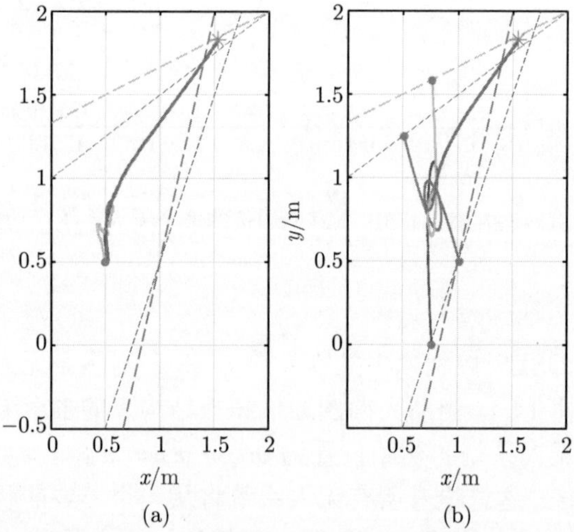

图 4.7　不同控制参数的 DSES 控制律 (4.4) 下多个无人系统运动轨迹 (见彩图)

以上仿真结果表明，DSES 控制律中的一致性项能够驱动多个无人系统达到一致，而随机 ES 项能够使其向目标函数的最优点运动。此外，仿真结果验证了 4.3.1 小节中对控制参数 α 和 β 的分析，即参数 α 和 β 分别为无人系统对邻居无人系统行为和局部目标函数的学习率。那么，具有较大参数 α 的 DSES 控制律将使多个无人系统更快地趋于一致，而具有较大参数 β 的 DSES 控制律将使其更快地收敛到各自最优点的集合附近。在这两个重要参数的共同调控下，多个无人系统才能够同时抵达场源位置。

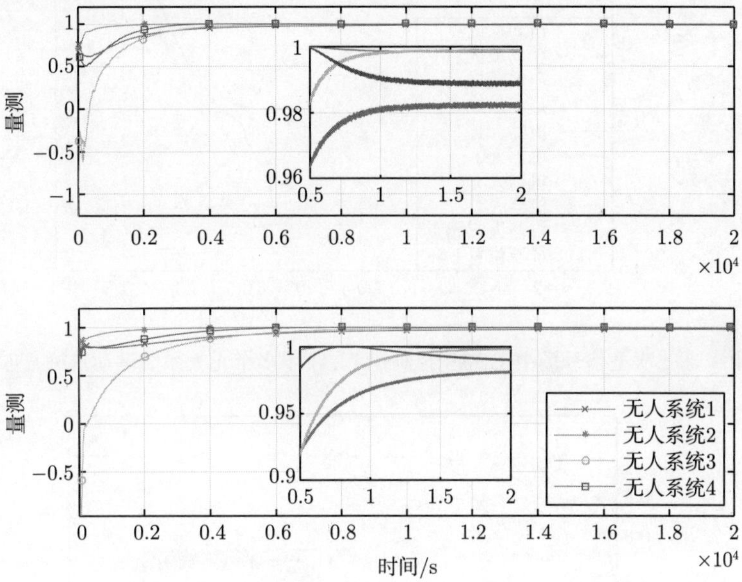

图 4.8 不同控制参数的 DSES 控制律 (4.4) 下多个无人系统场强量测

4.5.2 非二次型信号场情况

本小节考虑在非二次型形式的信号场 $f_i(\cdot)$ 上对 DSES 控制律 (4.4) 进行测试。其中局部目标函数 f_1, f_2 仍为二次型，参数 H_1, H_2 保持不变，我们令 $b_1 = [2, -1]^{\mathsf{T}}$，$b_2 = [-0.5, 1]^{\mathsf{T}}$，$c_1 = -1$, $c_2 = 0$，然后重新定义 f_3, f_4 为非二次型形式

$$f_3 = 0.083(x_1 - 2.44)^3 - 0.25(x_1 - 2.44) + 0.83$$

$$f_4 = -\mathrm{e}^{-x_1^2-(x_2-1)^2} + 2x^4\mathrm{e}^{-x_1^2-(x_2-2)^2} - 0.037$$

由此可知，局部目标函数 f_3 的最优点的集合是两条直线，即 $x_1 = 1.44$ 和 $x_1 = 3.44$(在图 4.9 中我们只画出了第一条直线)；目标函数 f_4 有两个孤立的最优点，在图 4.9 中用圆圈表示；函数 $f(\boldsymbol{x})$ 的最优点，即场源位置为 $\boldsymbol{x}^* = [1.443, 2.041]^{\mathsf{T}}$。

图 4.9 和图 4.10 分别给出了多个无人系统的运动轨迹和相应的场强量测，可以看到多个无人系统能够同时接近场源位置，同时场强量测接近最大值，证明了本章中的协同寻源方法同样适用于在空间中分布非二次型的信号场寻源任务。

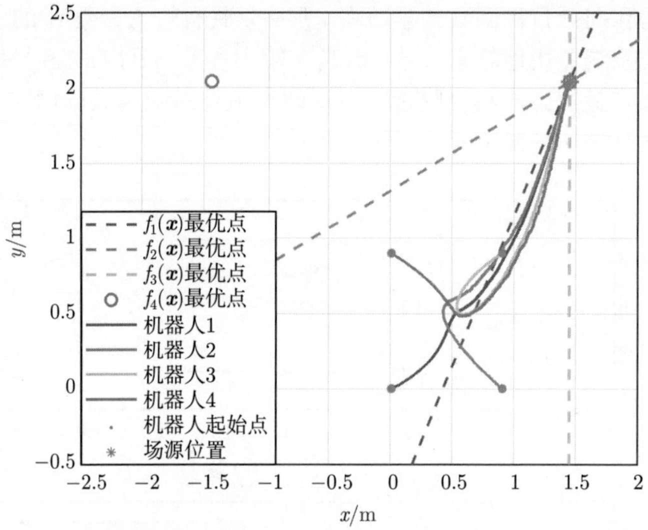

图 4.9　非二次型信号场中 DSES 控制律 (4.4) 下多个无人系统运动轨迹 (见彩图)

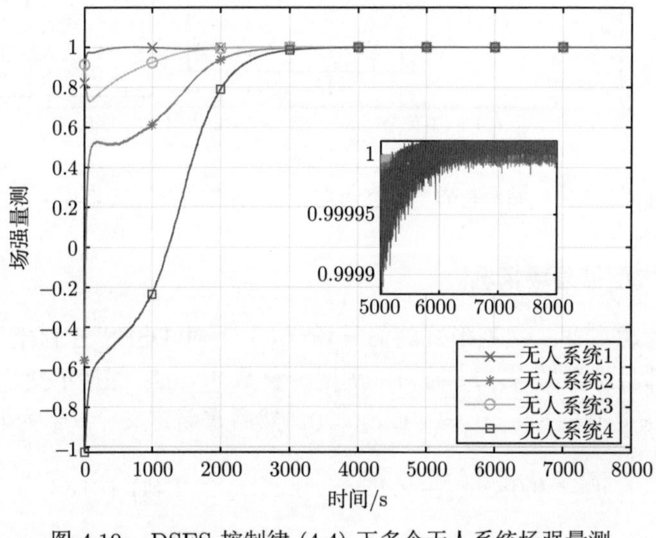

图 4.10　DSES 控制律 (4.4) 下多个无人系统场强量测

4.5.3　海底热液寻源仿真实验

本小节回顾例 4.1 中的海底热液寻源问题，采用数值模拟的方式构建海底热液喷出所形成的信号场，利用多个无人系统获取浊度、温度和 ORP 数据，从而验证 DSES 控制律驱动多无人系统寻找海底热液喷口的有效性。在执行该任务的过程中，水下无人系统一般在距离海底 100m、400m 高度进行二维平面的探测[157]，因此我们取状态变量 $\boldsymbol{x}$ 的维数 $m=2$。

根据文献 [158] 图 9 中颗粒物 (含硫化亚铁颗粒 (pFeS) 和含铁氧化物颗粒 (pFe_{oxy})，可代表浊度)、温度和 ORP 随与热液喷口位置的距离变化曲线，本小节采用数值模拟构建了这四种信号场：pFeS 浓度场 $f_1(\boldsymbol{x})$、pFe_{oxy} 浓度场 $f_2(\boldsymbol{x})$、温度场 $f_3(\boldsymbol{x})$ 和 ORP 场 $f_4(\boldsymbol{x})$，如图 4.11(a) 所示。其中 $f_1(\boldsymbol{x})$ 和 $f_2(\boldsymbol{x})$ 具有无限多个极大值点，在图中用虚线圆表示，$f_3(\boldsymbol{x})$ 和 $f_4(\boldsymbol{x})$ 的极大值点为 $[1\text{km}, 1\text{km}]^\mathsf{T}$，但在距离场源位置较远时二者的强度几乎为零。因此，必须联合这四种信号才能寻找到场源位置 $[1\text{km}, 1\text{km}]^\mathsf{T}$。

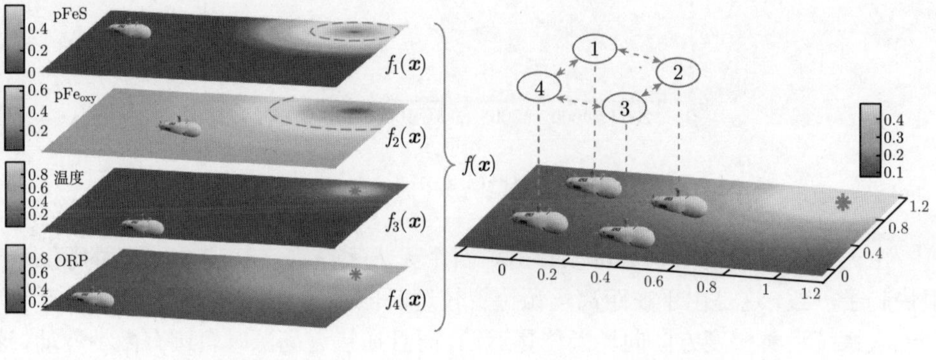

(a) (b)

图 4.11 寻找海底热液喷口任务中的各信号场

如图 4.11 所示，本小节采用 $n = 4$ 个无人系统分别测量这四种信号，在 DSES 控制律 (4.4) 的作用下，四个无人系统通过无向通信相互协同，寻找叠加的信号场 $f(\boldsymbol{x})$ 的场源位置。无人系统的运动轨迹和测量变化分别在图 4.12 和图 4.13 中给出。

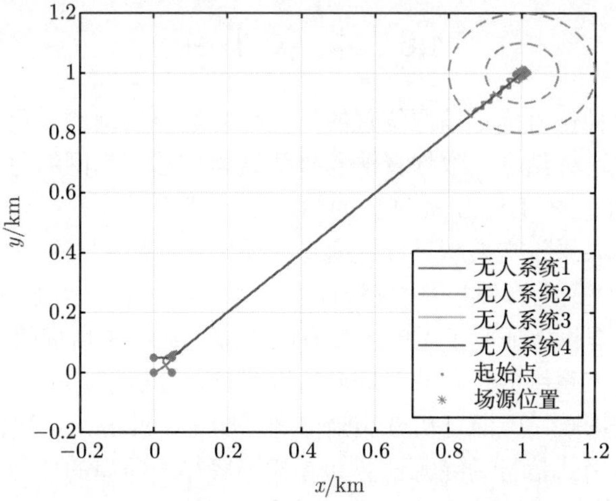

图 4.12 寻找海底热液喷口任务中的多个无人系统运动轨迹 (见彩图)

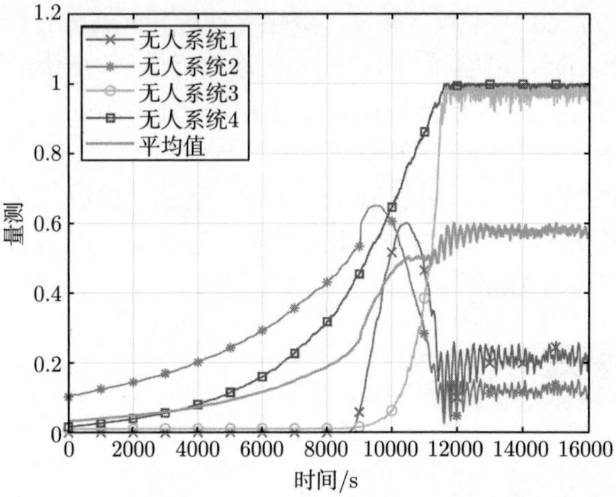

图 4.13　寻找海底热液喷口任务中的多个无人系统测量过程

由无人系统的运动轨迹可以看出，四个无人系统在 DSES 控制律的驱动下，很快趋于一致，这是由于在距离场源位置较远时四种信号的梯度都很小；随后，四个无人系统沿着梯度方向向场源位置运动，而且在接近场源时轨迹有微小波动，这是由于信号在场源附近变化较大。此外，由无人系统的量测变化可以清晰地看到，第 1 和第 2 个无人系统在达到最大值后又逐渐减小，也就是说，在多个无人系统的协同下，每个无人系统能够脱离自身测量信号场的局部极大值点而抵达场源位置。如图 4.13 所示，在 12000s 左右，四个无人系统的测量平均值达到最大，且基本保持不变。以上结果证明了 DSES 控制律驱动多个无人系统寻找海底热液喷口的可行性和有效性。

4.6　本 章 小 结

本章针对多种信号确定场源位置的复合信号场寻源问题，设计了多无人系统合作式寻源方案，并结合一致性算法和极值搜索方法，为网络化多无人系统设计了 DSES 控制律。在 DSES 控制律的驱动下，每个无人系统只需获得一种场强量测并与邻居无人系统交换相对位置信息，所有无人系统即可完成协同寻源任务，适合应用于 GNSS 拒止环境下的寻源问题。本章利用随机平均理论和 Lyapunov 稳定性理论，在理论上证明了无向图和有向图通信拓扑下所提的两个 DSES 控制律均可使多个无人系统同时收敛到场源位置附近，分析了 DSES 控制律中参数选择对控制性能的影响，并通过仿真实验得到了验证。此外，本章将 DSES 控制律应用到非二次型形式信号场寻源任务和寻找海底热液喷口的任务中，仿真结果证明了 DSES 控制律的可行性和有效性。

第 5 章　时空信号场寻源的分布式协同估计

本书第 2~4 章主要研究了无人系统自主寻源任务中的优化控制问题，目标是设计合理的控制律驱动无人系统抵达场源位置，但没有考虑无人系统运动过程的各项性能。自本章起，本书主要关注无人系统自主寻源任务中的轨迹规划问题。与控制问题不同，轨迹规划不仅关注无人系统最终是否抵达场源位置，更加关注无人系统抵达场源过程中的时间消耗、安全性、隐蔽性等指标。因此，无人系统的轨迹规划能力成为其自主智能化水平的重要评价指标，同时随着人工智能技术的快速发展成为近年来的研究热点。

本章主要研究无人系统面向时空信号场的寻源任务，考虑多传感器量测下时空信号场的分布式协同估计和场源定位问题。时空信号场指同时具有时间和空间分布特性的信号场，其动态变化规律一般由偏微分方程 (partial differential equation, PDE) 描述，但通常无法直接求解。本章以分段高斯函数为基函数，采用有限元估计方法和离散化处理，将 PDE 近似转化成一个高维随机离散系统，但直接估计该系统的高维状态向量需要极大的计算量。为此，本章根据观测方程的特点，将该高维系统划分为多个可能具有重合状态变量的低维子系统，使得每个传感器只需估计一个子系统。然后，为每个传感器设计了基于协方差交叉的卡尔曼估计方法，其优势在于每个传感器只需要与邻近传感器相互通信，即可协同完成整个高维系统的估计，在消耗少量通信资源的同时显著降低时空信号场估计的计算资源。最后，本章从理论上证明了所提协同估计方法的一致稳定性，并通过仿真实验验证了其有效性和优越性。

5.1　本 章 引 言

本书第 2~4 章研究了静态信号场的寻源问题，即其中的未知信号只具有空间分布特性，但在时间维度上保持不变。这类信号场可以用来描述变化极慢的信号场，如只因地壳运动而变化的海底深度，也可以用来描述处于稳定状态的信号场，如海底热液喷出后一段时间，海水中的金属离子浓度趋于稳定。但在很多情况下，信号因环境中水流、风等外界因素或本身特质而具有不可忽略的时间动态，则其分布需要采用时空信号场进行描述。特别地，这些信号场在时间和空间上具有复杂的耦合关系，通常利用具有随机噪声输入的无限维 PDE 进行描述[24,159,160]。本章旨在估计此类时空信号场的将来状态和过去状态，即对其进行预测和还原，进而实现场源定位。

通常来说，我们无法求得一个随机 PDE 的解析解[161]，因此需要在一定的假设下得到对其进行近似然后求解，最常用的两种方法为依赖于经验知识的拉格朗日法[22] 和需要极大计算量的欧拉法[23]。本章采用了欧拉法中的有限元估计方法，将一个二维的标量时空信号场近似表示为一个线性随机系统。为了保证近似的准确性，该随机系统通常具有极高维度的状态向量[162,163]。因此，其估计问题具有极高的计算复杂度。本章的主要贡献在于设计分布式估计器实现该系统的协同估计，显著降低计算量。

文献 [164]~[166] 研究了传感器网络下的分布式滤波器，其中每个传感器均需估计整个高维系统的状态向量，因此计算复杂度依然很高。与这些文献不同，本章将高维系统的状态向量划分成多个可能具有重合状态变量的低维状态向量，令每一个传感器只估计其中一个低维状态向量，即只负责其邻近一个“小”区域内的估计任务，因此具有很低的计算复杂度。文献 [25]、[167]~[170] 也采用了类似的划分思想但与本章的划分方法不同，这些文献中的低维状态向量之间没有重合部分。

为完成预测和还原任务，本章为每个传感器设计了局部的卡尔曼滤波器和平滑器，但不同的传感器对于状态向量间可能的重合部分有不同的估计。为解决这一问题，本章采用了协方差交叉 (covariance intersection, CI) 的方法，即利用估计误差协方差融合不同传感器中的重合状态变量估计，并将得到的融合估计代入到滤波器和平滑器的迭代更新中。这与文献 [24]、[26]、[171]~[174] 中的做法不同，文献 [24]、[26]、[171] 使用了一致性方法来处理重合状态变量的不同估计，即只令不同的估计趋于一致但没有利用估计误差的协方差信息；文献 [172]~[174] 虽然也使用了 CI 算法，但是没有将其代入到滤波器的迭代更新中，因此其滤波器的稳定性证明易于本章。

综上所述，本章将随机 PDE 描述的时空信号场近似为高维系统并将其划分为多个可能含有重合状态变量的低维子系统，通过为每个子系统设计基于 CI 的局部滤波器和平滑器，使多个传感器合作地完成时空信号场的预测和还原，显著减小了计算量，即弥补了 1.2 节所述信号场重构寻源方法计算量大的不足。此外，本章给出了所提滤波器和平滑器一致稳定性的严格证明，并通过仿真实验验证了其有效性以及计算性能上的优越性。

5.2　时空信号场估计问题

考虑分布在区域 $\Omega \subset \mathbb{R}^2$ 内的标量时空信号场 $f(\boldsymbol{p}, t)$，其动力学特性可以用下面的偏微分方程描述

$$\frac{\partial f(\boldsymbol{p},t)}{\partial t}+\mathscr{A}(f(\boldsymbol{p},t))=u(t) \tag{5.1}$$

其中，$\boldsymbol{p}\in\mathbb{R}^2$ 表示二维平面上的位置，t 表示时间，$\mathscr{A}$ 表示一个线性算子，$u(t)\in\mathbb{R}$ 是系统的随机噪声输入项。这里的偏微分是在 Ito 微分意义下取得[149]。此外，信号场 $f(\boldsymbol{p},t)$ 在边界 $\partial\Omega$ 上，满足边界条件 $\mathscr{B}(f(\boldsymbol{p},t))=0$，其中 $\mathscr{B}$ 为一个线性算子。

区域 Ω 内有 n 个位于 $\boldsymbol{p}_i\in\Omega, i=1,2,\cdots,n$ 的传感器来观测信号场 $f(\boldsymbol{p},t)$。每个传感器 i 在均匀间隔的时间点 k 得到信号场的场强量测 $m_i(k)$，观测方程可表达为

$$m_i(k)=f(\boldsymbol{p}_i,k)+\varepsilon_i(k) \tag{5.2}$$

其中，$\varepsilon_i(k)\in\mathbb{R}$ 为测量噪声。

截至当前时间步 k，传感器获得了一系列含噪声的场强量测，本章的目标是利用这些场强量测估计将来某一时刻 $k_1>k$ 的信号场 $f(\boldsymbol{p},k_1)$ 和还原过去某一时刻 $k_2<k$ 的信号场 $f(\boldsymbol{p},k_2)$。其难点在于信号场在空间中分布的广阔范围，而每个传感器的观测范围有限。因此，本章信号场估计问题的一个突出特点为每一个传感器 i 只负责其邻近一个"小"区域内的预测和还原任务，通过与其邻近传感器的通信合作地实现整个时空信号场的估计。

5.3 时空信号场的子系统建模

由于时空信号场 PDE 方程 (5.1) 无法解析求解[161]，我们首先采用有限元方法对其进行估计，再经过划分得到多个低维子系统。本节将详细描述这些子系统的建模过程。

5.3.1 有限元估计

本小节采用有限元架构[24,159] 来估计标量信号场 $f(\boldsymbol{p},t)$，即

$$f(\boldsymbol{p},t)\approx\sum_{j=1}^{d}\xi^j(\boldsymbol{p})x^j(t)=\Xi^{\mathsf{T}}(\boldsymbol{p})\boldsymbol{x}(t) \tag{5.3}$$

其中，$\xi^j(\boldsymbol{p})$ 为一个基函数，$x^j(t)$ 是其对应的未知权重系数，且有 $\Xi(\boldsymbol{p})=(\xi^1(\boldsymbol{p}),\xi^2(\boldsymbol{p}),\cdots,\xi^d(\boldsymbol{p}))^{\mathsf{T}}$ 和 $\boldsymbol{x}(t)=(x^1(t),x^2(t),\cdots,x^d(t))^{\mathsf{T}}$。将式 (5.3) 代入到式 (5.1) 中，我们采用 Galerkin 加权余量法[175] 将式 (5.1) 重写为以下积分形式

$$\int_\Omega\Xi(\boldsymbol{p})\Xi^{\mathsf{T}}(\boldsymbol{p})\dot{\boldsymbol{x}}(t)\mathrm{d}\boldsymbol{p}\approx-\int_\Omega\Xi(\boldsymbol{p})\mathscr{A}(\Xi^{\mathsf{T}}(\boldsymbol{p})\boldsymbol{x}(t))\mathrm{d}\boldsymbol{p}+\int_\Omega\Xi(\boldsymbol{p})u(t)\mathrm{d}\boldsymbol{p} \tag{5.4}$$

由线性算子 $\mathscr{A}$，式 (5.4) 可以表示为一个线性微分方程

$$M\dot{\boldsymbol{x}}(t) = -D\boldsymbol{x}(t) + \boldsymbol{u}(t) + \boldsymbol{\varepsilon}(t) \tag{5.5}$$

其中，$M = \int_\Omega \Xi(\boldsymbol{p})\Xi^\mathsf{T}(\boldsymbol{p})\mathrm{d}\boldsymbol{p}$，$D = \int_\Omega \Xi(\boldsymbol{p})\mathscr{A}(\Xi^\mathsf{T}(\boldsymbol{p}))\mathrm{d}\boldsymbol{p}$，$\boldsymbol{u}(t) = \int_\Omega \Xi(\boldsymbol{p})u(t)\mathrm{d}\boldsymbol{p}$，$\boldsymbol{\varepsilon}(t)$ 表示式 (5.3) 中的估计误差，其中对边界条件的处理可参见文献 [176]。

为估计式 (5.5)，采用后向欧拉法对该连续系统进行采样，可以得到一个离散模型

$$\boldsymbol{x}(k+1) = A\boldsymbol{x}(k) + \boldsymbol{\eta}(k) \tag{5.6}$$

其中，$\boldsymbol{x}(k) \in \mathbb{R}^d$ 是离散时间步 k 的状态向量，$\boldsymbol{\eta}(k) \in \mathbb{R}^d$ 代表包含噪声输入、信号场估计误差和离散化过程误差的过程噪声，$A = (I + hM^{-1}D)^{-1}$ 是采样周期为 h 的状态转移矩阵。特别注意的是，采样周期 h 不能取为矩阵 $-M^{-1}D$ 任一特征值的倒数。

至此，信号场模型 (5.1) 转化为一个线性离散模型 (5.6)。值得注意的是，为保证式 (5.3) 中估计的准确性，有限元方法需要选取的基函数数量通常很大[162, 163]。这导致离散模型 (5.9) 具有一个很高的维度，直接估计需要巨大的计算量。

5.3.2 基于划分的子系统

为了避免直接估计高维离散系统 (5.6) 而带来的巨大计算量，本小节将状态向量 $\boldsymbol{x}(k) \in \mathbb{R}^d$ 划分为多个低维的子向量。具体来说，定义式 (5.3) 中的基函数 $\xi^j(\boldsymbol{p})$ 为如下具有高斯形式的分段函数

$$\xi^j(\boldsymbol{p}) = \begin{cases} \exp(-\|\boldsymbol{v}^j - \boldsymbol{p}\|^2), & \|\boldsymbol{v}^j - \boldsymbol{p}\| \leqslant \delta \\ 0, & \text{其他} \end{cases} \tag{5.7}$$

其中，$\boldsymbol{v}^j \in \Omega$ 为有限元架构下 Ω 区域内网格的节点，$\delta > 0$，$j = 1, 2, \cdots, d$。

式 (5.7) 说明，当且仅当节点 $\boldsymbol{v}^j$ 和 $\boldsymbol{p}$ 的距离小于 δ 时，有 $\xi^j(\boldsymbol{p}) \neq 0$ 成立。这也说明，在给定节点集合 $\{\boldsymbol{v}^1, \boldsymbol{v}^2, \cdots, \boldsymbol{v}^d\}$ 后，参数 δ 决定了矩阵 A 和向量 $\Xi(\boldsymbol{p})$ 的稀疏程度。

将式 (5.3) 代入到观测方程 (5.2) 中，即得到一个线性形式的观测方程

$$m_i(k) = \Xi^\mathsf{T}(\boldsymbol{p}_i)\boldsymbol{x}(k) + \varepsilon_i(k) \tag{5.8}$$

根据此观测方程和基函数的定义 (5.7)，可以很自然地提取出对应传感器 i 的一个 d_i 维状态向量

$$\boldsymbol{x}_i(k) = \mathrm{col}\{x^j(k) \big| \|\boldsymbol{v}^j - \boldsymbol{p}_i\| \leqslant \delta, j = 1, \cdots, d\} \in \mathbb{R}^{d_i} \tag{5.9}$$

对于任意 i,j，$\|\boldsymbol{v}^j-\boldsymbol{p}_i\|\leqslant\delta$ 能够保证 $\xi^j(\boldsymbol{p}_i)\neq 0$。因此，式 (5.8) 表示 $\boldsymbol{x}_i(k)$ 只包含与传感器 i 相关的状态变量，参数 δ 可以看作传感器的测量范围。

图 5.1 给出了 $n=2$ 个传感器观测一个标量信号场的例子，$d=8$ 个节点的位置是随机生成的。我们设置式 (5.7) 中的 $\delta=1$，即图中每个传感器圆形观测范围的半径为 1。根据式 (5.9) 中局部状态向量的定义，对应传感器 1 和 2 的状态向量分别为 $\boldsymbol{x}_1=[x^1,x^2,\cdots,x^6]^{\mathsf{T}}$ 和 $\boldsymbol{x}_2=[x^4,x^5,\cdots,x^8]^{\mathsf{T}}$。因此，原系统中 $d=8$ 维的状态向量被划分为了两个 $d_1=6$ 维，$d_2=5$ 维的子向量。

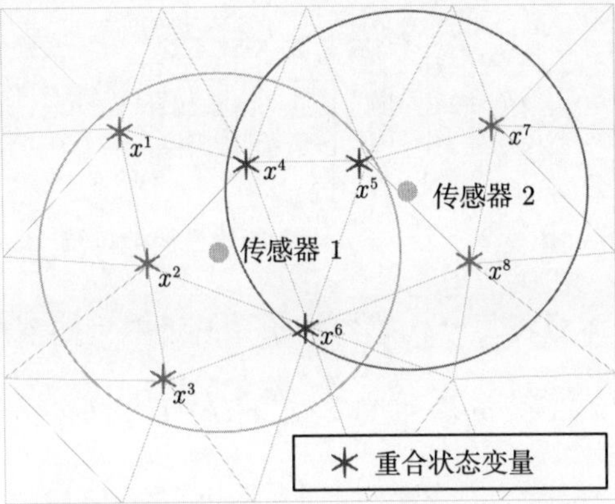

图 5.1 $n=2$ 个传感器和 $d=8$ 节点的空间分布 (见彩图)

我们定义式 (5.9) 中的 $\boldsymbol{x}_i(k)$ 为传感器 i 所对应子系统的局部状态向量。将高维离散系统 (5.6) 划分为 n 个低维的子系统，第 i 个子系统表示为

$$\begin{aligned}\boldsymbol{x}_i(k+1)&=A_i\boldsymbol{x}_i(k)+\sum_{j=1,j\neq i}^{n}B_{ij}\boldsymbol{x}_j(k)+\boldsymbol{\eta}_i(k)\\ m_i(k)&=C_i^{\mathsf{T}}\boldsymbol{x}_i(k)+\varepsilon_i(k),\quad i=1,2,\cdots,n\end{aligned}\tag{5.10}$$

其中，A_i 是局部状态转移矩阵，B_{ij} 从式 (5.6) 的矩阵 A 中对应提取出来且通常较为稀疏，C_i 是局部测量矩阵，$\boldsymbol{\eta}_i(k)$ 和 $\varepsilon_i(k)$ 分别为具有协方差矩阵 $Q_i(k)$ 和方差 $\sigma_i(k)$ 的过程噪声和测量噪声。初始状态 $\boldsymbol{x}^i(0)$ 的均值和方差记作 $\bar{\boldsymbol{x}}_0^i$ 和 $\bar{P}_0^i$。如果 $\boldsymbol{x}(k)$ 中某个状态变量可以同时被多个传感器测量到，则称这几个传感器所对应的子系统具有重合状态变量。

为了更具体地说明 (5.10) 中矩阵 B_{ij} 的选取，我们以图 5.2 中 $d=3,n=2$ 的系统为例进行说明。

对于该系统，显然有 $B_{12}=\begin{bmatrix}0 & a^{13}\\ 0 & a^{23}\end{bmatrix}$。那么，从传感器 1 的角度，如果近

似地令 $B_{12} = \mathbf{0}$ 可以极大地减少估计的计算量和与邻近传感器的通信量。我们注意到，矩阵 B_{12} 中的 a_{13} 和 a_{23} 分别代表了状态变量 $x^3(k)$ 对子系统 1 中的状态变量 $x^1(k), x^2(k)$ 的影响。由局部状态向量的定义 (5.9) 可知，状态变量 $x^3(k)$ 对 $x^1(k)$ 只有相对较“小”的影响，因此可以近似地令 $a_{13} = 0$。此外，状态变量 $x^3(k)$ 对 $x^2(k)$ 的影响很大程度上可以体现在第 2 个子系统的状态向量 $\boldsymbol{x}_2(k) = \left[x^2(k), x^3(k)\right]^{\mathsf{T}}$ 中，并通过两个传感器的通信将该影响传递给传感器 1，因此令矩阵 B_{12} 中的 $a^{23} = 0$ 也是合理的。

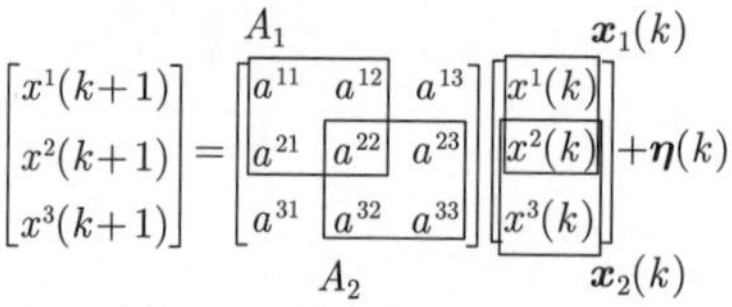

图 5.2 $d = 3, n = 2$ 的线性离散系统

基于以上观察，本章将每个传感器的子系统近似为如下形式：

$$\begin{aligned} \boldsymbol{S}_i : \boldsymbol{x}_i(k+1) &= A_i \boldsymbol{x}_i(k) + \boldsymbol{\eta}_i(k) \\ m_i(k) &= C_i^{\mathsf{T}} \boldsymbol{x}_i(k) + \varepsilon_i(k) \end{aligned} \tag{5.11}$$

至此，高维离散模型 (5.6) 被划分为多个低维的子系统 (5.11)。这里特别说明，本章采用了与文献 [24] 相同的有限元方法将 PDE 方程估计为 d 维离散系统，但是采用了不同的子系统划分方法。图 5.3 中两传感器的例子说明了两者的不同点。文献 [24] 对于系统 (5.6) 的划分方法如图 5.3(a) 所示，绿色和蓝色多边形中的状态变量分别分配给两个传感器负责；而本章根据距离划分的方法有更明确的物理意义，即在半径为 $\delta > 0$ 的圆形区域内的状态变量分配给对应的传感器，如图 5.3(b) 所示。在估计问题中，文献 [24] 着重处理邻近子系统边界上的状态变量，而本章将关注邻近子系统间的重合状态变量，如图 5.3(a) 中紫色的星形。

此外，文献 [24] 中邻近传感器之间的通信仅在于边界上状态变量的估计 (而不包括他们的误差协方差矩阵)。与之不同，本章将误差的协方差矩阵用于滤波器和平滑器中对重合状态变量的融合步骤，详细说明见算法 5.2 中的**步骤 2**。

本章定义传感器 i 的邻居为

$$\mathcal{N}_i = \left\{ j | \operatorname{set}(\boldsymbol{x}_i(k)) \cap \operatorname{set}(\boldsymbol{x}_j(k)) \neq \emptyset, j = 1, \cdots, n \right\} \tag{5.12}$$

其中，$\operatorname{set}(\boldsymbol{x}_i(k))$ 为包含状态向量 $\boldsymbol{x}_i(k)$ 中所有元素的集合。这样，系统 (5.9) 中高维状态向量 $\boldsymbol{x}(k)$ 的估计将通过传感器间的相互通信得到，此时的计算复杂度为 $O(\sum_{i=1}^{n} d_i^3)$。为了实现这一点，我们有如下假设。

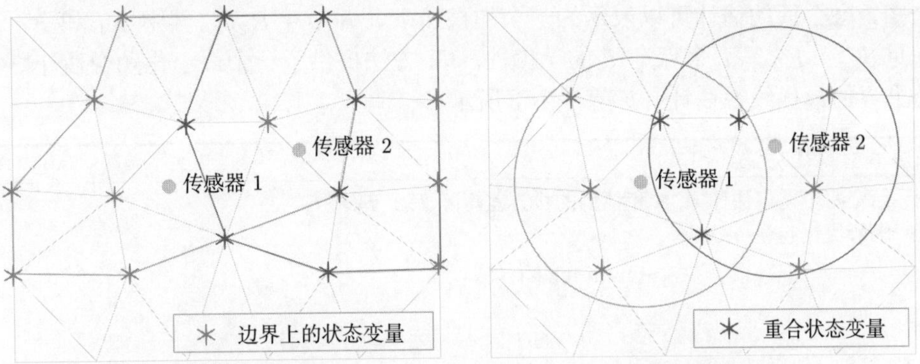

(a) 文献[24]中方法　　(b) 本章所提方法

图 5.3　两种方法下的子系统和局部状态向量 (见彩图)

假设 5.1　任意传感器 i 已知其与邻居 $\mathcal{N}_i$ 间的重合状态变量，且可与邻居 $\mathcal{N}_i$ 相互通信。

5.4 基于 CI 的卡尔曼滤波器

本节提出了基于 CI 的卡尔曼滤波器，每个传感器只估计高维状态向量 $\boldsymbol{x}(k)$ 的一部分，并与邻居传感器相互通信合作预测整个信号场，各传感器的并行工作使得该预测方法具有计算上的高效性。

5.4.1 $n=2$ 个子系统的卡尔曼滤波器

不失一般性，本小节考虑系统中具有 $n=2$ 个传感器的情况，并提出基于 CI 的卡尔曼滤波器完成信号场的预测。此时，式 (5.6) 和式 (5.8) 中的系统可表示为

$$\begin{aligned}\begin{bmatrix}\boldsymbol{x}^1(k+1)\\ \boldsymbol{x}^2(k+1)\end{bmatrix}&=\begin{bmatrix}A^{11} & A^{12}\\ A^{21} & A^{22}\end{bmatrix}\begin{bmatrix}\boldsymbol{x}^1(k)\\ \boldsymbol{x}^2(k)\end{bmatrix}+\begin{bmatrix}\boldsymbol{\eta}^1(k)\\ \boldsymbol{\eta}^2(k)\end{bmatrix}\\ \begin{bmatrix}m_1(k)\\ m_2(k)\end{bmatrix}&=\begin{bmatrix}C^{11} & C^{12}\\ 0 & C^{22}\end{bmatrix}\begin{bmatrix}\boldsymbol{x}^1(k)\\ \boldsymbol{x}^2(k)\end{bmatrix}+\begin{bmatrix}\varepsilon_1(k)\\ \varepsilon_2(k)\end{bmatrix}\end{aligned} \tag{5.13}$$

根据观测方程，我们将该系统划分为形式如式 (5.11) 的两个子系统 $\boldsymbol{S}_1$ 和 $\boldsymbol{S}_2$，其中 $\boldsymbol{x}_1(k)=\left[\left(\boldsymbol{x}^1(k)\right)^{\mathsf{T}},\left(\boldsymbol{x}^2(k)\right)^{\mathsf{T}}\right]^{\mathsf{T}}$，$\boldsymbol{x}_2(k)=\boldsymbol{x}^2(k)$，且 $A_i,C_i,\boldsymbol{\eta}_i(k),\varepsilon_i(k)$ 均从系统 (5.13) 中对应取出。显然，子系统 $\boldsymbol{S}_1$ 和 $\boldsymbol{S}_2$ 共有重合状态向量 $\boldsymbol{x}^2(k)$，本章将通过著名的 CI 方法对其进行融合估计。

令随机向量 $\boldsymbol{a},\boldsymbol{b}\in\mathbb{R}^d$ 表示对向量 $\boldsymbol{x}\in\mathbb{R}^d$ 的两个无偏估计。他们的协方差矩阵 $P_{\boldsymbol{a}}=\mathbb{E}(\boldsymbol{a}\boldsymbol{a}^{\mathsf{T}})$ 和 $P_{\boldsymbol{b}}=\mathbb{E}(\boldsymbol{b}\boldsymbol{b}^{\mathsf{T}})$ 已知，但是他们的互协方差矩阵 $P_{\boldsymbol{ab}}=\mathbb{E}(\boldsymbol{a}\boldsymbol{b}^{\mathsf{T}})$

未知。融合后的估计可以表示为一个加权和 $\boldsymbol{c} = K_1\boldsymbol{a} + K_2\boldsymbol{b}$，其中 K_1 和 K_2 需满足 $K_1 + K_2 = I$ 来保证 $\boldsymbol{c}$ 的无偏性。CI 方法提供了一个最小化融合估计协方差上界的最优线性估计，如算法 5.1 所示。

算法 5.1　CI 方法[172]

1. 给定两个无偏估计 $\boldsymbol{a}, \boldsymbol{b}$ 和他们的协方差矩阵 $P_{\boldsymbol{a}}$，$P_{\boldsymbol{b}}$。
2. 求解优化问题

$$\underset{\gamma\in[0,1]}{\text{minimize}}\ \operatorname{tr}(P_{\boldsymbol{c}})$$

$$\text{s.t. } P_{\boldsymbol{c}}^{-1} = \gamma P_{\boldsymbol{a}}^{-1} + (1-\gamma)P_{\boldsymbol{b}}^{-1}$$

3. 计算融合估计

$$\boldsymbol{c} = K_1\boldsymbol{a} + K_2\boldsymbol{b}$$

其中，$K_1 = \gamma P_{\boldsymbol{c}} P_{\boldsymbol{a}}^{-1}$，$K_2 = (1-\gamma)P_{\boldsymbol{c}} P_{\boldsymbol{b}}^{-1}$。

基于 CI 方法，本节为系统 (5.13) 中的每个传感器设计了卡尔曼滤波器，如算法 5.2 所示。

算法 5.2　基于 CI 的卡尔曼滤波器——从传感器 i 的角度

1. **初始化**：设置 $\widehat{\boldsymbol{x}}_i(0|-1) = \bar{\boldsymbol{x}}_0^i$ 和 $P_i(0|-1) = \bar{P}_0^i$。
2. 在时间步 $k \geqslant 0$，完成下列步骤。

步骤 1：局部量测更新

取量测 $m_i(k)$ 并计算

$$\begin{aligned}
U_i(k) &= (C_i)^{\mathsf{T}}\sigma_i^{-1}(k)C_i \\
\boldsymbol{z}_i(k) &= (C_i)^{\mathsf{T}}\sigma_i^{-1}(k)m_i(k) \\
P_i(k|k) &= \big((P_i^{-1}(k|k-1) + U_i(k)\big)^{-1} \\
\widehat{\boldsymbol{x}}_i(k|k) &= \widehat{\boldsymbol{x}}_i(k|k-1) + P_i(k|k)\big(\boldsymbol{z}_i(k) - U_i(k)\widehat{\boldsymbol{x}}_i(k|k-1)\big)
\end{aligned} \tag{5.14}$$

步骤 2：邻居间信息融合

与传感器 $j \in \mathcal{N}_i$ 交换 $\widehat{\boldsymbol{x}}_i^2(k|k)$ 和 $P_i^2(k|k)$

(a) 运行算法 5.1 得到一个融合估计 $\widehat{\boldsymbol{x}}^2(k|k)$ 和 $P^2(k|k)$

(b) 令 $\widehat{P}_i(k|k) = I$ 并更新

$$\begin{aligned}
\widehat{P}_i^1(k|k) &\leftarrow \alpha_i(k)\widehat{P}_i^1(k|k) \\
\widehat{P}_i^2(k|k) &\leftarrow \beta_i(k)P^2(k|k)
\end{aligned}$$

其中

$$\begin{aligned}
\alpha_i(k) &= 1 + \sqrt{\operatorname{tr}\big(P^2(k|k)\big)/\operatorname{tr}\big(P_i^1(k|k)\big)} \\
\beta_i(k) &= 1 + \sqrt{\operatorname{tr}\big(P_i^1(k|k)\big)/\operatorname{tr}\big(P^2(k|k)\big)}
\end{aligned} \tag{5.15}$$

(c) 如果 $\mathrm{tr}(\widehat{P}_i(k|k)) \leqslant \mathrm{tr}(P_i(k|k))$，那么

$$\widehat{\boldsymbol{x}}_i^2(k|k) \leftarrow \widehat{\boldsymbol{x}}^2(k|k)$$

$$P_i(k|k) \leftarrow \widehat{P}_i(k|k)$$

步骤 3：局部时间更新

$$\begin{aligned} \widehat{\boldsymbol{x}}_i(k+1|k) &= A_i \widehat{\boldsymbol{x}}_i(k|k) \\ P_i(k+1|k) &= A_i P_i(k|k) A_i^{\mathsf{T}} + Q_i(k) \end{aligned} \tag{5.16}$$

算法 5.2 如果没有**步骤 2** 中的信息融合，则变为标准的信息卡尔曼滤波器[177]，该滤波器能够为每个子系统提供最优估计。但是，经过各自的局部测量更新，每个传感器会对重合状态向量有不同的估计，而且这些估计间的互协方差往往很难获得。为了解决这个问题，文献 [164]、[166] 采用了 CI 方法融合这些估计，但这些工作中的局部滤波器均要估计整个大系统的高维状态向量。与之不同，本节中的局部滤波器只关注子系统中的状态向量，并且采用 CI 方法只融合子系统间重合状态变量的不同估计。同时，我们也在算法 5.2 的**步骤 2**(b) 中考虑了非重合状态变量的处理，以保证滤波器的稳定性。而在文献 [164]、[166] 中并不存在这个问题，因此本节所提滤波器的稳定性分析难度更大。

注意，由于不同估计间的互协方差矩阵未知，算法 5.2 中所有的正定矩阵都不是真实的误差协方差矩阵。这个情况与文献 [178]~[180] 完全不同，这些工作中融合得到的估计并没有进入到滤波器的迭代过程。

5.4.2 稳定性分析

本小节对算法 5.2 中基于 CI 的卡尔曼滤波器进行稳定性分析。首先给出一致稳定性的概念。

定义 5.1 对 $\boldsymbol{x}_i(k)$ 的估计 $\widehat{\boldsymbol{x}}_i(k)$ 为一致稳定的当且仅当存在一个有界的正定矩阵 $\overline{P}$ 使得对于所有的 $k \geqslant 0$，有 $\mathbb{E}((\boldsymbol{x}_i(k) - \widehat{\boldsymbol{x}}_i(k))(\boldsymbol{x}_i(k) - \widehat{\boldsymbol{x}}_i(k))^{\mathsf{T}}) \leqslant \overline{P}$ 成立。

然后做出下列假设。

假设 5.2 每一个状态变量 $x^j(k), j = 1, 2, \cdots, d$，至少包含于一个可检测的子系统。

注释 5.1 在假设 5.2 下，对任意 j，子系统的集合 $\{\boldsymbol{S}^i | x^j(k) \in \mathrm{set}(\boldsymbol{x}_i(k))\}$ 中至少存在一个可检测的子系统。这意味着并不是每一个子系统都需要是局部可检测的。例如，在该假设下，系统 (5.13) 的子系统 $\boldsymbol{S}_1$ 一定为可检测的，但是子系统 $\boldsymbol{S}_2$ 可能不可检测。

令 $\widetilde{\boldsymbol{x}}_i(k+1|k)=\boldsymbol{x}_i(k)-\widehat{\boldsymbol{x}}_i(k+1|k)$ 表示向量 $\boldsymbol{x}_i(k)$ 的估计误差，$\Sigma_i(k+1|k)=\mathbb{E}\big(\widetilde{\boldsymbol{x}}_i(k+1|k)\widetilde{\boldsymbol{x}}_i^{\mathsf{T}}(k+1|k)\big)$ 表示其估计误差协方差矩阵，可以得到如下定理。

定理 5.1 假设对于 $i=1,2$，有 $P_i(0|-1)\geqslant\Sigma_i(0|-1)>0$ 且假设 5.2 成立，那么，算法 5.2 中对子系统 $\boldsymbol{S}_i$ 的状态估计 $\widehat{\boldsymbol{x}}_i(k+1|k)$ 是一致稳定的。

证明 该证明分为两步完成：证明不等式 $\Sigma_i(k+1|k)\leqslant P_i(k+1|k)$ 成立和证明 $P_i(k+1|k)$ 一致有界。

不等关系 $\Sigma_i(k+1|k)\leqslant P_i(k+1|k)$ 可通过数学归纳法得证。假设在第 k 次迭代有 $\Sigma_i(k|k-1)\leqslant P_i(k|k-1)$，那么式 (5.14) 中的测量更新可以给出

$$\begin{aligned}\widetilde{\boldsymbol{x}}_i(k|k)&=\boldsymbol{x}_i(k)-\widehat{\boldsymbol{x}}_i(k|k)\\&=\boldsymbol{x}_i(k)-\widehat{\boldsymbol{x}}_i(k|k-1)-P_i(k|k)\big(\boldsymbol{z}_i(k)-U_i(k)\widehat{\boldsymbol{x}}_i(k|k-1)\big)\\&=\big(\boldsymbol{I}-P_i(k|k)U_i(k)\big)\widetilde{\boldsymbol{x}}_i(k|k-1)-P_i(k|k)C_i^{\mathsf{T}}\sigma_i^{-1}(k)\varepsilon_i(k)\\&=P_i(k|k)P_i^{-1}(k|k-1)\widetilde{\boldsymbol{x}}_i(k|k-1)-P_i(k|k)C_i^{\mathsf{T}}\sigma_i^{-1}(k)\varepsilon_i(k)\end{aligned}\tag{5.17}$$

接着，有

$$\begin{aligned}\widehat{\Sigma}_i(k|k)&=\mathbb{E}\big(\widetilde{\boldsymbol{x}}_i(k|k)\widetilde{\boldsymbol{x}}_i^{\mathsf{T}}(k|k)\big)\\&=P_i(k|k)P_i^{-1}(k|k-1)\Sigma_{k|k-1}^{i}P_i^{-1}(k|k-1)P_i(k|k)\\&\quad+P_i(k|k)C_i^{\mathsf{T}}\sigma_i^{-1}(k)C_iP_i(k|k)\\&\leqslant P_i(k|k)(P_i^{-1}(k|k-1)P_i(k|k)+P_i(k|k)C_i^{\mathsf{T}}\sigma_i^{-1}(k)C_iP_i(k|k)\\&=P_i(k|k)\end{aligned}\tag{5.18}$$

算法 5.2 中，我们通过算法 5.1 在**步骤 2**(a) 中得到融合的估计 $\widehat{\boldsymbol{x}}^2(k|k)$ 和 $P^2(k|k)$，并在**步骤 2** (b) 中用来更新 $\widehat{P}_i(k|k)$。下面考虑**步骤 2**(c) 中的条件：如果 $\mathrm{tr}(\widehat{P}_i(k|k))\leqslant\mathrm{tr}(P_i(k|k))$，那么局部估计 $\widehat{\boldsymbol{x}}_i^2(k|k)$ 被替换为融合的估计 $\widehat{\boldsymbol{x}}^2(k|k)$，而且 CI 能够保证得到的误差协方差矩阵 $\Sigma_i(k|k)$ 满足[173]

$$\Sigma_i^2(k|k)\leqslant P^2(k|k),\quad i=1,2\tag{5.19}$$

由于子状态向量 $\boldsymbol{x}_1(k)$ 保持不变，则由式 (5.18) 可以得到

$$\Sigma_i^1(k|k)=\widehat{\Sigma}_i^1(k|k)\leqslant P_i^1(k|k)\tag{5.20}$$

联合式 (5.19)、式 (5.20) 和式 (5.15)，我们根据文献 [174] 中协方差上界的方法

可以推导出

$$\Sigma_i(k|k) \leqslant \begin{bmatrix} \alpha_i(k)P_i^1(k|k) & \mathbf{0} \\ \mathbf{0} & \beta_i(k)P^2(k|k) \end{bmatrix} = \widehat{P}_i(k|k)$$

又因为在这种情况下，矩阵 $P_i(k|k)$ 将更新为 $\widehat{P}_i(k|k)$，我们可以得到 $\Sigma_i(k|k) \leqslant P_i(k|k)$;在另外一种情况 $\mathrm{tr}(\widehat{P}_i(k|k)) > \mathrm{tr}(P_i(k|k))$ 中,估计 $\widehat{\boldsymbol{x}}_i^2(k|k)$ 和矩阵 $P_i(k|k)$ 没有进行更新，那么由式 (5.18) 可得 $\Sigma_i(k|k) = \widehat{\Sigma}_i(k|k) \leqslant P_i(k|k)$。结合这两种情况，我们可以得出结论：矩阵 $P_i(k|k)$ 为误差的协方差矩阵 $\Sigma_i(k|k)$ 的一个上界，即 $\Sigma_i(k|k) \leqslant P_i(k|k)$。

进一步地，经过式 (5.16) 中的时间更新，误差的协方差矩阵 $\Sigma_i(k+1|k)$ 满足

$$\Sigma_i(k+1|k) = A_i\Sigma_i(k|k)A_i^{\mathsf{T}} + Q_i(k) \leqslant A_iP_i(k|k)A_i^{\mathsf{T}} + Q_i(k) = P_i(k+1|k) \quad (5.21)$$

因为 $\Sigma_i(0|-1) \leqslant P_i(0|-1)$，那么由式 (5.21)，对所有的 $k \geqslant 0$，有 $\Sigma_i(k+1|k) \leqslant P_i(k+1|k)$ 成立。

接下来，我们证明 $P_i(k+1|k)$ 的一致有界性。首先，我们注意到没有**步骤 2** 的算法 5.2 是一个标准的信息卡尔曼滤波器[177]。令 $P_{\mathrm{KF}}(k|k)$ 表示这个标准卡尔曼滤波器对子系统 $\boldsymbol{S}_1$ 的估计误差协方差。在假设 5.2 下，子系统 $\boldsymbol{S}_1$ 是可检测的，且存在一个正定矩阵 $\overline{P}$ 满足对任意的 k，有 $P_{\mathrm{KF}}(k|k) \leqslant \overline{P}$ 成立。然后，我们考虑算法 5.2 中的**步骤 2**，CI 方法保证了

$$\mathrm{tr}(P^2(k|k)) \leqslant \mathrm{tr}\big(P_{\mathrm{KF}}^2(k|k)\big) \quad (5.22)$$

根据算法 5.2 **步骤 2**(c) 中的更新条件，在**步骤 2** 结束后，两个子系统有如下关系成立

$$\mathrm{tr}(P_1(k|k)) \leqslant \mathrm{tr}\big(\widehat{P}_1(k|k)\big) = \mathrm{tr}\big(P_{\mathrm{KF}}(k|k)\big)$$
$$\mathrm{tr}(P_2(k|k)) = \mathrm{tr}\big(P_2^2(k|k)\big) \leqslant \mathrm{tr}\big(P^2(k|k)\big)$$

联合式 (5.22)，我们可以推导出

$$\mathrm{tr}(P_i(k|k)) \leqslant \mathrm{tr}\big(P_{\mathrm{KF}}(k|k)\big), i = 1, 2 \quad (5.23)$$

在时间更新的步骤中，由式 (5.16) 可以得到

$$\begin{aligned} \mathrm{tr}\big(P_i(k+1|k)\big) &= \mathrm{tr}\big(A_iP_i(k|k)A_i^{\mathsf{T}} + Q_i\big) \\ &\leqslant \mathrm{tr}(A_iA_i^{\mathsf{T}})\mathrm{tr}(P_i(k|k)) + \mathrm{tr}(Q_i) \\ &\leqslant \mathrm{tr}(A_iA_i^{\mathsf{T}})\mathrm{tr}(P_{\mathrm{KF}}(k|k)) + \mathrm{tr}(Q_i) \end{aligned} \quad (5.24)$$

其中，我们在第二个不等式里使用了不等关系 (5.23)。由于矩阵 A_i 和 Q_i 都是有界的，那么存在一个有限的 π_A 和 π_Q 使得对 $i=1,2$，有 $\mathrm{tr}(A_iA_i^{\mathsf T})\leqslant \pi_A$ 和 $\mathrm{tr}(Q_i)\leqslant\pi_Q$ 成立。进一步地，由式 (5.24) 可以得到

$$
\begin{aligned}
P_i(k+1|k) &\leqslant \big(\mathrm{tr}(A_iA_i^{\mathsf T})\mathrm{tr}(P_{\mathrm{KF}}(k|k))+\mathrm{tr}(Q_i)\big)\boldsymbol{I}\\
&\leqslant \big(\pi_A\mathrm{tr}(P_{\mathrm{KF}}(k|k))+\pi_Q\big)\boldsymbol{I}
\end{aligned}
$$

又因为 $P_{\mathrm{KF}}(k|k)\leqslant\overline{P}$，我们得到矩阵 $P_i(k+1|k)$ 的一致有界性，即

$$
P_i(k+1|k)\leqslant(\pi_A\mathrm{tr}(\overline{P})+\pi_Q)\boldsymbol{I}.
$$

结合 $\Sigma_i(k+1|k)\leqslant P_i(k+1|k)$ 可知 $\Sigma_i(k+1|k)\leqslant(\pi_A\mathrm{tr}(\overline{P})+\pi_Q)\boldsymbol{I}$，即 $\Sigma_i(k+1|k)$ 为一致有界矩阵，证明结束。 ■

在以上证明中，由于真实的误差协方差矩阵未知，我们只能证明其上界为一致稳定的。为了实现这一点，我们引入了参数 $\alpha_i(k)$ 和 $\beta_i(k)$ 来保证 $\widehat{P}_i(k|k)$ 是真实的误差协方差矩阵的一个上界。但这两个参数的引入也导致了矩阵 $\widehat{P}_i(k|k)$ 和 $P_i(k|k)$ 之间的不定关系。

为了解决这个问题，算法 5.2 **步骤 2**(c) 中设置了条件来保证 $\mathrm{tr}(P_i(k|k))\leqslant\mathrm{tr}(\widehat{P}_i(k|k))$，这就意味着迭代中的估计总是更接近真实值。此外，我们选择式 (5.15) 中的参数 $\alpha_i(k)$ 和 $\beta_i(k)$ 来最小化 $\widehat{P}_i(k|k)$，这个选择实际上是下列最优问题的解

$$
\begin{aligned}
\underset{\alpha_i(k),\beta_i(k)\in(0,+\infty)}{\text{minimize}}\quad & \mathrm{tr}\big(\widehat{P}_i(k|k)\big)\\
\text{s.t.}\quad & \frac{1}{\alpha_i(k)}+\frac{1}{\beta_i(k)}=1
\end{aligned}
$$

对应地，$\mathrm{tr}\big(\widehat{P}_i(k|k)\big)$ 的最小值为

$$
\mathrm{tr}\big(\widehat{P}_i(k|k)\big)=\mathrm{tr}\big(P_i^1(k|k)\big)+\mathrm{tr}\big(P^2(k|k)\big)+2\sqrt{\mathrm{tr}\big(P_i^1(k|k)\big)\mathrm{tr}\big(P^2(k|k)\big)}
$$

由于 $\mathrm{tr}\big(\widehat{P}_i(k|k)\big)\leqslant\mathrm{tr}\big(P_i(k|k)\big)$，我们可以得到

$$
\mathrm{tr}\big(P_i^2(k|k)\big)-\mathrm{tr}\big(P^2(k|k)\big)\geqslant 2\sqrt{\mathrm{tr}\big(P_i^1(k|k)\big)\mathrm{tr}\big(P^2(k|k)\big)}
$$

这说明我们期望由 CI 方法得到一个很小的矩阵 $P^2(k|k)$，这与我们的直观认识是一致的，即期望得到的融合估计具有更好的估计精度。特别地，对于系统 (5.13)，我们可以直接选择 $\alpha_k^2=0$ 和 $\beta_k^2=1$。

在文献 [164] 中的扩散卡尔曼滤波器中没有涉及参数 $\alpha_i(k)$ 和 $\beta_i(k)$，这是因为该文献中的每一个局部滤波器都旨在估计整个大系统的高维状态向量。如果将这个大系统的状态向量作为本章中每个子系统的局部状态向量，那么文献 [164] 中的扩散卡尔曼滤波器即为本章中所提滤波器的一个特殊情况，这时我们只需要在算法 5.2 **步骤 2**(b) 中简单地选择 $\alpha_i(k) = \beta_i(k) = 1$ 即可。

5.5 基于 CI 的卡尔曼平滑器

本节关注系统 (5.6) 和方程 (5.8) 的还原问题。首先考虑系统中含 $n = 2$ 个传感器，再扩展到 $n \geqslant 3$ 的情况。

5.5.1 $n = 2$ 个子系统的卡尔曼平滑器

给定式 (5.13) 中的子系统 $\boldsymbol{S}_1$ 和 $\boldsymbol{S}_2$，我们设计了基于 CI 的卡尔曼平滑器，通过时间步 k 前的所有测量来估计局部状态向量 $\boldsymbol{x}_i(k-\tau)$，其中 τ 是一个固定的正整数，具体的操作流程在算法 5.3 中给出。

算法 5.3 基于 CI 的卡尔曼平滑器——从传感器 i 的角度

1. **初始化**：设置 $\widehat{\boldsymbol{x}}_i(0|-1) = \bar{\boldsymbol{x}}_0^i$ 和 $P_i(0|-1) = \bar{P}_0^i$。
2. 在时间步 $k \geqslant 0$，完成下列步骤。

   步骤 1：运行算法 5.2 中的**步骤 1~3**

   步骤 2：局部平滑

   如果 $k \geqslant \tau - 1$，那么

$$M_i(k-\tau|k-\tau) = \boldsymbol{I}$$

   且对于 $j \in \{k-\tau+1, \cdots, k\}$，重复

$$\begin{aligned} M_i(k-\tau|j) &= M_i(k-\tau|j-1)P_i(j-1|j-1)A_i^{\mathsf{T}}P_i^{-1}(j|j-1) \\ \widehat{\boldsymbol{x}}_i(k-\tau|j) &= \widehat{\boldsymbol{x}}_i(k-\tau|j-1) + M_i(k-\tau|j)\big(\widehat{\boldsymbol{x}}_i(j|j) - \widehat{\boldsymbol{x}}_i(j|j-1)\big) \end{aligned} \tag{5.25}$$

算法 5.3 中卡尔曼平滑器的稳定性在下面定理中给出。

定理 5.2 假设对于 $i = 1, 2$，有 $P_i(0|-1) \geqslant \Sigma_i(0|-1) > 0$ 且假设 5.2 成立，那么，算法 5.3 中对子系统 $\boldsymbol{S}_i$ 的状态估计 $\widehat{\boldsymbol{x}}_i(k-\tau|k)$ 是一致稳定的，其中 τ 是一个固定的正整数。

证明 令 $\widetilde{\boldsymbol{x}}_i(k-\tau|k) = \boldsymbol{x}_i(k-\tau|k) - \widehat{\boldsymbol{x}}_i(k-\tau|k)$ 表示平滑误差。那么式 (5.25) 中的平滑步骤给出了

$$\begin{aligned} \widetilde{\boldsymbol{x}}_i(k-\tau|k) &= \widetilde{\boldsymbol{x}}_i(k-\tau|k-1) + M_i(k-\tau|k)\big(\widetilde{\boldsymbol{x}}_i(k|k) - \widetilde{\boldsymbol{x}}_i(k|k-1)\big) \\ &= \widetilde{\boldsymbol{x}}_i(k-\tau|k-\tau) \end{aligned}$$

$$+ \sum_{j=k-\tau+1}^{k} M_i(k-\tau|j)\big(\widetilde{\boldsymbol{x}}_i(j|j) - \widetilde{\boldsymbol{x}}_i(j|j-1)\big) \tag{5.26}$$

回顾算法 5.2 中的式 (5.16) 和式 (5.17)，我们可以得到

$$\widetilde{\boldsymbol{x}}_i(j|j) = F_i(j)\widetilde{\boldsymbol{x}}_i(j-1|j-1) + G_i(j)\eta_i(j-1) - H_i(j)\varepsilon_i(j) \tag{5.27}$$

其中

$$\begin{aligned} F_i(j) &= P_i(j|j)\big(P_i(j|j-1)\big)^{-1}A_i \\ G_i(j) &= P_i(j|j)\big(P_i(j|j-1)\big)^{-1} \\ H_i(j) &= P_i(j|j)C_i^{\mathsf{T}}\sigma_i^{-1}(k) \end{aligned}$$

那么，有

$$\widetilde{\boldsymbol{x}}_i(j|j)-\widetilde{\boldsymbol{x}}_i(j|j-1) = \big(F_i(j)-A_i\big)\widetilde{\boldsymbol{x}}_i(j-1|j-1)+\big(G_i(j)-I\big)\eta_i(j-1)-H_i(j)\varepsilon_i(j) \tag{5.28}$$

将式 (5.28) 代入到式 (5.26) 中，有

$$\begin{aligned} \widetilde{\boldsymbol{x}}_i(k-\tau|k) = {} & \widetilde{\boldsymbol{x}}_i(k-\tau|k-\tau) \\ & + \sum_{j=k-\tau+1}^{k} M_i(k-\tau|j)\big((F_i(j)-A_i)\widetilde{\boldsymbol{x}}_i(j-1|j-1) \\ & + (G_i(j)-I)\eta_i(j-1) - H_i(j)\varepsilon_i(j)\big) \end{aligned} \tag{5.29}$$

记 $F_i(j,s) = F_i(j)F_i(j-1)\cdots F^i(s)$，其中 $F_i(j,j+1) = I$。由式 (5.27) 可得

$$\begin{aligned} \widetilde{\boldsymbol{x}}_i(j|j) = {} & F_i(j,k-\tau+1)\widetilde{\boldsymbol{x}}_i(k-\tau|k-\tau) \\ & + \sum_{s=k-\tau+1}^{j} F_i(j,s+1)\big(G_i(s)\eta_i(s-1) - H_i(s)\varepsilon_i(s)\big) \end{aligned} \tag{5.30}$$

结合式 (5.29) 和式 (5.30)，我们得到

$$\widetilde{\boldsymbol{x}}_i(k-\tau|k) = \bar{F}_i(k)\widetilde{\boldsymbol{x}}_i(k-\tau|k-\tau) + \sum_{j=k-\tau+1}^{k}\big(\bar{G}_i(j,k)\eta_i(j-1) - \bar{H}_i(j,k)\varepsilon_i(j)\big)$$

其中

$$\bar{F}_i(k) = I + \sum_{s=k-\tau+1}^{k} M_i(k-\tau|s)(F_i(s)-A_i)F_i(s-1,k-\tau+1)$$

$$\bar{G}_i(j,k) = M_i(k-\tau|j)(G_i(j)-I) + \sum_{s=j+1}^{k} M_i(k-\tau|s)(F_i(s)-A_i)F_i(s-1,j+1)G_i(j)$$

$$\bar{H}_i(j,k) = M_i(k-\tau|j)H_i(j) + \sum_{s=j+1}^{k} M_i(k-\tau|s)(F_i(s)-A_i)F_i(s-1,j+1)H_i(j)$$

因此，$\widetilde{\boldsymbol{x}}_i(k-\tau|k)$ 的协方差矩阵可以表示为

$$\Sigma_i(k-\tau|k) = \bar{F}_i(k)\Sigma^i_{k-\tau|k-\tau}\bar{F}_i^{\mathsf{T}}(k) + \sum_{j=k-\tau+1}^{k} \bar{G}_i(j,k)Q_i(j-1)\bar{G}_i^{\mathsf{T}}(j,k) + \sum_{j=k-\tau+1}^{k} \bar{H}_i(j,k)\sigma_i(j)\bar{H}_i^{\mathsf{T}}(j,k)$$

由定理 5.1 可知，$\Sigma^i_{k-\tau|k-\tau}$ 具有一个正定矩阵 $\overline{\Sigma}^i$ 作为上界，即对任意的 k，有 $\Sigma^i_{k-\tau|k-\tau} \leqslant \overline{\Sigma}^i$ 成立。由于矩阵 $\bar{F}_i(k)$，$\bar{G}_i(j,k)$，$\bar{H}_i(j,k)$，$Q_i(j-1)$ 和 $\sigma_i(j)$ 都是一致有界的，那么，存在一个正定矩阵 $\overline{\Sigma}^i_{\text{lag}}$，使得

$$\Sigma_i(k-\tau|k) \leqslant \overline{\Sigma}^i_{\text{lag}}, \quad \forall k \geqslant \tau$$

即协方差矩阵 $\Sigma_i(k-\tau|k)$ 一致有界，则证明结束。■

5.5.2 卡尔曼平滑器在 $n \geqslant 3$ 个子系统中的拓展

在传感器个数 $n \geqslant 3$ 的情况下，每一个重合状态变量都可能被多个传感器观测到，同时每一个传感器可能有多个重合状态向量。因此，本小节采用了文献 [181] 中的批量 CI 方法来融合多个传感器对于同一个重合状态变量的估计，并将其结合到卡尔曼平滑器中。

我们首先在算法 5.4 中给出批量 CI 方法。

算法 5.4 批量 CI 方法[181]

1. 给定多个无偏的估计 $\boldsymbol{c}^1, \boldsymbol{c}^2, \cdots, \boldsymbol{c}^n$ 及其协方差矩阵 $P_1, P_2, \cdots, P_n$。
2. 求解优化问题

$$\underset{\gamma_j \in [0,1]}{\text{minimize}} \ \operatorname{tr}(P_{\boldsymbol{c}})$$
$$\text{s.t.} \ P_{\boldsymbol{c}}^{-1} = \sum_{i=1}^{n} \gamma_j \big(P_i\big)^{-1}, \ \sum_{i=1}^{n} \gamma_i = 1$$

---

3. 计算融合估计

$$\boldsymbol{c} = \sum_{i=1}^{n} K_i \boldsymbol{c}^i$$

其中，$K_i = \gamma_i P_{\boldsymbol{c}}(P_i)^{-1}$。

接着，我们设计了基于批量 CI 的卡尔曼平滑器于算法 5.5 中，其中 $\mathcal{X}_i$ 代表子系统 $\boldsymbol{S}_i$ 中含有的重合子状态向量的集合，所有符号中的上角标 l 代表子向量或矩阵块的位置。

算法 5.5 基于批量 CI 的卡尔曼平滑器——从传感器 i 的角度

1. **初始化**：设置 $\widehat{\boldsymbol{x}}_i(0|-1) = \bar{\boldsymbol{x}}_0^i$ 和 $P_i(0|-1) = \bar{P}_0^i$。
2. 在时间步 $k \geqslant 0$，完成下列步骤。

步骤 1：运行算法 5.2 中的**步骤 1**

步骤 2：邻居间信息融合

对于任意子向量 $\boldsymbol{x}^l(k) \in \mathcal{X}_i$，与传感器 $j \in \mathcal{N}_i$ 交换 $\widehat{\boldsymbol{x}}_i^l(k|k)$ 和 $P_i^l(k|k)$

(a) 运行算法 5.4 并得到融合的估计 $\widehat{\boldsymbol{x}}^l(k|k)$ 和 $P^l(k|k)$

(b) 令 $\widehat{P}_i(k|k) = I$ 并更新

$$\widehat{P}_i^1(k|k) \leftarrow \alpha_i(k)\widehat{P}_i^1(k|k)$$

$$\widehat{P}_i^l(k|k) \leftarrow \beta_i^l(k)P^l(k|k)$$

其中，$\alpha_i(k)$ 和 $\beta_i^l(k)$ 满足

$$\alpha_i(k) - \frac{\sum_l (\mathrm{tr}(P^l(k|k)))^{\frac{1}{3}}}{(\mathrm{tr}(P_i^1(k|k))^{\frac{1}{3}}}(\alpha_i(k))^{\frac{1}{3}} - 1 = 0$$

$$\beta_i^l(k) = \left(\frac{\mathrm{tr}(P_i^1(k|k))}{\mathrm{tr}(P^l(k|k))}\right)^{\frac{1}{3}} \alpha_i(k)^{\frac{2}{3}}$$

(c) 如果 $\mathrm{tr}\big(\widehat{P}_i(k|k)\big) \leqslant \mathrm{tr}\big(P_i(k|k)\big)$，那么

$$\widehat{\boldsymbol{x}}_i^l(k|k) \leftarrow \widehat{\boldsymbol{x}}^l(k|k)$$

$$P_i(k|k) \leftarrow \widehat{P}_i(k|k)$$

步骤 3: 局部时间更新

$$\widehat{\boldsymbol{x}}_i(k+1|k) = A_i\widehat{\boldsymbol{x}}_i(k|k)$$

$$P_i(k+1|k) = A_iP_i(k|k)A_i^{\mathsf{T}} + Q_i(k).$$

步骤 4：运行算法 5.3 的**步骤 2**

算法 5.5 中**步骤 2**(b) 的参数 $\alpha_i(k)$ 和 $\beta_i^l(k)$ 通过求解以下优化问题得到

$$\begin{aligned} \underset{\alpha_i(k),\beta_i^l(k)\in(0,+\infty)}{\text{minimize}} \quad & \text{tr}\big(\widehat{P}_i(k|k)\big) \\ \text{s.t.} \quad & \frac{1}{\alpha_i(k)} + \sum_l \frac{1}{\beta_{l,k}^i} = 1 \end{aligned}$$

其中，$\boldsymbol{x}^l(k) \in \mathscr{X}_i$。

因此，我们得到下面定理。

定理 5.3 假设对于 $i=1,2$，有 $P_i(0|-1) \geqslant \Sigma_i(0|-1) > 0$ 且假设 5.2 成立，那么，算法 5.5 中对子系统 $\boldsymbol{S}_i$ 的状态估计 $\widehat{\boldsymbol{x}}_i(k-\tau|k)$ 是一致稳定的，其中 τ 是一个固定的正整数。

证明 此证明与定理 5.2 的证明相似，故不再赘述。■

注释 5.2 类似地，我们也可以为含 $n \geqslant 3$ 个传感器的预测问题设计出基于批量 CI 的卡尔曼滤波器，只需要将算法 5.2 中的**步骤 2** 替换为算法 5.5 中的**步骤 2** 即可。

注释 5.3 为了降低信息融合步骤中的计算复杂度，我们可以在算法 5.2 的**步骤 2**(a) 中采用序列 CI 方法代替批量 CI 方法。然而和批量 CI 方法相比，序列 CI 方法的保守性更强，而且其融合估计的性能依赖于序列操作的顺序，不确定性较大[182]。因此本小节采用了批量 CI 方法处理多个传感器共有的重合状态变量，在实际应用中，若对计算量要求较高，可换用序列 CI 方法，但可能会牺牲一定的估计性能。

5.6 仿真验证与分析

本节将通过仿真实验来验证基于 CI 和批量 CI 的卡尔曼滤波器和平滑器的有效性。我们首先选用文献 [183] 中的例子来验证算法 5.2 中基于 CI 的卡尔曼滤波器，再通过模拟水下化学物质的扩散过程验证基于批量 CI 的卡尔曼平滑器。所有结果都是 $N=1000$ 次蒙特卡洛实验的平均值。

5.6.1 一维扩散过程状态预测实验

本小节在一个一维的扩散过程 (5.1)上验证算法 5.2 中基于 CI 的卡尔曼滤波器。简单起见，我们直接采用文献 [183] 中的离散状态空间模型，恰好为式 (5.9) 的形式：

$$x^j(k+1) = 0.17x^{j-1}(k) + 0.66x^j(k) + 0.17x^{j+1}(k) + \eta^j(k) \tag{5.31}$$

其中，$x^j(k), j=1,2,\cdots,d$，表示第 k 个时间步的第 j 维状态变量；$\eta^j(k)$ 表示过程噪声；$\boldsymbol{x}(k)=\left(x^1(k),x^2(k),\cdots,x^d(k)\right)^{\mathsf{T}}$，$d=100$ 为待估计的状态向量。有 $n=10$ 个传感器可以获取状态变量 $x^j, j=10i-7, i=1,2,\cdots,n$，的量测，则其观测方程为

$$m_i(k)=x^{10i-7}(k)+\varepsilon_i(k) \tag{5.32}$$

其中，$\varepsilon_i(k)$ 为测量噪声。

本小节旨在利用传感器在时间步 k 前的量测来预测状态向量 $\boldsymbol{x}(k+1)\in\mathbb{R}^d$。向量的维数 d 很大导致直接估计 $\boldsymbol{x}(k+1)$ 的计算量很大。因此，将其划分为图 5.4 中的 $n=10$ 个子系统，每个传感器只负责预测一个局部状态向量，表示为

$$\boldsymbol{x}_1(k)=\left(x^1(k),\cdots,x^{10,k}\right)\in\mathbb{R}^{10}$$

$$\boldsymbol{x}_i(k)=\left(x^{10i-14,k},\cdots,x^{10i,k}\right)\in\mathbb{R}^{15},\quad i=2,3,\cdots,n$$

令子系统 (5.10) 中 $Q_i(k)=0.1I_{d_i}$，$\sigma_i(k)=0.02$。图 5.5 和图 5.6 分别描绘了矩阵 A_i 和 C_i 的形式。

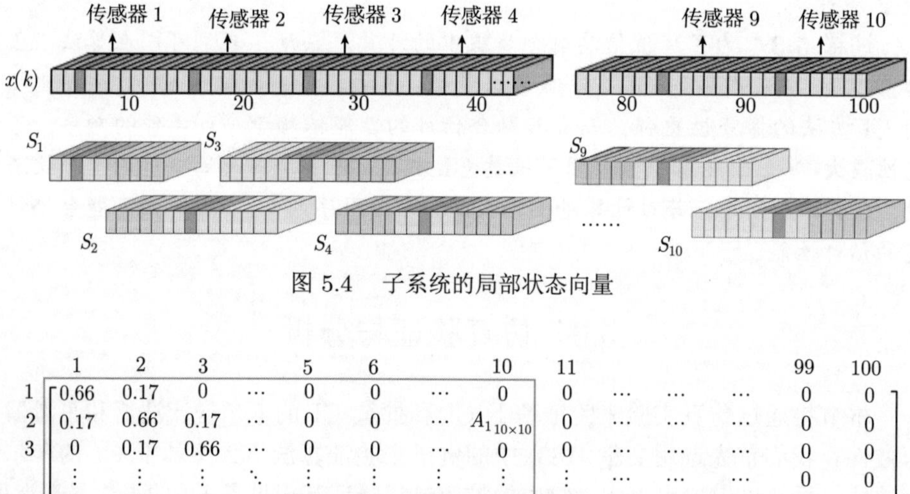

图 5.4　子系统的局部状态向量

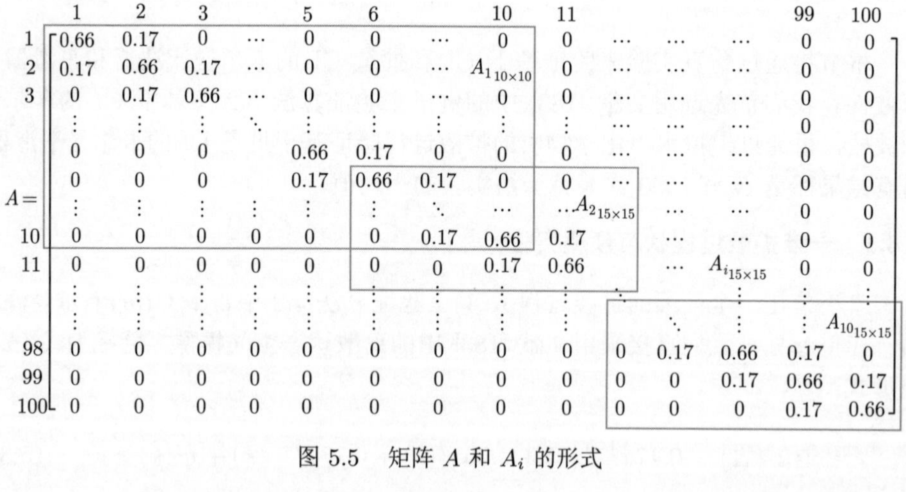

图 5.5　矩阵 A 和 A_i 的形式

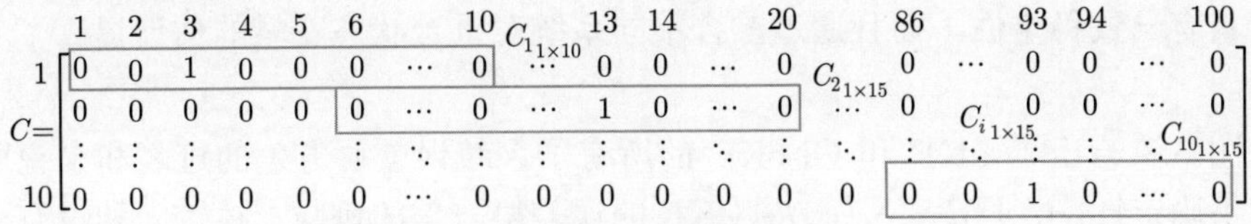

图 5.6 矩阵 C 和 C_i 的形式

在这个例子中，我们比较了三个滤波器的性能。

(1) 最优中心式卡尔曼滤波器 (centralized Kalman filter, cKF)[177]。

(2) 分布式卡尔曼滤波器 (distributed Kalman filter, dKF)[178]。

(3) 本章算法 5.2 中基于 CI 的卡尔曼滤波器 (CI-based cooperative Kalman filter, CI-cKF)。

我们采用状态估计的均方误差 (mean-squared error, MSE) 作为三个滤波器估计准确性的评价指标[164,179]，其定义为

$$\mathrm{MSE} = \frac{1}{d}\mathbb{E}\big(\widetilde{\boldsymbol{x}}^{\mathsf{T}}(k|k-1)\widetilde{\boldsymbol{x}}(k|k-1)\big)$$

仿真结果如图 5.7 所示，三个滤波器均可给出稳定的估计。由局部放大图可知，最优的 cKF 的 MSE 最小，最终稳定在 0.33 左右，CI-cKF 的 MSE 略大于 cKF，最终稳定在 0.35 左右，dKF 的 MSE 为三者中最大，且在 $k = 10$ 之后呈现随时间缓慢增大的趋势。因此，在 MSE 的意义下，本章所提的 CI-cKF 的估计性能优于 dKF，且与最优的 cKF 接近。以上结果说明，本章所提 CI-cKF 的

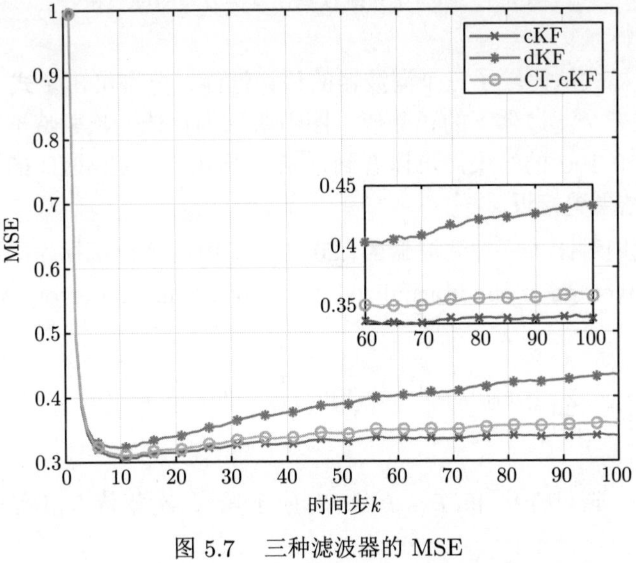

图 5.7 三种滤波器的 MSE

估计具有一致稳定性，而且通过融合不同系统对重合状态变量的估计提高了其准确性。

图 5.8 给出了 dKF 和 CI-cKF 的所有子系统误差协方差的迹之和来说明估计的不确定性。由于 $d > \sum_{i=1}^{n} d_i$，cKF 的误差协方差的迹与上述迹之和没有可比性，因此这里没有进行对比。由图 5.8 可以看到本章所提的 CI-cKF 的值比 dKF 更小，即说明 CI-cKF 估计的不确定性小于 dKF。因此，从估计不确定性的角度来看，CI-cKF 的性能仍优于 dKF。

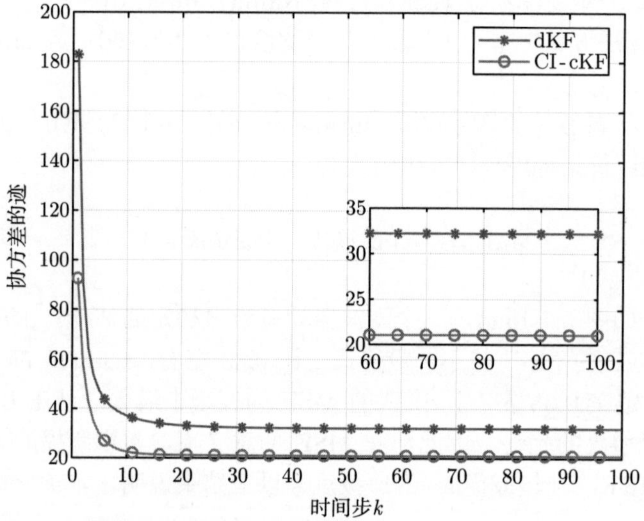

图 5.8 所有子系统预测误差协方差的迹之和

图 5.9 更显式地比较了三个滤波器的估计性能，分别给出了式 (5.31) 中状态的真实值和在三个滤波器下的预测值。图中所示为任选一次蒙特卡洛实验中时间步 $k = 2, 10, 50, 100$ 的结果，可以看到，相比于 dKF，CI-cKF 的估计结果与最优的 cKF 的结果更接近。

此外，我们对比了三种滤波器的保守性，采用的评价指标为平均的归一化估计误差平方 (average of the normalized squared estimation error, ANEES)[184]：

$$\text{ANEES} = \frac{1}{dN}\sum_{j=1}^{N}\left(\left(\hat{\boldsymbol{x}}(k|k)^{(j)} - \boldsymbol{x}(k)^{(j)}\right)^{\mathsf{T}}\left(P(k|k)^{(j)}\right)^{-1}\left(\hat{\boldsymbol{x}}(k|k)^{(j)} - \boldsymbol{x}(k)^{(j)}\right)\right)$$

其中，$\boldsymbol{x}(k)^{(j)}$，$\hat{\boldsymbol{x}}(k|k)^{(j)}$ 和 $P(k|k)^{(j)}$ 对应于第 j 次蒙特卡洛实验的高维系统 (5.31)。

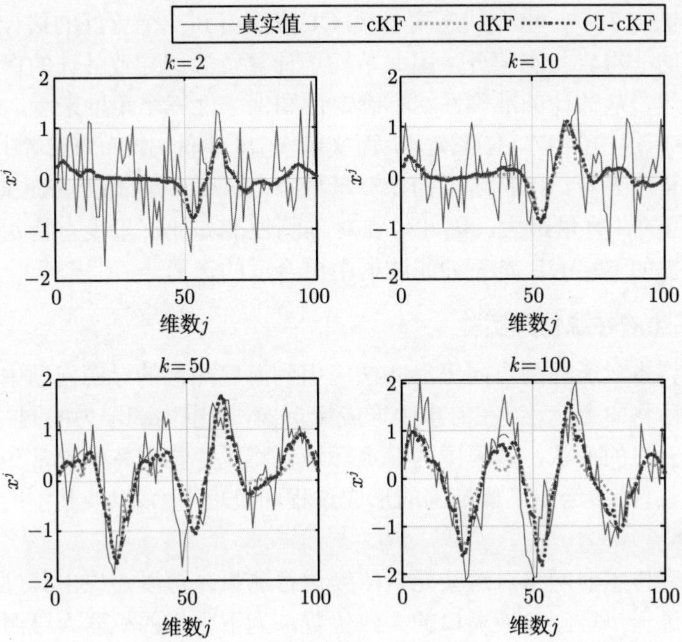

图 5.9 四个时间点的真实状态和三种滤波器下的估计状态

在图 5.10 中，dKF 的 ANEES 大于 1，说明 dKF 中的矩阵 $P_i(k|k)$ 小于其实际估计误差协方差，即 dKF 的估计较为激进。作为对比，CI-cKF 的 ANEES 小于 1，说明算法 5.2 中的矩阵 $P_i(k|k)$ 确实是其实际估计误差协方差的一个上界，但同时也说明 CI-cKF 具有一定的保守性，这也是 CI-cKF 的劣势所在，其

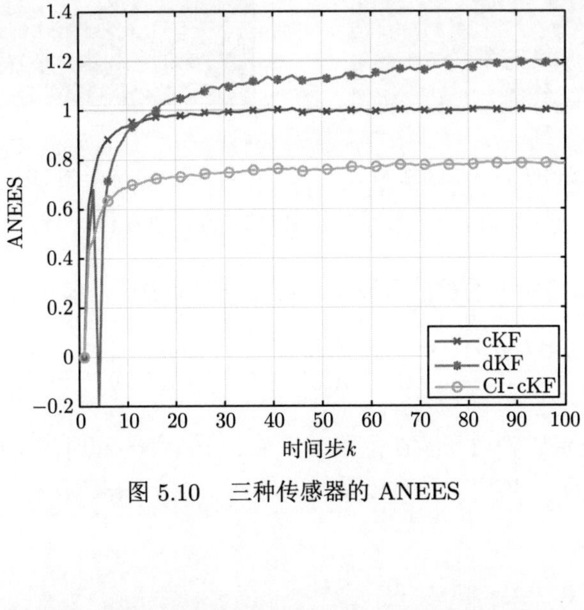

图 5.10 三种传感器的 ANEES

原因在于算法 5.2 中，重合状态变量经 CI 方法得到一个更好的估计后并没有更新子系统中的非重合状态部分，因此节约了计算资源但导致估计的保守性增强。

综上所述，从估计的准确性、不确定性和保守性三个角度来看，cKF 均为最优[177]，本章所提出的 CI-cKF 次之，而文献 [178] 中的 dKF 为三者中最差。但是从计算量的角度来看，dKF 所需的计算量最小，本章所提的 CI-cKF 略大于 dKF，而 cKF 所需的计算量最大。因此，在对预测性能和计算量没有特别需求的情况下，本章所提的 CI-cKF 是三种滤波器中更合适的选择。

5.6.2　海底热液寻源仿真实验

本小节将本章所提的协同平滑方法应用到海底热液的寻源问题中。海底热液从喷口喷出后将向上运移，在海水中形成黑烟囱，在重力和浮力的同时作用下，呈现出“蘑菇云”的形状，其周围的海水环境也将发生物理特性异常和化学物质含量异常，图 5.11(a) 给出了黑烟囱的形成过程和机理[185]，以及其中所含有的矿物质元素。

利用海底传感器网络对这些元素浓度进行测量，可以还原出其过去时刻的浓度场分布并进一步推测热液喷口的大致位置，为下一步的机器人寻源提供一个基本的搜索范围，本小节将以 Fe 元素为例进行说明。海底观测网中的传感器一般安装在距海底的一定高度上，可近似看作在同一平面，如图 5.11(b) 所示。

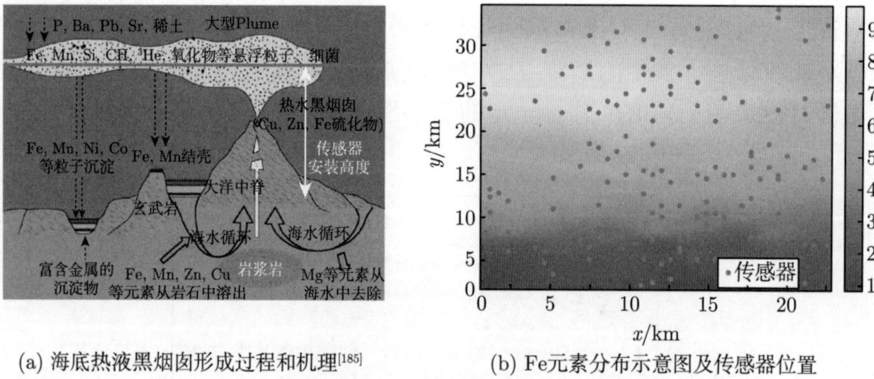

(a) 海底热液黑烟囱形成过程和机理[185]　　(b) Fe元素分布示意图及传感器位置

图 5.11　传感器网络观测海底热液黑烟囱 (见彩图)

Fe 元素在该平面上的扩散可以由二维 PDE 来描述，即

$$\frac{\partial f(\boldsymbol{p},t)}{\partial t}=\mu\left(\frac{\partial^2 f(\boldsymbol{p},t)}{\partial x^2}+\frac{\partial^2 f(\boldsymbol{p},t)}{\partial y^2}\right)+u(t) \tag{5.33}$$

其中，$f(\boldsymbol{p},t)$ 表示矿物质元素在位置 $\boldsymbol{p}=(x,y)^{\mathsf{T}}\in\mathbb{R}^2$ 和时间 t 的浓度，μ 为常值扩散因子，$u(t)$ 为热液喷发对该系统的输入。由于热液喷发的时间和强度均未

知，且喷发过程一般较为短暂，我们将矿物质元素的扩散看作一个只有随机噪声输入的过程。图 5.11(b) 表示共有 $n = 135$ 个传感器对该扩散过程进行观测，传感器 i 的观测模型如下

$$m_i(k) = f(\boldsymbol{p}_i, k) + \varepsilon_i(k)$$

在有限元方法的框架下，本小节通过 Matlab PDE 工具箱在区域 Ω 内生成了 1629 个节点，3086 个元。对于式 (5.7)，我们选择了 $d = 476$ 个节点，$\delta = 1\text{km}$。高维系统 (5.9) 中的 A 矩阵和观测方程 (5.8) 中的 C 矩阵分别由图 5.12(a) 和 5.12(b) 给出，可以看到这两个矩阵均高度稀疏，矩阵 A 含 1042 个非零元素，其中有 555 个在矩阵 A_i 中，矩阵 C 含 587 个非零元素。式 (5.9) 和式 (5.8) 中的系统可划分为形式如式 (5.11) 的 $n = 135$ 个有对应局部状态向量 (如图 5.12(b) 红框中的状态向量) 的子系统。

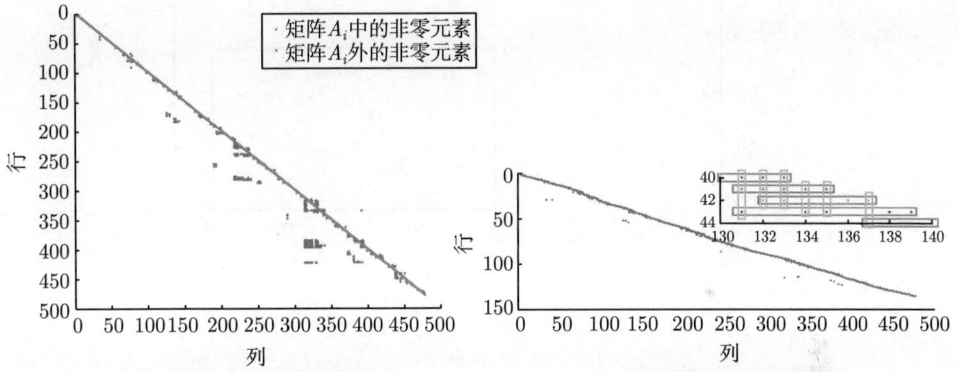

(a) 矩阵 $A_{476\times476}$ 的形式　　(b) 矩阵 $C_{135\times476}$ 的形式

图 5.12　高维离散系统的状态转移矩阵和观测矩阵 (见彩图)

本小节采用 Matlab PDE 工具箱模拟生成 Fe 元素的扩散过程，设置更细的分格 (6354 个节点，12416 个元)，参数 $\mu = 0.1$ 和 Neumann 边界条件。Fe 元素的初始浓度设置为

$$f(\boldsymbol{p}, t_0) = 100 \exp\big(-10^{-4}(2(x-730)^2 + 7(y-630)^2)\big)$$

过程噪声设置为 $Q_i(k) = 0.1\boldsymbol{I}_{d_i}$，并在传感器测量过程中加入测量噪声 $\sigma_i(k)$，其中，$\sigma_i(k)$ 的数值线性地依赖于测量值的大小，即 $\sigma_i(k) = 0.05f(\boldsymbol{p^i}, k)$。

注意，该系统中某些重合状态变量 (如图 5.12(b) 中绿框中的状态变量) 是由 $n \geqslant 2$ 子系统共有的。因此，本小节采用三种平滑器：

(1) 最优中心式卡尔曼平滑器 (centralized Kalman smoother, cKS)[177]；

(2) 分布式卡尔曼平滑器 (distributed Kalman smoother, dKS)[178]；

(3) 本章算法 5.2 中基于批量 CI 的卡尔曼平滑器 (batch CI-based cooperative Kalman smoother, bCI-cKS)

来估计式 (5.11) 中的状态 $\boldsymbol{x}_i(k-\tau), \tau=6$，还原 Fe 元素浓度场，并对比三种平滑器的估计性能。首先，通过 Fe 元素浓度的 MSE 评估各平滑器的估计精度

$$\mathrm{MSE}=\frac{1}{n}\sum_{i=1}^{n}\mathbb{E}\big((f(\boldsymbol{p}_i,k-\tau)-C_i^{\mathsf{T}}\widehat{\boldsymbol{x}}_i(k-\tau|k))^2\big) \tag{5.34}$$

从图 5.13 容易看出，所有平滑器下的 MSE 均收敛，且有相似的收敛速率。从最终的收敛值来看，本章所提的 bCI-cKS 的性能优于 dKS，但次于最优的 cKS。

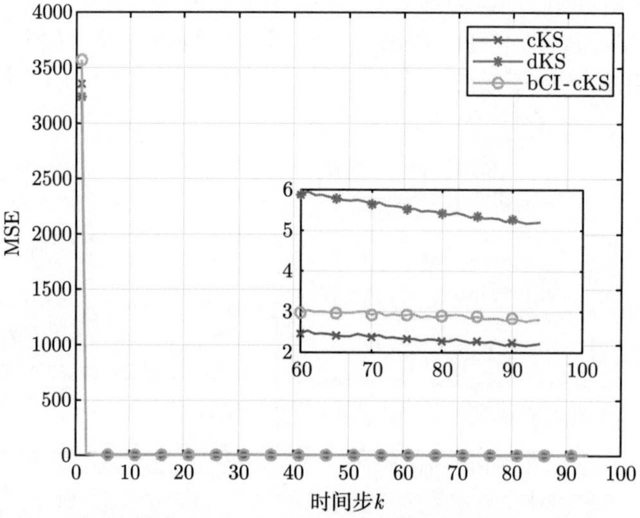

图 5.13 Fe 元素浓度估计的 MSE

图 5.14 给出了 dKS 和 bCI-cKS 下所有子系统 Fe 元素浓度估计误差协方差的迹之和。其中 bCI-cKS 的值小于 dKS，说明 bCI-cKS 的估计不确定性小于 dKS。

图 5.15 描绘了一次蒙特卡洛实验中时间步 $k=50$ 时，经过插值 Fe 元素浓度得到的真实信号场、测量信号场和估计信号场，给出了三个平滑器性能的直观比较。其中红色星号为对应信号场中的极大值点，红色虚线是根据信号场浓度确定的机器人寻源范围。可以看到，cKS 和 bCI-cKS 估计得到的浓度场相近且对场源位置的估计相差较小，相较于 dKS 能够给出更多的有关真实信号场的信息。此外，cKS 和 bCI-cKS 估计的信号场浓度极大值点和对应的喷口位置确定基本一致。以上结果均说明了 bCI-cKS 在性能上只是略逊于最优的 cKS，证明了其有效性。

在寻找海底热液喷口的任务中，一般认为某区域内 Fe 元素浓度越大，存在喷口的可能性越大，因此我们关注信号场中的浓度极大值点，如图 5.15 中红色星

号所示。图 5.16 则具体给出了三种平滑器下对浓度极大值点的定位误差。由图中结果可以看到，bCI-cKS 的性能与最优的 cKS 接近，由此确定的机器人寻源范围也几乎相同 (图 5.15)。

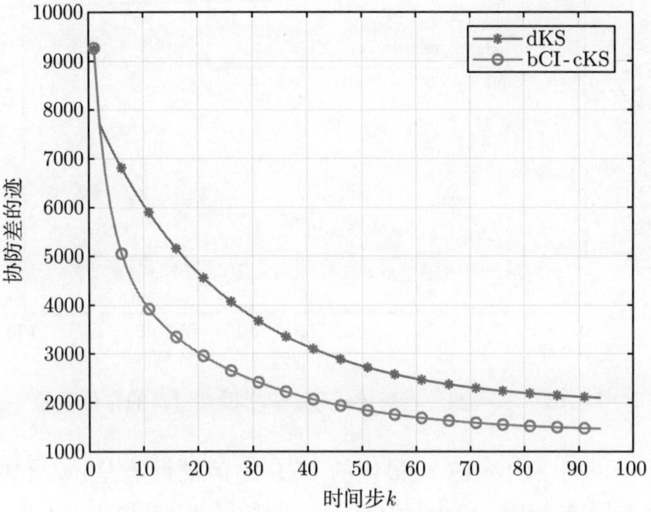

图 5.14　所有子系统 Fe 元素浓度估计误差协方差的迹之和

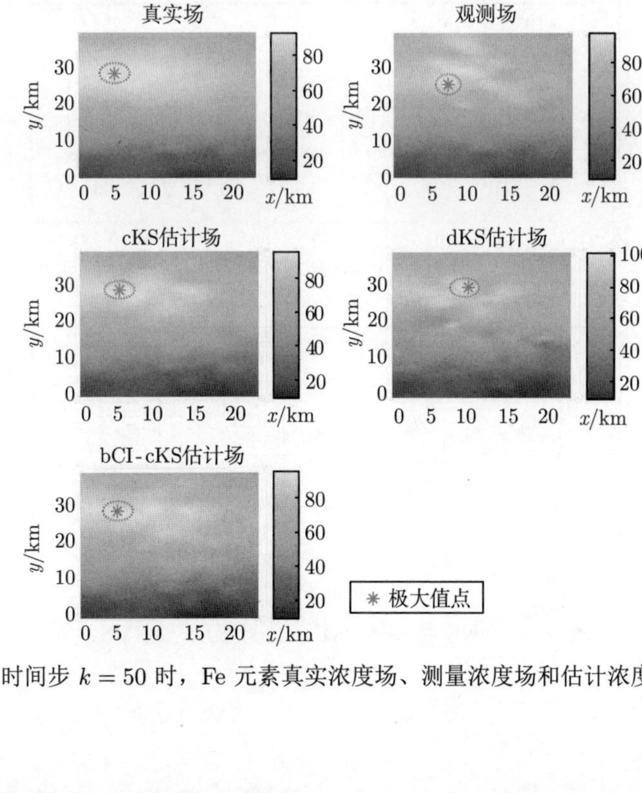

图 5.15　时间步 $k = 50$ 时，Fe 元素真实浓度场、测量浓度场和估计浓度场 (见彩图)

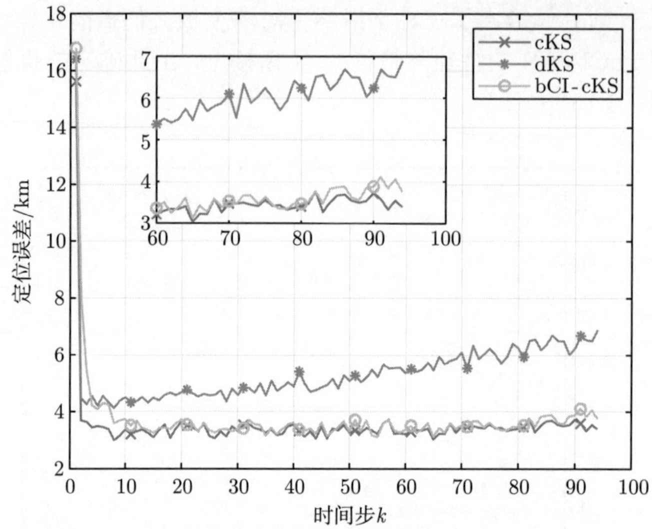

图 5.16　三种滤波器对 Fe 元素浓度极大值点的定位误差

为了进一步说明 bCI-cKS 与最优的 cKS 之间的性能差异，我们对比了不同维度下两种滤波器的 MSE 和运行时间，分别如图 5.17 和表 5.1 所示。

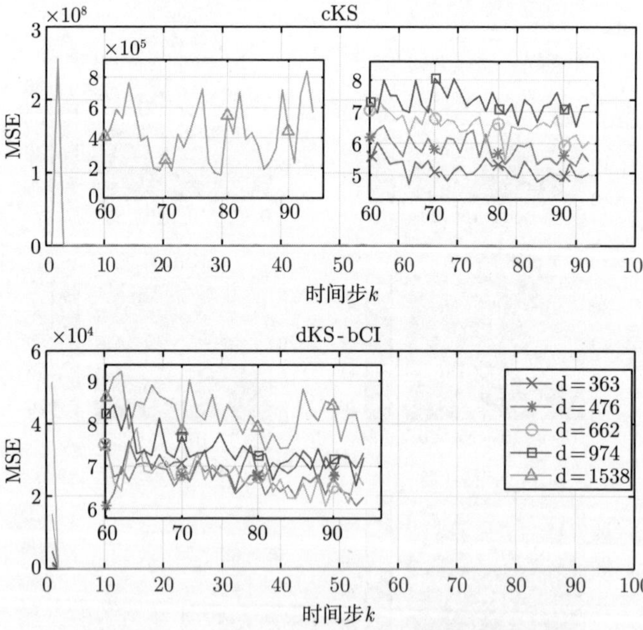

图 5.17　cKF 和 bCI-cKF 在不同维度下的 MSE

表 5.1 cKF 和 bCI-cKF 在不同维度系统 (5.9) 下的运行时间 (单位：s)

d	363	476	662	974	1538
cKS	11.33	22.98	53.54	151.94	552.42
CI-cKS	33.28	38.54	43.63	48.65	56.36

由图 5.17 可以看到，在维度 $d < 1000$ 的四种情况下，cKS 与 bCI-cKS 均收敛，而且 MSE 相差不大，这与前面 $d = 476$ 的情况类似；但当 $d = 1538$ 时，cKS 的 MSE 比 bCI-cKS 高出四个数量级，这是 cKS 在迭代中协方差矩阵过大而求解不准确导致的，相比之下，即使离散系统维度 d 很大，bCI-cKS 在每个子系统中的维度 d_i 仍然很小，计算过程的准确性得以保证，因此 MSE 一直保持在同一个量级。表 5.1 则说明随着离散系统维度增加，cKS 的运行时间成倍增加，而 bCI-cKS 仍保持在 10s 量级，其原因仍在于 bCI-cKS 的每个子系统具有较低的维度 d_i。这两组对比均说明本章所提的 bCI-cKS 在还原高维系统时具有很强的优越性。

5.6.3 $PM_{2.5}$ 信号场的源头定位仿真实验

近年来，环境空气中空气动力学当量直径小于等于 2.5μm 的颗粒物 (the fine particulate matter with aerodynamic diameter 2.5μm, $PM_{2.5}$)[186,187] 逐渐引起了人们的重视。$PM_{2.5}$ 在二维空间的扩散可以建模为式 (5.1) 中的二维 PDE[160]，中国的诸多城市已安装大量传感器来监测 $PM_{2.5}$ 的浓度变化，鉴于 $PM_{2.5}$ 在二维空间的扩散过程与 4.5.3 节中 Fe 离子的扩散类似，本小节省略了 $PM_{2.5}$ 分布的建模过程。

本小节考虑 $PM_{2.5}$ 的源头定位问题，旨在使用平滑器进行 $PM_{2.5}$ 浓度场的还原，进一步定位其中浓度最大的点作为信号场源头。取中国某北方城市一片面积为 22km×38.5km 的区域 Ω，其中含有 $n = 135$ 个传感器，如图 5.18(a) 所示。

我们利用本章算法 5.5 中 bCI-cKS 来估计式 (5.11) 中的状态 $\boldsymbol{x}_i(k-\tau)$，其中取 $\tau = 6$，并还原 $PM_{2.5}$ 浓度场。我们也采用了另外两个平滑器：最优的 cKS 和 dKS 进行性能比较。

在此实验中，我们采用图 5.18(b) 中传感器网络在 2019 年 5 月 24 日 0 时到 28 日 4 时，共计 100 个小时之间 $PM_{2.5}$ 每小时浓度的真实量测，其数据分布情况如图 5.19 所示。

由于 $PM_{2.5}$ 浓度的真实值未知，我们无法计算出式 (5.34) 中的 MSE，因此只在图 5.20 中描绘了观测到的信号场和三个平滑器估计的信号场。在图中可以明显地看到，bCI-cKS 与最优的 cKS 估计出的浓度场相近、源头定位基本一致且定位误差较小，而 dKS 与 cKS 的结果相差较多，从这个方面来说，本章所提的 bCI-cKS 的估计性能明显优于 dKS，甚至能够与最优的 cKS 相媲美，此结果也说明了 bCI-cKS 在实际应用中的有效性。此外，如前面所述，bCI-cKS 的计算需求和传感器间的通信需求都远弱于最优的 cKS，因此在对估计准确性要求不是特别严苛的情况下，bCI-cKS 比最优的 cKS 更为实用。

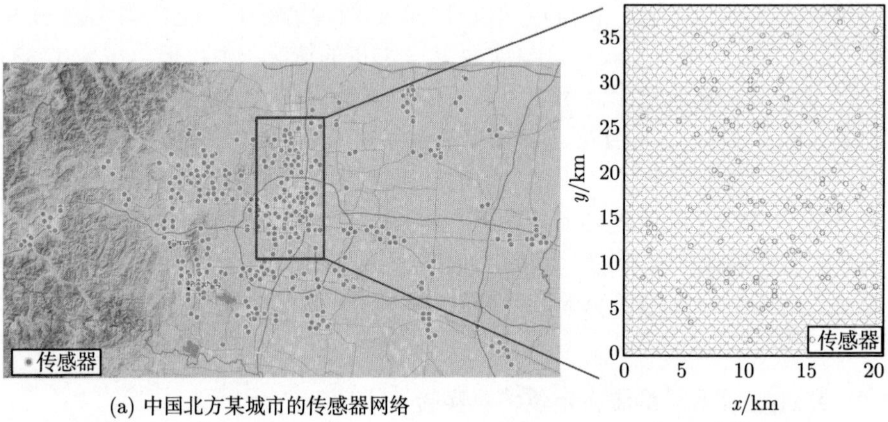

(a) 中国北方某城市的传感器网络

(b) 本节所选区域

图 5.18 传感器网络示意图

图 5.19 2019 年 5 月 24 日 0 时到 28 日 4 时之间的 $PM_{2.5}$ 浓度量测

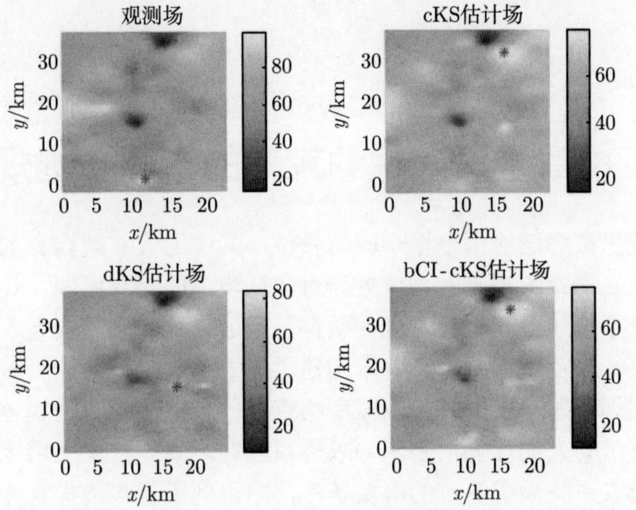

图 5.20 时间步 $k=50$ 时，$PM_{2.5}$ 的测量浓度场和估计浓度场 (见彩图)

5.7 本章小结

本章提出了一种基于 CI 的协同估计方案解决时空信号场的预测和还原问题。在该方案中，先通过有限元估计和离散化处理将由 PDE 描述的时空信号场转换为高维线性离散系统，再将该系统划分为多个可能含有重合状态变量的低维子系统，每个子系统对应一个传感器，然后为每个传感器设计了基于 CI 的局部卡尔曼滤波器和平滑器。这样，邻居传感器之间只需交换重合状态变量的估计及其协方差矩阵，并通过 CI 算法得到重合状态变量的融合估计，即完成了整个系统的预测和还原，解决了 PDE 求解困难和直接估计高维系统计算量巨大的问题。本章从理论上证明了所提协同滤波器和平滑器的一致稳定性，并通过预测一维扩散过程、确定海底热液寻源范围和 $PM_{2.5}$ 浓度场估计三个仿真实验证明了协同滤波器和平滑器的有效性。

第 6 章　隐蔽性约束下的寻源轨迹规划

无人系统已被广泛应用于军事国防领域，其中无人系统自身的安全性成为关键问题。为此，本章考虑无人系统处于对抗环境下的寻源问题，具体来说，无人系统需在自身不被敌方雷达检测到的条件下抵达场源位置，即无人系统轨迹需满足隐蔽性约束。为实现该目标，本章构建了无人系统在雷达检测概率约束下的最短时间轨迹规划问题，由于被检测概率约束是一种沿无人系统轨迹的积分，因此这是一个有泛函约束的优化问题。为求解该问题，本章首先采用庞特里亚金极大值原理得到无人系统最优轨迹的必要条件，即得到了包含最优轨迹的参数化轨迹集合，然后提出一种快速逼近算法求解这个集合中的最短时间轨迹；其次考虑雷达多普勒效应，改进快速逼近轨迹规划算法并实现扩展应用；仿真实验验证了本章所提出算法的有效性和快速性，并对比分析了本章算法相较于直接估计求解方法的性能优势。

6.1　本 章 引 言

在自主寻源任务中，无人系统轨迹规划的目的是设计一条从起始位置到场源位置，满足安全性、快速性等约束条件且动力学可行的轨迹。本章考虑存在敌方雷达检测环境下的寻源任务，主要研究无人系统被检测概率约束下的最短时间轨迹规划问题。由于无人系统的被检测概率沿其寻源轨迹不断累积，因此该隐蔽性约束表示为积分形式的泛函不等式，只有在得到一条完整轨迹后才能判断是否满足约束。这导致了该问题的求解困难。

近年来，学术界和工业界对无人系统最短时间轨迹规划的研究逐渐深入，但与现有研究中有限的速度[86] 或加速度[87]、避障[188] 等一般的状态不等式约束相比，泛函约束无法直接推导出明确的几何特征，因此文献 [86]、[87]、[188] 中的几何分析法无法直接使用。另一种常用的求解方法是最优控制，该方法通过引入一个新的状态变量，将泛函约束转化为终端约束再进行求解。按照该思路，若对本章的问题进行直接求解，需要先将其转化为离散时间下的高维优化问题。例如，Zhang 等[189] 和 Wang 等[190] 分别采用了标准的凸优化软件和非线性规划方法，Oh 等[191] 和 Váňa 等[192] 则提出了一种基于随机采样的算法。此外，Kaplan 等在文献 [193] 中引入了中间点，使得轨迹问题比文献 [189]、[190] 中的问题维度更低，但其中采用了大规模粒子群优化 (particle swarm optimization, PSO) 方法来进行求解，导致计算量仍然很大。因此，当无人系统需要在动态变化的环境中重新规划时，上述方法并不适用。

为降低问题求解的计算量从而实现在线规划，本章采用最优控制中的间接法对被检测概率约束下的轨迹规划问题进行求解。首先，基于最优控制理论中的庞特里亚金极大值原理 (Pontryagin's maximum principle, PMP) 分析最优轨迹的必要条件，由此可以得到一些最优轨迹的几何性质，但并不能直接用于确定最优轨迹。文献 [194]、[195] 也遇到了这一问题，他们的处理办法是将必要条件转化为高维的非线性规划问题求解。与上述工作不同，本章利用最优轨迹的几何性质构建了一个包含最优轨迹的参数化轨迹集合。集合中的一些具有特殊形式的轨迹能够通过文献 [85]、[196] 中的结论直接得到，对于其他更一般的轨迹，本章提出了一种利用中间点[193] 的快速逼近方法。具体来说，根据被检测概率的梯度方向设计一系列中间点，然后令无人系统在最短时间内经过这些中间点。因此，该方法只需要较少的计算量就可以在参数化轨迹集合中找到一条较好的次优轨迹。

综上，本章研究了无人系统自主寻源任务中具有被检测概率约束下的轨迹规划问题，结合 PMP 的最优轨迹必要条件以及中间点思想，提出了最优轨迹的快速逼近方法，极大地减少了求解泛函优化问题所需的计算量；此外，通过限制所提方法中的中间点数量，可以确保有限的控制输入切换次数，避免出现文献 [197]、[198] 中的无限振荡问题，因此能够显著降低控制输入在切换时所需能量。

6.2 隐蔽性约束下的最短时间轨迹规划问题

本节将详细描述面向寻源任务的无人系统在隐蔽性约束下的最短时间轨迹规划问题，其中隐蔽性约束要求无人系统被敌方雷达检测的概率低于某一阈值，如图 6.1 所示。

令 $g(\boldsymbol{p}) > 0$ 表示位置 $\boldsymbol{p} \in \mathbb{R}^2$ 处的无限小检测率。如果无人系统在该位置停留一小段时间 δ，则被检测到的概率为 $g(\boldsymbol{p})\delta + O(\delta)$，寻源任务下的无人系统在环境中不断运动，则被检测到的概率将在其运动轨迹上累积。为了量化这一概率，我们假设敌方雷达的检测事件在不重叠的时间间隔内是独立的。因此，根据文献 [199]，无人系统在轨迹 $\{\boldsymbol{p}(\tau)\}_{\tau=t_0}^{t_\mathrm{f}}$ 上被检测到的概率可以表示为

$$P_d = 1 - \exp\left(-\int_{t_0}^{t_\mathrm{f}} g(\boldsymbol{p}(\tau))\mathrm{d}\tau\right) \tag{6.1}$$

其中，t_0 和 t_f 分别表示轨迹的初始时间和最终时间。

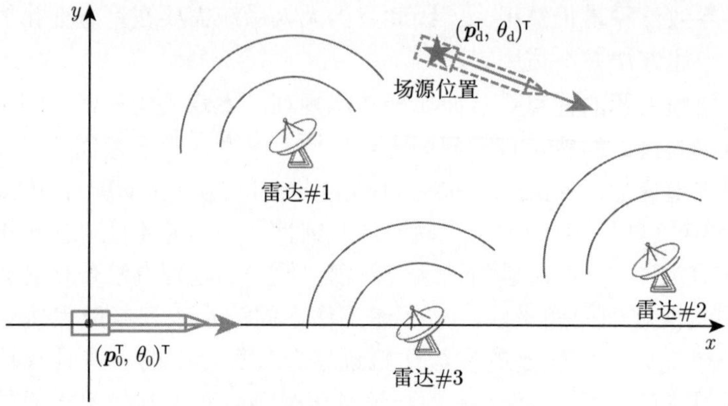

图 6.1　无人系统在雷达检测概率约束下的最短时间轨迹规划问题

我们采用 Dubins 小车模型来描述无人系统的动力学

$$\begin{cases} \dot{x}(t) = \nu\cos\theta(t) \\ \dot{y}(t) = \nu\sin\theta(t) \\ \dot{\theta}(t) = \omega(t) \end{cases} \tag{6.2}$$

其中，无人系统的构型 (状态)$[x(t), y(t), \theta(t)]^{\mathsf{T}}$ 包含位置 $\boldsymbol{p}(t) = [x(t), y(t)]^{\mathsf{T}} \in \mathbb{R}^2$ 和方向角 $\theta(t)$，前进速度 ν 是常数，角速度 $\omega(t) \in [-\bar{\omega}, \bar{\omega}]$ 是控制输入。

综上，无人系统的最短时间轨迹规划问题可以构建为如下形式

$$\underset{\omega(t)}{\text{minimize}}\ t_{\mathrm{f}} \tag{6.3a}$$

$$\text{subject to}\ \boldsymbol{p}(t_0) = \boldsymbol{p}_0, \theta(t_0) = \theta_0 \tag{6.3b}$$

$$\boldsymbol{p}(t_{\mathrm{f}}) = \boldsymbol{p}_{\mathrm{d}}, \theta(t_{\mathrm{f}}) = \theta_{\mathrm{d}} \tag{6.3c}$$

$$\text{动力学方程 (6.2)},\ \omega(t) \in [-\bar{\omega}, \bar{\omega}] \tag{6.3d}$$

$$q(t_{\mathrm{f}}) \leqslant \varepsilon \tag{6.3e}$$

其中，$[\boldsymbol{p}_0^{\mathsf{T}}, \theta_0]^{\mathsf{T}}$ 和 $[\boldsymbol{p}_{\mathrm{d}}^{\mathsf{T}}, \theta_{\mathrm{d}}]^{\mathsf{T}}$ 表示无人系统的初始构型和期望构型，不等式 (6.3e) 表示一个上限阈值为 $\varepsilon > 0$ 的有限累积概率，泛函 $q(t)$ 的定义为

$$q(t) = q(\{\boldsymbol{p}(\tau)\}_{\tau=t_0}^{t}) = \int_{t_0}^{t} g(\boldsymbol{p}(\tau))\mathrm{d}\tau \tag{6.4}$$

由式 (6.4) 可知不等式约束 (6.3e)是可以得到施加于无人系统整条轨迹 $\{\boldsymbol{p}(\tau)\}_{\tau=t_0}^{t_{\mathrm{f}}}$，而不仅是无人系统的终端状体 $\boldsymbol{p}(t_{\mathrm{f}})$。

本章旨在以较低的计算成本高效解决非凸函数约束优化问题 (6.3)，其中的主要挑战在于需要同时考虑动态约束 (6.3d) 和积分约束 (6.3e) 。相比之下，文献 [189]、[199] 中没有考虑 Dubins 小车的动力学模型约束 (6.3d)，它们的目标分别是规划最小 t_{f} 和 $q(t_{\mathrm{f}})$ 的轨迹。文献 [91] 中，轨迹规划问题包括一个纯状态不等式，以防止车辆进入给定的圆，而不同于不等式(6.3e) 的积分约束。因此，上述文献可以直接利用一些很好的几何特性来解决轨迹规划问题，但这些特性无法直接应用于我们的轨迹规划问题 (6.3)。

考虑约束 (6.3e) 中的泛函 $q(t)$，我们没有明确的方法找到其下降方向。从最优控制的角度来看，可以把 $q(t)$ 看作一个增广状态，其动态方程可以表示为

$$\dot{q}(t) = g(\boldsymbol{p}(t)) \text{ 和 } q(t_0) = 0 \tag{6.5}$$

据此，泛函约束 (6.3e) 可以改写为一个终端状态约束 $q(t_{\mathrm{f}}) \leqslant \varepsilon$。但值得注意的是，状态 $q(t)$ 仍是不可测量的，并且在很大程度上取决于无人系统的状态 $\boldsymbol{p}(t)$。

考虑在二维平面上部署于位置 $\boldsymbol{p}_{\mathrm{r}} \in \mathbb{R}^2$ 的一部脉冲雷达，其重复频率表示为 f_{r}。根据式 (6.1) 可知，在一个脉冲内被检测到的概率是 $1 - \exp\big(-g(\boldsymbol{p})/f_{\mathrm{r}}\big)$。结合文献 [200] 中的雷达方程，我们可以得到位置为 $\boldsymbol{p}(t)$ 处的探测率

$$g(\boldsymbol{p}(t)) = -f_{\mathrm{r}} \ln\Big(1 - Q\big(\sqrt{2 \cdot \mathrm{SNR}}, \sqrt{-2\ln P_{\mathrm{f}}}\big)\Big) \tag{6.6}$$

这里的 Marcum Q 函数定义为

$$Q(\varepsilon, \zeta) = \int_{\zeta}^{\infty} s I_0(\varepsilon s) \exp\left(-\frac{s^2+\varepsilon^2}{2}\right) \mathrm{d}s \tag{6.7}$$

其中，$I_0(\cdot)$ 表示零阶修正贝塞尔函数，SNR 是信噪比，P_{f} 是误报概率。对于有源雷达，SNR 与 $\kappa/r(t)^4$ 成正比，其中 κ 为常数，$r(t) = \|\boldsymbol{p}(t) - \boldsymbol{p}_{\mathrm{r}}\|$ 表示无人系统与雷达之间的距离。在有多部雷达的情况下，$g(\boldsymbol{p}(t))$ 的形式更为复杂。

此外，动态约束条件 (6.3d) 和积分约束条件 (6.3e) 都是非凸形式的，导致了优化问题 (6.3) 的非凸性，使问题的求解更加复杂。

6.3 最优条件和参数化轨迹集合

本节将分析轨迹规划问题 (6.3) 最优解的存在性，并通过 PMP[201] 推导出最优必要条件。我们可以利用这些条件构建包括所有最优轨迹的参数化候选轨迹集合。

6.3.1　最优解存在性

早在 1957 年，Dubins 研究了没有积分约束情况下的最短时间轨迹规划问题 (6.3)，并给出了最优解的形式。为了确保优化问题 (6.3) 存在最优解，我们需要特别考虑约束条件 (6.3e) 和下面的优化问题

$$\begin{aligned}&\underset{\omega(t)}{\text{minimize}}\ q(t_{\mathrm{f}})\\&\text{subject to 约束 (6.3b)} \sim \text{(6.3d)}\end{aligned}\tag{6.8}$$

并将该问题的最小值记为 q^*。可以看到，问题 (6.8) 是一个典型的最优控制问题，在文献 [201] 中已有研究。

我们在本章中做了如下假设，并在引理 6.1 中确定了问题 (6.3) 的最优解的存在性。

假设 6.1　检测率 $g(\boldsymbol{p})$ 是连续可微的。

假设 6.2　问题 (6.8) 的最小值 q^* 满足 $q^* \leqslant \varepsilon$，其中 ε 是约束条件 (6.3e) 的阈值。

引理 6.1　在假设 6.1 和假设 6.2 下，泛函约束下的最短时间轨迹规划问题 (6.3)至少存在一个最优解。

证明　把方程 (6.5) 中的 $q(t)$ 作为优化问题 (6.3) 的增广状态，因此约束 (6.3e) 成为终端约束，令 $\boldsymbol{x}(t) = [\boldsymbol{p}(t)^{\mathsf{T}}, \theta(t), q(t)]^{\mathsf{T}}$，可得到 $\dot{\boldsymbol{x}}(t) = [\nu\cos\theta(t), \nu\sin\theta(t), \omega(t), g(\boldsymbol{p}(t))]^{\mathsf{T}}$，且在假设 6.1 下是连续的。根据假设 6.2，优化问题 (6.8) 的最优轨迹必须满足约束条件 (6.3d)~(6.3e)，因此是问题 (6.3) 的可行解。

此外，有如下关系成立

(1) 集合 $\{[\nu\cos\theta, \nu\sin\theta, \omega, g(\boldsymbol{p})] |\ \omega \in [-\bar{\omega}, \bar{\omega}]\}$ 是凸集 (Roxin's 条件)；

(2) 存在 $\delta > 0$ 使得对于所有可行的 $\boldsymbol{x}(t), \omega(t)$ 和时间 t，有 $\|\boldsymbol{x}(t)\| < \delta$ 成立；

(3) 存在 $\delta_1 > 0$ 使得对于所有的 $\omega \in [-\bar{\omega}, \bar{\omega}]$ 和 $\|\boldsymbol{x}(t)\| < \delta$，有 $\omega(t) < \delta_1$ 成立。

综上，Filippov 存在性定理[202] 的所有条件都得到了满足，证明结束。 ■

值得注意的是，假设 6.1 是为了确保精确证明引理 6.1，但并不是必要条件。事实上，由于雷达的视场有限，即使假设 6.1 不成立，引理 6.1 依然成立。根据文献 [203]，假设 6.1 中 $g(\boldsymbol{p})$ 的连续性要求可以用其可测性和上界性代替，为节省篇幅，这里不再重复证明。

6.3.2　最优解的必要条件

为了得到问题 (6.3) 最优解的必要条件，我们首先构建哈密顿函数

$$H(\boldsymbol{\lambda}, \mu, \boldsymbol{p}, \theta, \omega) = \lambda_1\nu\cos\theta + \lambda_2\nu\sin\theta + \lambda_3\omega + \mu g(\boldsymbol{p}) \tag{6.9}$$

其中，为了简化符号，我们去掉了时间 t 的依赖性，$\boldsymbol{\lambda}(t)=[\lambda_1(t),\lambda_2(t),\lambda_3(t)]^{\mathsf{T}}$ 是一个协态向量，乘子 μ 满足以下条件

$$\mu=\begin{cases}\geqslant 0, & q(t_{\mathrm{f}})-\varepsilon=0\\ =0, & q(t_{\mathrm{f}})-\varepsilon<0\end{cases}\tag{6.10}$$

根据文献 [201]，当满足约束 (6.3e) 中的等式时，代价向量 $\boldsymbol{\lambda}(t)$ 可能会出现跳变。从式 (6.4) 中可以看出，检测率 $g(\boldsymbol{p})>0$ 会导致 $q(t)$ 在 t 中单调递增。因此，只有在 $t=t_{\mathrm{f}}$ 时才能满足约束 (6.3e) 中的等式，也就是说，代价向量的跳变只能发生在 $t=t_{\mathrm{f}}$ 时。据此，我们可以直接利用 PMP 推导出 $t\in[t_0,t_{\mathrm{f}})$ 时的最优条件。

(1) 协态向量满足如下动力学方程

$$\dot{\boldsymbol{\lambda}}=-\begin{bmatrix}\partial H(\boldsymbol{\lambda},\mu,\boldsymbol{p},\theta,\omega)/\partial \boldsymbol{p}\\ \partial H(\boldsymbol{\lambda},\mu,\boldsymbol{p},\theta,\omega)/\partial\theta\end{bmatrix}=\begin{bmatrix}-\mu\cdot\partial g(\boldsymbol{p})/\partial\boldsymbol{p}\\ \lambda_1\nu\sin\theta-\lambda_2\nu\cos\theta\end{bmatrix}\tag{6.11}$$

(2) 最优的控制输入满足

$$\omega^*(t)=\underset{\omega\in[-\bar{\omega},\bar{\omega}]}{\operatorname{argmin}}\ H(\boldsymbol{\lambda},\mu,\boldsymbol{p}^*,\theta^*,\omega)\tag{6.12}$$

其中，$\boldsymbol{p}^*$ 和 θ^* 分别表示对应最优控制的最优位置和最优方位角。
由必要条件 (6.12) 容易得到

$$\omega^*(t)=\begin{cases}\bar{\omega}, & \lambda_3(t)<0\\ w_0, & \lambda_3(t)=0\\ -\bar{\omega}, & \lambda_3(t)>0\end{cases}\tag{6.13}$$

其中，$w_0\in[-\bar{\omega},\bar{\omega}]$ 表示如下。在奇异性情况 $\lambda_3(t)=0$，$t\in[t_1,t_2]\subseteq[t_0,t_{\mathrm{f}})$ 时，在某一时间区间 $t\in(t_1,t_2)$ 中，连续的协态量 $\lambda_3(t)$ 和它的高阶导数消失。令 $\dot{\lambda}_i$ 和 $\ddot{\lambda}_i$ 分别表示 λ_i 相对于时间 t 的一阶和二阶导数，我们可以得到

$$\begin{aligned}\ddot{\lambda}_3&=\dot{\lambda}_1\nu\sin\theta-\dot{\lambda}_2\nu\cos\theta+\lambda_1\nu\omega\cos\theta+\lambda_2\nu\omega\sin\theta\\&=-\nu\mu\big[\sin\theta,-\cos\theta\big]\nabla g(\boldsymbol{p})+\omega\nu(\lambda_1\cos\theta+\lambda_2\sin\theta)=0\end{aligned}$$

因此，对于 $t\in(t_1,t_2)$，可以给出

$$\omega(t)=\frac{\mu\big[\sin\theta,-\cos\theta\big]\nabla g(\boldsymbol{p})}{\lambda_1\cos\theta+\lambda_2\sin\theta}:=w_0\tag{6.14}$$

此外，如果在 $t \in [t_1, t_2]$ 时 $\lambda_3(t) \neq 0$，则由方程 (6.13) 可以得到无人系统沿半径为 $R = v/\bar{\omega}$ 的圆弧运动。参见表 6.1 中的 $\mathscr{L}_a$ 和 $\mathscr{R}_a$ 以及图 6.2。由于 $\lambda_3(t)$ 在 $t \in [t_0, t_\mathrm{f})$ 中是连续的，并且无人系统的状态在时间上也是连续的，因此最优条件意味着问题 (6.3) 的最优轨迹是两条方向相反的圆弧和带有 w_0 的线段的连接。从这个角度来看，最优轨迹可以由方程 (6.13) 中 $\omega^*(t)$ 的符号切换时间来实现参数化，这对我们设计一个好的规划算法十分重要。

表 6.1　片段的三种类型

$\mathscr{L}_a$	半径为 R 时间间隔为 a 的逆时针圆弧
$\mathscr{R}_a$	半径为 R 时间间隔为 a 的顺时针圆弧
$\mathcal{S}_a$	角速度 $\omega = 0$ 时间间隔为 a 的直线段

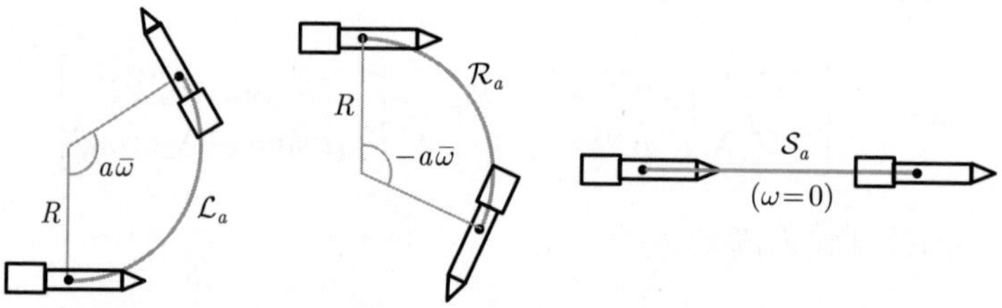

(a) $\mathscr{L}_a$　(b) $\mathscr{R}_a$　(c) $\mathcal{S}_a$

图 6.2　片段的三种类型

根据方程 (6.11) 和方程 (6.13)，$\omega^*(t)$ 取决于式 (6.10) 中的乘子 μ。因此，我们将在两种情况下描述问题 (6.3) 的最优条件：$q(t_\mathrm{f}^*) = \varepsilon$ 和 $q(t_\mathrm{f}^*) < \varepsilon$，其中 t_f^* 表示最优轨迹的最终时间。

6.3.3　$q(t_\mathrm{f}^*) = \varepsilon$ 时的最优条件

在这种情况下，我们将增广状态等式 (6.5) 加入到问题 (6.3) 中，从而得出最优条件。通过方程 (6.2)、方程 (6.11)、方程 (6.13) 以及边界条件约束 (6.3b)、约束 (6.3c)、$q(t_0) = 0$ 和 $q(t_\mathrm{f}) = \varepsilon$，可以得到一个两点边界值问题 (two-point boundary value problem, TPBVP)。不幸的是，这样的 TPBVP 本质上是非凸的。因此，我们很难找到全局最优解，在这项工作中只能寻求局部最优解，这在文献 [204]、[205] 中也遇到相同的情况。

对于在某个时间区间 $[t_1, t_2] \subseteq [t_0, t_\mathrm{f})$ 中具有 $\omega(t) = w_0$ 的每个奇异线段，这里无法推导出文献 [87]、[91] 中漂亮的几何特性。因此，$q(t_\mathrm{f}^*) = \varepsilon$ 情况下的最优轨迹无法明确描述或直接计算。此外，从方程 (6.14) 可以看出，$g(\boldsymbol{p})$ 的分布决定了奇异段的时间间隔，这个时间间隔可能很短，甚至为零。如果时间间隔为零，则存在一个时间点 $t = t_1$，使得代价 $\lambda_3(t)$ 经过零点，并且 $\omega(t)$ 在 $\bar{\omega}$ 和 $-\bar{\omega}$ 之间切换。一个极端的情况是，在有限的时间间隔内有无数个切换点。这种现象在最优控制理论中被称为无限振荡，在物理上是不可行的。

总而言之，要想在 $q(t_{\mathrm{f}}^*)=\varepsilon$ 的条件下找到式 (6.3) 的精确最优解是不现实的。因此，我们在第 6.4.1 节中提出了一种近似算法，它只需要较低的计算成本和有限数量的控制切换。

6.3.4 $q(t_{\mathrm{f}}^*)<\varepsilon$ 时的最优条件

在这种情况下，由式 (6.10) 可得 $\mu=0$。因此，在式 (6.13) 中的最优控制输入条件通过式 (6.14) 取 $w_0=0$。也就是说，如果在某个时间区间 $[t_1,t_2]\subseteq[t_0,t_{\mathrm{f}})$ 内 $\lambda_3(t)=0$，无人系统在这个时间区间内直线运动，在表 6.1 和图 6.2 中用 $\mathscr{S}_a$ 表示。此时，协态方程 (6.11) 变为

$$\begin{cases}\dot{\lambda}_1=0\\ \dot{\lambda}_2=0\\ \dot{\lambda}_3=\nu(\lambda_1\sin\theta-\lambda_2\cos\theta)\end{cases}$$

与文献 [206] 中引理 22 完全相同。那么，$q(t_{\mathrm{f}}^*)<\varepsilon$ 情况下的最优条件可以类似于文献 [206] 引理 22 的最优条件，并由下面的引理给出。

引理 6.2 在假设 6.1~ 假设 6.2 下，问题 (6.3) 在 $q(t_{\mathrm{f}}^*)<\varepsilon$ 的情况下，一条最优轨迹的形式为 $\mathscr{B}_a\mathcal{S}_l\mathscr{B}_c$ 或者 $\mathscr{B}_a\mathscr{B}_b^n\mathscr{B}_c$，其中 $\mathscr{B}_b^n$ 表示 $n\in\mathbb{N}$ 个重复的 $\mathscr{B}_b$，$l\geqslant 0$，$a,c\in[0,2\pi/\bar{\omega})$，$b\in[\pi/\bar{\omega},2\pi/\bar{\omega})$，其中 $\bar{\omega}$ 是约束 (6.3d) 中的角速度上界。

由于每个圆弧 $\mathscr{B}$ 既可以是 $\mathscr{R}$ 也可以是 $\mathscr{L}$ ，因此在引理 6.2 中两种形式的轨迹有八种类型，如表 6.2 所示。此外，每种类型都可以用三元组 (a,l,c) 或四元组 (a,b,c,n) 来明确参数化。考虑 $n=0$ 的特殊情况：表 6.2 中有六种类型的轨迹，它们包含在了文献 [85] 中，即不含约束条件 (6.3) 的问题 (6.3e) 的最优解。

表 6.2 参数化轨迹的两种形式

形式		类型
$\mathscr{B}_a\mathcal{S}_l\mathscr{B}_c$		$\mathscr{L}_a\mathcal{S}_l\mathscr{R}_c$, $\mathscr{L}_a\mathcal{S}_l\mathscr{L}_c$, $\mathscr{R}_a\mathcal{S}_l\mathscr{L}_c$, $\mathscr{R}_a\mathcal{S}_l\mathscr{R}_c$
$\mathscr{B}_a\mathscr{B}_b^n\mathscr{B}_c$	$n=2k$	$\mathscr{L}_a(\mathscr{R}_b\mathscr{L}_b)^k\mathscr{R}_c$, $\mathscr{R}_a(\mathscr{L}_b\mathscr{R}_b)^k\mathscr{L}_c$
	$n=2k+1$	$\mathscr{L}_a\mathscr{R}_b(\mathscr{L}_b\mathscr{R}_b)^k\mathscr{L}_c$, $\mathscr{R}_a\mathscr{L}_b(\mathscr{R}_b\mathscr{L}_b)^k\mathscr{R}_c$

$(\mathscr{X})^k$ 表示 $k\in\mathbb{N}$ 个重复的片段 $\mathscr{X}$。

需要注意的是，如果存在最优轨迹，且 $q(t_{\mathrm{f}}^*)<\varepsilon$，那么它一定包含在表 6.2 中的参数化轨迹中。因此，我们只需检查两种形式中每条轨迹的可行性和最优性。特别在 $\mathscr{B}_a\mathscr{B}_b^n\mathscr{B}_c$ 的形式中，$n\in\mathbb{N}$ 的数量是无限的，我们能找到这种形式下每种轨迹的数量 n 和最终时间 $t_{\mathrm{f}}=a+nb+c$ 之间的关系，由下面引理给出。

引理 6.3 假设 $\mathscr{B}_a\mathscr{B}_b^n\mathscr{B}_c$ 形式的轨迹满足约束 (6.3b)，约束 (6.3c) 和 $r_{\mathrm{c}} \geqslant 2R$，其中 r_{c} 是圆弧 $\mathscr{B}_a$ 和圆弧 $\mathscr{B}_c$ 的两个圆心间的距离，且 $R=\nu/\bar{\omega}$。那么，在任意固定的 n 条件下，三元组 (a,b,c) 是唯一的。

此外，对于每种具有 $n=2k$ 或 $n=2k+1, k\in\mathbb{N}$ 的轨迹类型，最终时间 $t_{\mathrm{f}}=a+nb+c$ 相对于参数 k 递增。

证明 证明的详细过程在附录 A 中给出。 ■

根据引理 6.3，对于任意给定的 k，在 $n=2k$ 或 $n=2k+1$ 条件下，$\mathscr{B}_a\mathscr{B}_b^n\mathscr{B}_c$ 形式的轨迹具有唯一的长度 a,b,c，并且其最终时间 t_{f} 小于 $k+1$ 条件下的同类型轨迹。也就是说，如果这条轨迹对于问题 (6.3) 是可行的，那么就不需要计算带有 $k+1$ 的同类型轨迹。这表明，对于 $\mathscr{B}_a\mathscr{B}_b^n\mathscr{B}_c$ 形式的最优轨迹来说，n 的数量一定是有限的。

引理 6.3 中的假设 $r_{\mathrm{c}} \geqslant 2R$ 意味着在问题 (6.3) 中初始位置和期望位置之间有一个相对较大的范围。为了严谨起见，我们针对这一假设给出了一个充分条件：$\|\boldsymbol{p}_0-\boldsymbol{p}_{\mathrm{d}}\| \geqslant 4R$，并得到以下命题。

命题 6.1 在假设 6.1、假设 6.2 和条件 $\|\boldsymbol{p}_0-\boldsymbol{p}_{\mathrm{d}}\| \geqslant 4R$ 下，如果问题 (6.3) 的最优轨迹满足 $q(t_{\mathrm{f}}^*)<\varepsilon$，那么它的形式为 $\mathscr{B}_a\mathcal{S}_l\mathscr{B}_c$ 或 $\mathscr{B}_a\mathscr{B}_b^n\mathscr{B}_c$，并且每种类型都有唯一的三元组 (a,l,c) 或四元组 (a,b,c,n)。

证明 引理 6.2 给出了 $q(t_{\mathrm{f}}^*)<\varepsilon$ 情况下，问题 (6.3) 的任何一条最优轨迹都是 $\mathscr{B}_a\mathcal{S}_l\mathscr{B}_c$ 或 $\mathscr{B}_a\mathscr{B}_b^n\mathscr{B}_c$ 的形式。对于 $\mathscr{B}_a\mathcal{S}_l\mathscr{B}_c$ 中的每种类型，时间间隔的长度 a,l,c 都可以通过文献 [85] 中的结论唯一确定，这里省略计算。

对于 $\mathscr{B}_a\mathscr{B}_b^n\mathscr{B}_c$ 中的每种类型，我们可以很容易地从 $\|\boldsymbol{p}_0-\boldsymbol{p}_{\mathrm{d}}\|$ 中得到 $r_{\mathrm{c}} \geqslant 2R$，并从 $\|\boldsymbol{p}_0-\boldsymbol{p}_{\mathrm{d}}\|$ 中得到 $r_{\mathrm{c}} \geqslant 4R$。从引理 6.3 可以得出，在 $n=2k$ 或 $n=2k+1$ 的情况下，最终时间 $t_{\mathrm{f}}=a+nb+c$ 随参数 k 递增。因此，在固定的 n 和唯一的 a,b,c 下，每种类型最多存在一条最优轨迹。

结合这两种形式，证明结束。 ■

显然，在 $q(t_{\mathrm{f}}^*)<\varepsilon$ 的情况下，问题 (6.3) 的最优轨迹可以通过命题 6.1 求解，这一结论将在第 6.4.2 节中快速轨迹的确定算法中给出。

6.4 快速轨迹规划方法

通过第 6.3 节，可以直观地通过两个步骤确定问题 (6.3) 的最优轨迹：第一步，计算 $q(t_{\mathrm{f}})=\varepsilon$ 和 $q(t_{\mathrm{f}})<\varepsilon$ 两种情况下最优条件的所有轨迹；第二步，从中选择时间最短的一个。为此，本节提出了一种近似算法来克服 $q(t_{\mathrm{f}})=\varepsilon$ 情况下最优轨迹特性不足的问题，并通过命题 6.1 直接计算出 $q(t_{\mathrm{f}})<\varepsilon$ 情况下的轨迹。所有

得出的轨迹都被称为候选轨迹，然后我们从中快速选出时间最短的一条轨迹，它可以很好地逼近问题 (6.3) 的最优轨迹。

6.4.1 $q(t_\mathrm{f}^*)=\varepsilon$ 情况下的估计候选轨迹

根据第 6.3.3 节，在 $q(t_\mathrm{f}^*)=\varepsilon$ 情况下，我们无法明确描述或直接计算问题 (6.3) 的任何一条最优轨迹。为了解决这个问题，我们在算法 6.1 中利用中间点的思想提出了一种快速近似方法。

算法 6.1 快速近似算法

输入: 初始构型 $[\boldsymbol{p}_0^\mathsf{T},\theta_0]^\mathsf{T}$，期望构型 $[\boldsymbol{p}_\mathrm{d}^\mathsf{T},\theta_\mathrm{d}]^\mathsf{T}$，约束 (6.3e) 中的上界 ε，参数 $\alpha_0>0$ 和一个上界 $\bar{l}$

1. 计算没有约束 (6.3e) 时问题 (6.3) 的最短时间轨迹 $\mathscr{T}_\mathrm{m}$、其最终时间 t_fm 和 $q(t_\mathrm{fm})$
2. 令 $\mathscr{T}_1=\mathscr{T}_\mathrm{m},t_\mathrm{f1}=t_\mathrm{fm},q_1=q(t_\mathrm{fm})$ 和 $l=0$
3. **while** $q_1>\varepsilon$ 且 $l\leqslant\bar{l}$ **do**
4. 　选择均匀分布于 $\mathscr{T}_1$ 的点 $\boldsymbol{p}(t_i)$，$i=0,1,\cdots,m$，将他们按值 $g(\boldsymbol{p}(t_i))$ 的大小排序，记排序前 m_a 个点为 $[\boldsymbol{p}_j^\mathsf{T},\theta_j]^\mathsf{T}$，$j=1,2,\cdots,m_\mathrm{a}$
5. 　设计中间点 $[\boldsymbol{p}_i^\mathsf{T}-\alpha\nabla g^\mathsf{T}(\boldsymbol{p}_i),\theta_i]^\mathsf{T}$
6. 　计算通过每个中间点的最短时间轨迹 $\mathscr{T}$、最终时间 t_f 和 $q(t_\mathrm{f})$
7. 　**if** $q(t_\mathrm{f})-q_1<0$ **then**
8. 　　更新 $\mathscr{T}_1=\mathscr{T},t_\mathrm{f1}=t_\mathrm{f}$ 和 $q_1=q(t_\mathrm{f})$
9. 　**else**
10. 　　减小 α 并回到第 5 行，直到 $\alpha\leqslant\alpha_0$
11. 　**end if**
12. 　更新 $l=l+1$
13. **end while**

输出: 一条候选轨迹 $\mathscr{T}_1$ 及其 t_f1 和 q_1

考虑问题 (6.3) 在没有约束 (6.3e) 情况下的最小时间轨迹，用 $\mathscr{T}_\mathrm{m}$ 表示，其最终时间为 t_fm，这在文献 [85]、[207] 中得到了深入研究。如果 $\mathscr{T}_\mathrm{m}$ 满足约束条件 (6.3e)，那么它就是问题 (6.3) 的唯一最优轨迹，则轨迹规划完成。

本章考虑了一种更复杂的情况，即轨迹 $\mathscr{T}_\mathrm{m}$ 违反了约束条件 (6.3e)，即

$$q(t_\mathrm{fm})=\int_{t_0}^{t_\mathrm{fm}}g(\boldsymbol{p}(\tau))\mathrm{d}\tau>\varepsilon \tag{6.15}$$

在这种情况下，我们需要推导出一个函数值 $q(t_\mathrm{f})$ 减少的轨迹，这并不是一件容易的事，因为函数 $q(t_\mathrm{f})$ 的下降方向无法明确获得。为了实现这一目标，我们将 $\mathscr{T}_\mathrm{m}$ 离散化为 $m+1$ 个点，分别位于 $\boldsymbol{p}(t_i)$，$i=0,1,\cdots,m$，这些点均匀分布，其中 $t_i<t_{i+1}$，$t_m=t_\mathrm{fm}$。我们假设沿每段轨迹 $\{\boldsymbol{p}(t_i)\}_{\tau=t_i}^{t_{i+1}}$ 检测率是一个常值 $g(\boldsymbol{p}(t_i))$，

则式 (6.15) 中的不等式可以近似表示为

$$\sum_{i=0}^{m-1}(t_{i+1}-t_i)g(\boldsymbol{p}(t_i))>\varepsilon$$

那么直观来看，只需要减少某些时刻的 $g(\boldsymbol{p}(t_i))$，尤其是较大的 $g(\boldsymbol{p}(t_i))$，即可以满足该不等式。为此，我们根据 $g(\boldsymbol{p}(t_i))$ 的值按递减顺序对 $m+1$ 个点进行排序，并选择前 $m_{\mathrm{a}}\leqslant m+1$ 个点，因为这些点比其他点更需要变化。受梯度方法[208]的启发，我们将 m_{a} 个点沿着其最陡峭的下降方向 $g(\boldsymbol{p})$ 进行平移，平移距离即优化理论中的步长为 $\alpha>0$，如图 6.3 所示。由此得到的点会减小 $g(\boldsymbol{p})$ 的值，称为中间点。

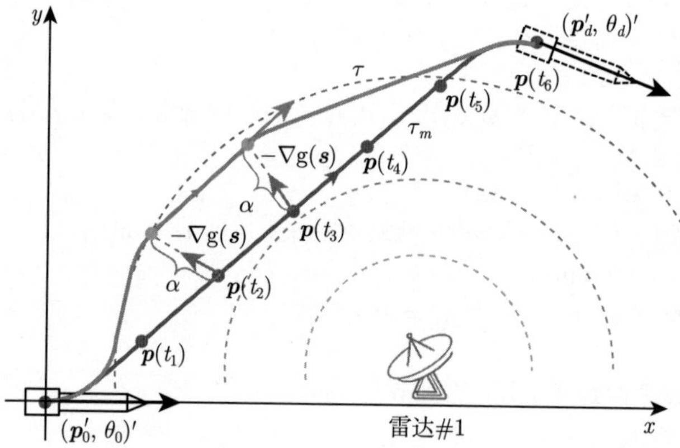

图 6.3　取 $m=6$ 和 $m_{\mathrm{a}}=2$ 时的中间点设计

当无人系统以最短时间通过每个中间点，则生成一条轨迹。如果该轨迹仍然违反约束条件 (6.3e)，则需要根据当前轨迹重新生成中间点，并推导出新的轨迹。算法 6.1 给出了以上算法的具体细节。

注释 6.1　Kaplan 等在文献 [193] 中提出的轨迹规划方法已经使用了中间点的概念，并通过 PSO 方法随机生成中间点。相比之下，算法 6.1 通过利用第 5 行中检测率高的点来设计中间点，预计比 PSO 方法[209] 的随机搜索更有效。参见第 6.5.1 节的说明。

此外，考虑由 m_a 中间点得出的轨迹。算法 6.1 在第 6 行中需要为轨迹 $\mathscr{T}$ 计算 m_a+1 个最小时间段，而 PSO 方法在每次迭代中都要计算其中的 $s_p(m_a+1)$ 个最小时间段，其中 s_p 表示种群数量且一般会取一个较大的值以保证优化性能。比较而言，算法 6.1 的计算成本要低得多。此外，在 PSO 方法中，中间点的数量是一个规定的常数，而在算法 6.1 中，这个数量可以在第 4 行中灵活调整，这也节省了获得候选轨迹的计算量。

在算法 6.1 中，m、m_a 和步长 α 对中间点和候选轨迹至关重要。其中，较大的 m 可以提高式 (6.15) 的近似精度，较大的 m_a 会使第 6 行中的 $q(t_\mathrm{f})$ 比 q_1 小得多。然而，它们会导致第 4 行中的 $g(\boldsymbol{p}(t_i))$ 和第 6 行中的 $\mathscr{T}$ 的计算量增加。此外，由于中间点的数量决定了无人系统控制输入的切换次数，因此较大的 m_a 会导致较高的切换能量消耗。至于步长 α，较大的步长可以加速收敛，但可能会导致 t_f 较大。在实践中，上述参数需根据经验设计。

事实上，算法 6.1 中中间点的优化设计难度几乎等同于求解问题 (6.3) 的最优轨迹。因此，我们必须在第 5 行接受次优轨迹，并在第 7 行设置条件保证 $q(t_\mathrm{f})$ 一定减少。如果条件不满足，则减小步长 α 并返回第 5 行。实践中的事实证明这种方法能有效地找到候选轨迹。我们采用文献 [207] 中的算法，通过第 6 行中的每个中间点，反复计算最小时间分段。该算法在文献 [207] 中证明只需要较低的计算成本，因此，算法 6.1 循环也仅需要较低的计算成本。第 3 行的终止条件决定了算法 6.1 的计算复杂度。命题 6.2 展示了该算法满足 $q_1 \leqslant \varepsilon$ 终止时相应的计算复杂度。

命题 6.2 *假设 m、m_a 和步长 α 在算法的每次迭代中都满足 $q(t_\mathrm{f}) - q_1 \leqslant -\delta_\mathrm{q} < 0$。那么，算法 6.1 的终止条件是 $q_1 \leqslant \varepsilon$ 且最多在 $\lceil (q(t_\mathrm{fm}) - \varepsilon)/\delta_\mathrm{q} \rceil$ 内结束，其中 $\lceil \cdot \rceil$ 是向上取整算子。*

证明 在上述假设下，算法 6.1 在第 l 次迭代之后有 $q_1 < q(t_\mathrm{fm}) - l\delta_\mathrm{q}$。令 $l = \lceil (q(t_\mathrm{fm}) - \varepsilon)/\delta_\mathrm{q} \rceil$，可以得到 $q_1 \leqslant \varepsilon$，算法 6.1 结束，证明完成。 ■

注释 6.2 *值得注意的是，算法 6.1 只会在 $q(t_\mathrm{f}^*) = \varepsilon$ 情况下返回次优轨迹。为了获得全局最优解，可以采用重新初始化算法，但需要大量计算。直观来看，接近 $\mathscr{T}_m$ 的轨迹一般会具有相对较小的最终时间，因此在算法 6.1 中设置 $\mathscr{T}_m$ 作为初始轨迹，生成的 $\mathscr{T}_1$ 预计不会比依赖于 $g(\boldsymbol{p})$ 分布的全局最优轨迹的 $\mathscr{T}_\mathrm{f1}$ 大很多。因此，从实际角度来看，不必重新初始化算法。*

6.4.2 $q(t_\mathrm{f}^*) < \varepsilon$ 情况下的候选轨迹

根据引理 6.2，在 $q(t_\mathrm{f}^*) < \varepsilon$ 的情况下，问题 (6.3) 的最优轨迹都包含在表 6.2 中，本小节将计算这些轨迹。

对于形式为 $\mathscr{B}_a\mathcal{S}_l\mathscr{B}_c$ 的轨迹，文献 [207] 中的算法可以求解长度 a, l, c，此外我们需要检查每条轨迹是否满足约束条件 (6.3e)，并在可行的轨迹中选择时间最短的轨迹。为此，我们计算出形式为 $\mathscr{B}_a\mathscr{B}_b^n\mathscr{B}_c$ 轨迹的长度 a, b, c 和数量 n，并检查它们在问题 (6.3) 中的可行性，如算法 6.2 所示。

算法 6.2 形式为 $\mathscr{B}_a\mathscr{B}_b^n\mathscr{B}_c$ 的候选轨迹生成算法

输入： 初始构型 $[\boldsymbol{p}_0^\mathsf{T}, \theta_0]^\mathsf{T}$，期望构型 $[\boldsymbol{p}_\mathrm{d}^\mathsf{T}, \theta_\mathrm{d}]^\mathsf{T}$，约束 (6.3e) 中的上界 ε 和一个上界 $\bar{n}$

1. **for** 形式为 $\mathscr{B}_a\mathscr{B}_b^n\mathscr{B}_c$ 轨迹的所有类型 **do**

2. 计算 $\mathscr{B}_a$ 和 $\mathscr{B}_c$ 的两个圆心的距离 r_c，并令 $n=\lceil(r_c-2R)/2R\rceil$
3. **repeat**
4. 由附录 A 计算 a,b,c，终止时间 t_f 和 $q(t_f)$
5. 更新 $n=n+1$
6. **until** $q(t_f)\leqslant\varepsilon$ 或 $n\geqslant\bar{n}$。
7. **if** $q(t_f)\leqslant\varepsilon$ **then**
8. 存储该轨迹及其 t_f 和 $q(t_f)$
9. **end if**
10. **end for**
11. 令 $\mathscr{T}_2$ 表示存储轨迹中的最短时间轨迹，t_{f2} 和 q_2 表示其 t_f 和 $q(t_f)$

输出: 一条候选轨迹 $\mathscr{T}_2$ 及其 t_{f2} 和 q_2

在算法 6.2 中，第 2 行中数量 n 的初始值被选为 $(r_c-2R)/2R$ 的下限。然而，即使 n 足够大，轨迹也可能不满足约束条件 $q(t_f)\leqslant\varepsilon$，从而导致第 3~6 行的多次迭代。为了解决这个问题，我们在第 6 行设置了一个终端条件 $n\geqslant\bar{n}$，其中 $\bar{n}$ 可以是手动输入，也可以由另一个候选轨迹的最终时间定义，例如，$\bar{n}=\bar{\omega}t_{f1}/\pi$ 与 $n\geqslant\bar{n}=\bar{\omega}t_{f1}/\pi$，其中 t_{f1} 来自算法 6.1，$q_1\leqslant\varepsilon$。算法 6.2 的计算复杂度如命题 6.3 所示。

命题 6.3 算法 6.2 最多在 $4(\bar{n}-\lceil(r_c-2R)/2R\rceil)$ 次迭代后结束。

证明 根据算法 6.2 第 2 行中数字 n 的初始值和第 6 行中的终止条件，$\mathscr{B}_a\mathscr{B}_b^n\mathscr{B}_c$ 形式下的每种类型轨迹最多有 $(\bar{n}-\lceil(r_c-2R)/2R)\rceil$ 次迭代。由于这种形式有四种类型，而且根据命题 6.1，每种类型都是唯一的，结束证明。 ■

6.4.3 快速轨迹确定

结合文献 [207] 和算法 6.1~6.2，图 6.4 给出了快速轨迹规划方法。具体来说，我们首先比较 $\mathscr{B}_a\mathcal{S}_l\mathscr{B}_c$ 形式的候选轨迹和近似值，并选择最终时间较短的轨迹，用 t_f(虚线框内) 表示，这样就可以为算法 6.2 提供一个阈值 $\bar{n}=\bar{\omega}t_f/\pi$；然后，通过比较算法 6.2 中的 t_f 和 t_{f2}，可以快速确定最小时间候选轨迹，该轨迹非常接近问题 (6.3) 的最优轨迹。

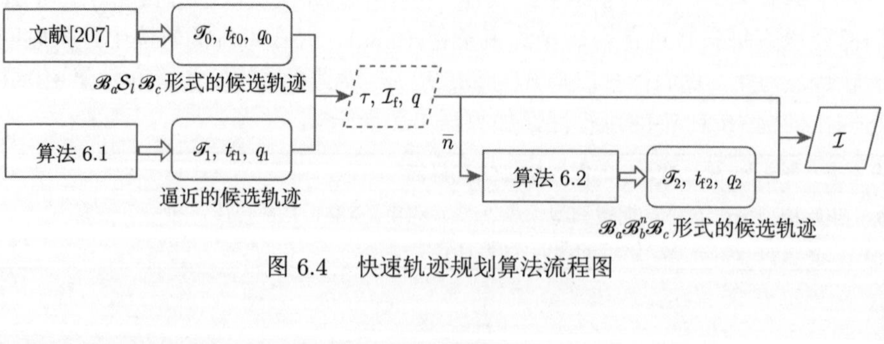

图 6.4 快速轨迹规划算法流程图

6.5 仿真验证与分析

本节将验证快速轨迹规划方法的有效性和性能优势。我们考虑了二维空间内的单个和多个脉冲雷达场景，其探测率如式 (6.6) 所示。我们还考虑了脉冲多普勒雷达的情况，以说明我们方法的扩展应用。

我们为 Dubins 小车模型 (6.2) 设置参数为 $\nu = 2$ km/s 和 $\bar{\omega} = \pi/15$ rad/s，并将 $[100\ \text{km}, 100\ \text{km}, -1/3\pi\ \text{rad}]^{\mathrm{T}}$ 设置为图 6.1 中的期望构型。约束条件 (6.3e) 中的阈值 ε 设置为 0.69，以保证无人系统被检测到的累积概率低于 0.5。

所有仿真实验均在个人计算机的 Matlab 2020b 上进行，计算机配置为 24G 内存和 Intel(R) Core(TM) i5-6500 CPU @ 3.20GHz。

6.5.1 单部雷达场景

考虑位于二维空间中 $[90\ \text{km}, 40\ \text{km}]^{\mathrm{T}}$ 的单部雷达，式 (6.6) 中的参数为 $P_{\mathrm{f}} = 1 \times 10^{-16}$ 和 $f_{\mathrm{r}} = 1$ kHz。利用文献 [207] 计算，无约束条件下问题 (6.3) 的最小时间轨迹 $\mathscr{T}_{\mathrm{m}}$ 最终时间为 $t_{\mathrm{fm}} = 75.66$ s，$q(t_{\mathrm{fm}}) = +\infty$。此外，还采用了三种方法来求解问题 (6.3)。

(1) ICLOCS2[210]，一个基于优化控制的 MATLAB 工具箱，在此为评估其他两种方法的轨迹性能提供一个基准。

(2) 文献 [193] 中的改进 PSO 算法，其中中间点的数量设置为 1。

(3) 本书所提的快速轨迹规划算法，其中 $m = 10,$，$m_{\mathrm{a}} = 1$，$\alpha = 10^4$。

典型 PSO 方法的性能在很大程度上取决于其初始化，初始化需要满足式 (6.3b)-式 (6.3e) 等约束条件[209]。为了克服这个问题，我们采用了文献 [193] 中改进的 PSO 方法，它只需要随机初始化，更适合求解本章问题 (6.3)。

三种方法下的规划轨迹如图 6.5 所示，其中我们的方法与 ICLOCS2 的轨迹非常接近，并且优于不同种群规模的 PSO 方法。显然，PSO 方法需要大量种群才能得出问题 (6.3) 的可行解，这导致了较高的计算成本。更重要的是，我们方法的计算时间远远少于 ICLOCS2 和 PSO 方法。图 6.5(a) 显示了图 6.5(b) 中轨迹的控制输入。很明显，PSO 和我们方法的控制输入都有六次切换，而 ICLOCS2 的控制输入存在颤振现象。这说明 PSO 和我们的方法在能效方面明显优于 ICLOCS2。更多详情请参见表 6.3。由于 ICLOCS 是在 Matlab 中直接调用的，因此我们不清楚其求解过程，也无法获得迭代次数和控制输入切换次数 (NA)。此外，表 6.3 显示 PSO 方法的计算成本与其种群数量成正比，这与备注 6.1 中的讨论一致。

此外，我们还考虑了二维空间的移动雷达，此时无人系统需要实时重新规划轨迹。假设无人系统在 $t_0 = 0$ 和 $t_1 = 30$ s 时分别获得雷达的位置 $\boldsymbol{p}_{\mathrm{r}}(t_0) = [90, 40]^{\mathrm{T}}$km 和 $\boldsymbol{p}_{\mathrm{r}}(t_1) = [80, 30]^{\mathrm{T}}$km。图 6.6 给出了我们的方法在 t_0 和 t_1 时的快

速轨迹，其中后者的最终时间比前者短。这也是合理的，因为雷达移动的位置与所需位置相距甚远。此外，我们的方法在获得更新位置 $\boldsymbol{p}_{\mathrm{r}}(t_1)$ 后重新扫描快速轨迹只需 0.16s，远小于 $t_1 - t_0 = 30\mathrm{s}$，而其他两种方法由于计算时间大于 30s 而无法处理移动雷达。

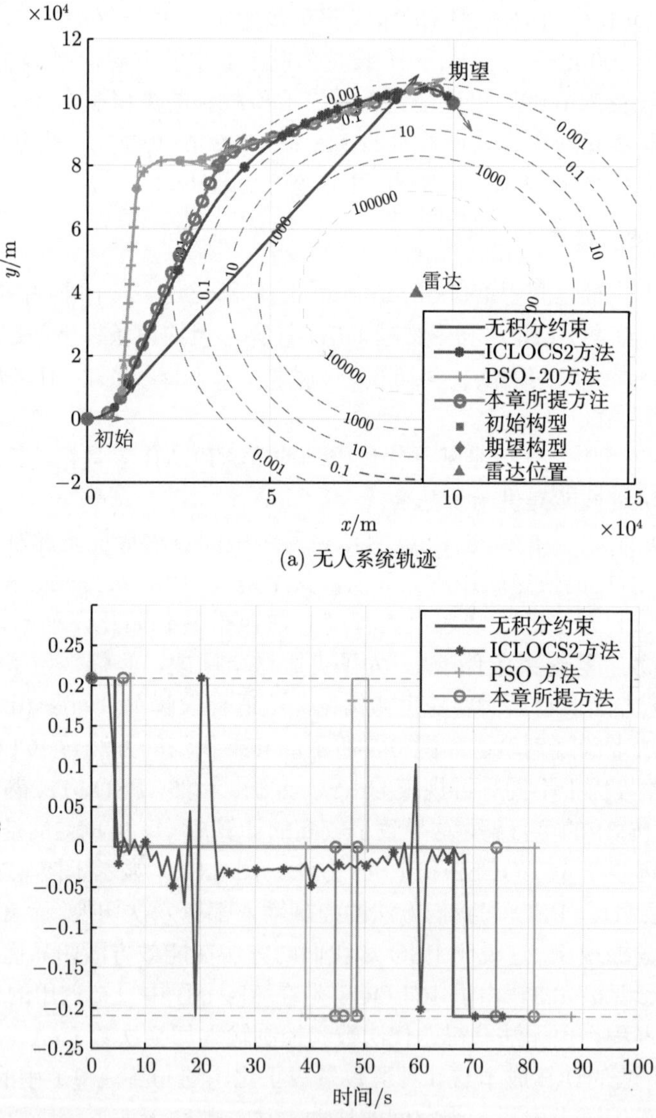

(a) 无人系统轨迹

(b) 控制输入

图 6.5　二维空间中单部雷达情况下的无人系统轨迹和控制输入 (图 6.5(a) 中的等值线指的是探测率 $g(\boldsymbol{p})$) (见彩图)

表 6.3 三种方法的性能比较

方法	$q(t_f)$	迭代次数	计算时间/s	t_f/s	切换次数
ICLOCS	0.68	NA	91.43	**79.45**	NA
PSO-1*	$+\infty$	5	4.71	95.84	**6**
PSO-10	43.13	5	50.49	90.60	**6**
PSO-20	0.40	5	138.48	87.95	**6**
本章所提方法	0.60	2	**0.37**	81.08	**6**

* 符号 PSO-x 表示种群规模为 x 的 PSO 方法。

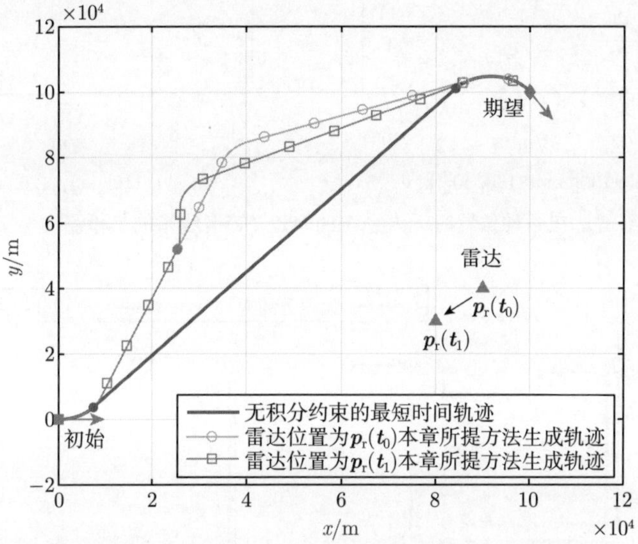

图 6.6 二维空间中有移动雷达情况下的无人系统轨迹

6.5.2 多部雷达场景

我们首先考虑二维空间中的两部雷达，它们的参数分别为 $P_{f1} = 1 \times 10^{-17}$, $f_{r1} = 1$ kHz 和 $P_{f2} = 1 \times 10^{-16}$, $f_{r2} = 0.1$ kHz。通过应用本章所提出的方法，无人系统会穿越图 6.7(a) 中两部雷达之间的区域，因为它们彼此相距较远。当它们彼此靠近时 (图 6.7(b))，由于聚合的 $g(\boldsymbol{p})$ 值较大，无人系统会避开它们之间的区域。

图 6.8 和表 6.4 分别给出了无人系统的控制输入和其他性能指标。以上结果显示了我们的方法在有两部雷达的场景下的有效性和效率。

考虑二维空间内的四个雷达，其参数如表 6.5 所示。图 6.9 给出了用本章所提方法计算四个静态雷达的快速轨迹和控制输入。计算时间为 3.13 s。说明该方法在多雷达的复杂场景下具有规划速度快、切换能量低的优点。

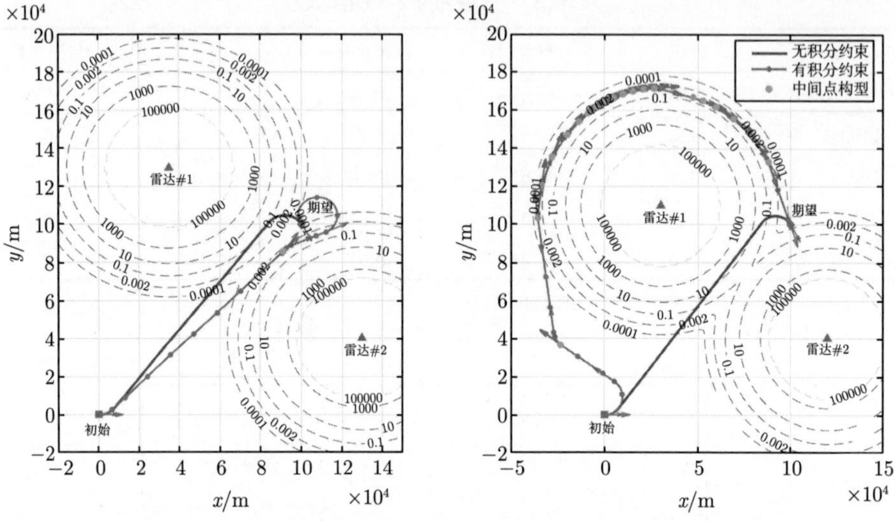

(a) $[35, 130]^{\mathrm{T}}$ km, $[130, 40]^{\mathrm{T}}$ km　　　(b) $[30, 110]^{\mathrm{T}}$ km, $[120, 40]^{\mathrm{T}}$ km

图 6.7　两部雷达在两种位置时无人系统的轨迹 (等值线指的是检测率 $g(\boldsymbol{p})$) (见彩图)

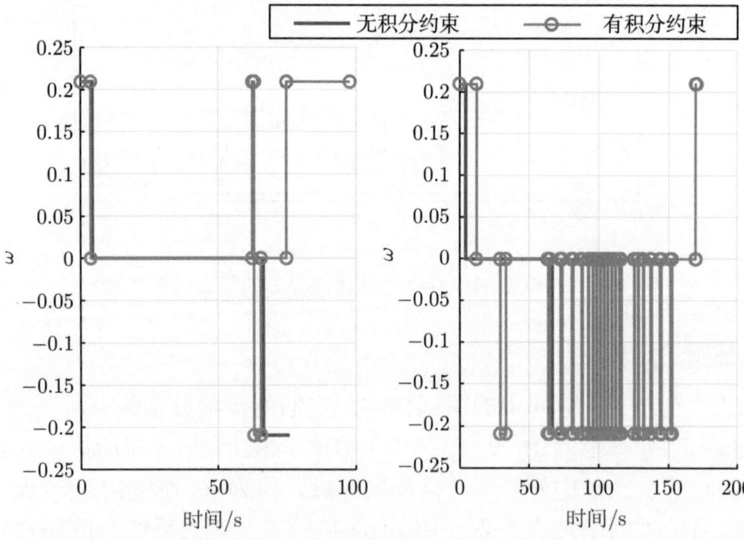

(a)　　　(b)

图 6.8　二维空间中两部雷达情况下的无人系统控制输入 (见彩图)

表 6.4　两部雷达场景下的性能

情况	$q(t_{\mathrm{f}})$	计算时间/s	t_{f}/s	切换次数
(a)	0.15	0.17	97.71	6
(b)	0.64	20.87	170.05	63

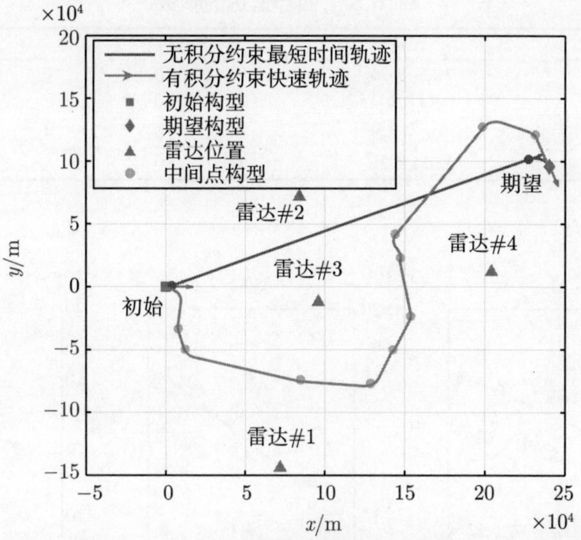

(a) 快速轨迹

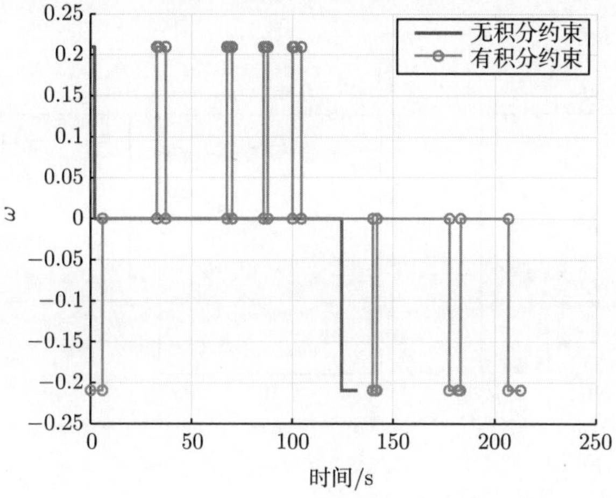

(b) 控制输入

图 6.9 二维空间中四部静止雷达情况下无人系统的轨迹和控制输入 (见彩图)

如果四部雷达分别以 $[0.5, 0.2]^{\mathsf{T}}$km/s, $[0, 0.5]^{\mathsf{T}}$km/s, $[0.3, -0.1]^{\mathsf{T}}$km/s 和 $[-0.2, -0.4]^{\mathsf{T}}$km/s 的速度移动，那么无人系统需要在每个观测时间点重新扫描轨迹，如图 6.10(a)~(d) 所示。图 6.10(e) 显示了所提方法的整个轨迹，验证了该方法在多移动雷达实时轨迹规划中的适用性。

表 6.5　四部雷达的参数

雷达	位置	P_{f}	f_{r}/kHz
1	$[72,-144]^{\mathsf{T}}$	1×10^{-16}	1
2	$[84,72]^{\mathsf{T}}$	1×10^{-18}	0.1
3	$[96,-12]^{\mathsf{T}}$	1×10^{-18}	0.1
4	$[204,12]^{\mathsf{T}}$	1×10^{-18}	0.1

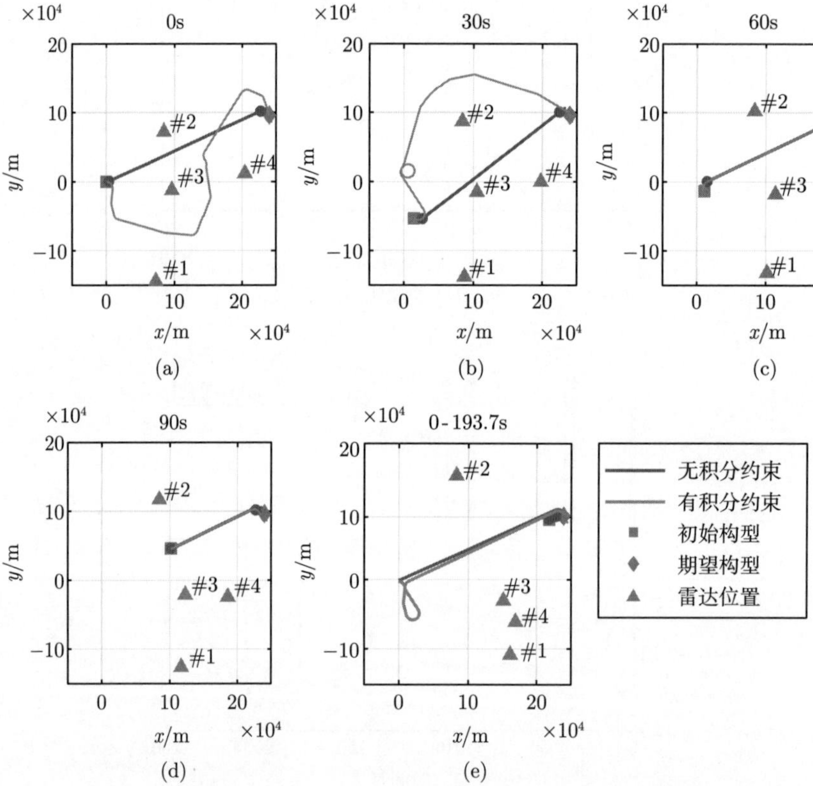

图 6.10　二维空间中四部移动雷达情况下无人系统的轨迹 (见彩图)

6.5.3　考虑多普勒效应场景

在雷达探测过程中，树木、建筑物等障碍物反射的信号被称为杂波，会提高背景干扰功率电平[200]。在这种情况下，本小节将考虑利用脉冲多普勒雷达的多普勒效应来剔除杂波。

考虑多普勒雷达位于二维空间中的 $[90,40]^{\mathsf{T}}$ km，其参数为 $P_{\mathrm{f}}=1\times10^{-16}$ 和 $f_{\mathrm{r}}=20$ kHz。那么，无人系统的累积被检测概率由式 (6.1) 和式 (6.6) 建模，其中 Marcum Q 函数 $Q\left(\sqrt{2\cdot\mathrm{SCNR}},\sqrt{-2\ln P_{\mathrm{f}}}\right)$ 取决于信号杂波与噪声比 (signal clutter and noise ratio, SCNR)，而不是式 (6.6) 中的 SNR。由文献 [200] 可知，SCNR 仅与接收信号的强度和目标相对于雷达的径向运动所引起的多普勒频移有关。因此，检测率 $g(\boldsymbol{p},\theta)$ 是无人系统位置和方位角的函数。因此，我们依据多普勒雷达特性对算法 6.1 第 5 行进行修改，将中间点定义为 $[\boldsymbol{p}_i^{\mathsf{T}}-\alpha\partial g^{\mathsf{T}}(\boldsymbol{p}_i,\theta_i)/\partial\boldsymbol{p}_i,\theta_i-\beta\partial g(\boldsymbol{p}_i,\theta_i)/\partial\theta_i]^{\mathsf{T}}$，其中我们采用了一个递减的参数 α 和一个固定的参数 $\beta=\pi/18$。

图 6.11 描述了改进算法的快速轨迹。在考虑多普勒效应的情况下，快速轨迹更接近雷达，最终时间更短，为 92.89 s。计算时间仍与第 6.5.1 节中的秒级相同，这证实了改进算法在快速规划方面的优势，也表明了我们的快速轨迹规划方法的普遍适用性。

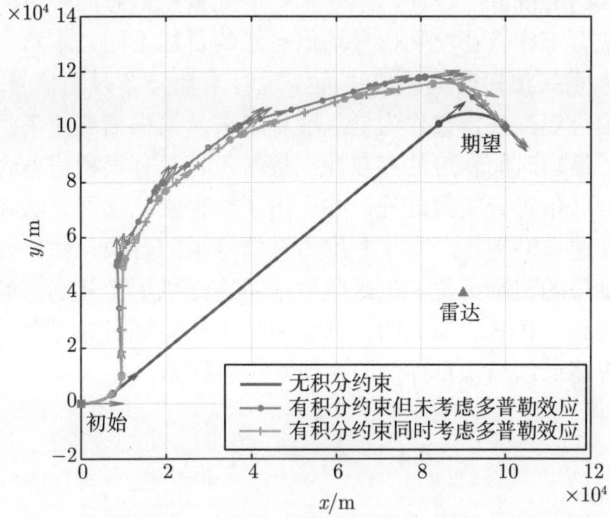

图 6.11　考虑与不考虑多普勒效应时无人系统的轨迹对比

6.6 本章小结

为了解决寻源任务下具有雷达检测概率约束的无人系统最短时间轨迹规划问题，本章提出了一种快速的轨迹规划方法。通过 PMP 建立了最短时间轨迹的必要条件，并利用这些条件推导出包含所有最小时间轨迹的参数化轨迹；进一步提出了两种算法来快速计算候选轨迹，以便快速确定其中的最小时间轨迹；特别地，我们引入了中间点来逼近其中一种类型的候选轨迹，从而使得规划算法只需要较低的计算成本。仿真实验将本章所提方法与 ICLOCS2 和 PSO 方法进行了比较，验证了所提出方法的有效性和效率；并将其扩展到考虑多普勒效应的场景，以展示其普遍适用性。

第 7 章　累积信息约束下的寻源轨迹规划

信号场寻源任务中，无人系统需要利用有限的量测信息估计未知的场源位置，同时向估计的场源位置运动，因此，场源位置估计的准确性决定了无人系统能否实现最终的寻源目标。本书第 1 章考虑了一种特殊情况，利用无人系统对场源的方位角信息，不断更新场源位置的估计，并控制抵达场源。本章考虑自然环境中更普遍存在的时空信号场，利用无人系统获取有关该信号场的充足信息，以此确保对场源位置估计的准确性，因此，本章主要研究累积信息约束下的无人系统轨迹规划问题。与现有工作旨在空间信号场信息量的目标不同，本章旨在求解累积信息约束下的无人系统最短时间轨迹进而实现对未知分布时空信号场的高效探索。为此，本章采用可观测性常数作为信息度量来表示累积信息约束，并在较弱的假设条件下证明了最短时间轨迹的存在性。接着，将具有累积信息约束的轨迹规划问题建模为一个马尔可夫决策过程，并提出了一种强化学习算法训练连续的轨迹规划策略。为加速策略训练，本章利用时空信号场的有限元估计方法设计了一种新的含辅助奖励项的奖励函数，该函数被证明能提供稠密奖励，解决了强化学习中的奖励稀疏难题。仿真结果表明，训练所得策略能够引导无人系统获得足够的累积信息，并快速抵达场源目标，即实现了高效探索。

7.1　本 章 引 言

本章主要关注无人系统在未知时空信号场中的寻源任务，考虑到获取有关信号场的信息越多，无人系统对场源位置的估计越准确，我们要求无人系统在寻源过程中获取充足的信号场相关信息，进而实现高效寻源。为此，本章构建并求解了累积信息约束下无人系统的寻源轨迹规划问题。

近年来，轨迹规划技术的发展赋予了无人系统更强的自主智能性，也推动了无人系统的广泛使用。领域内的近期研究提出了信息路径规划 (Informative path planning, IPP) 问题，即在时间或能量预算的约束下完成累积信息量最大化的路径规划问题。其中的非短视 IPP 方法，通过优化和搜索算法[211] 或强化学习 (reinforcement learning, RL) 算法[97] 为无人系统提供了长期的轨迹规划方案。不同于最大化信息量的 IPP 问题，本章的目标是在累积信息约束和无人系统动力学约束下，为无人系统规划最短时间的轨迹。这一轨迹规划问题可以转化为具有递减时间约束的一系列 IPP 问题，但求解这一系列问题需要大量计算，且解的性能在很大程度上依赖于初始时间约束的合理猜测。与之不同，本章旨在直接解决累积信息约束下的最短时间轨迹规划问题。

从优化的角度来求解累积信息约束下的轨迹规划问题，首先需要一种适当的度量来表达累积信息约束。在现有工作中，可观测性 Gramian 通常用于度量线性系统的信息量[212]，其中文献 [97]、[211] 实现了基于高斯过程建模的空间信号场的估计信息量最大化，这些信息量是通过卡尔曼滤波器或其变种的协方差矩阵计算得出。文献 [213] 采用了各向同性羽流模型估计目标的不确定性，并通过目标的预测协方差矩阵表示。然而，实际场景中通常没有可用的先验概率模型，因此线性系统、高斯过程或羽流模型不能直接用于未知的时空信号场的信息度量。为解决这个问题，本章引入可观测性常数来衡量无人系统沿其轨迹累积的信息量，该常数仅依赖于时空信号场的信号强度，在本章中以积分形式的泛函约束来确保无人系统获取充足信息。然而，求解基于可观性常数的泛函优化问题也是一项有挑战性的工作。

现有的大多数工作考虑了有限的速度或加速度[87]、经过给定的航路点[91]，或者避免碰撞[214] 等约束，这些约束可以表示为纯状态不等式，并且可以实时地判断约束是否满足。相比之下，累积信息的泛函约束只能在整个轨迹完成后通过数值验证，这意味着无法直接应用现有的静态优化方法进行求解。此外，累积信息取决于没有任何先验知识的时空信号场。因此，这种泛函约束既不能像文献 [97]、[215] 中的时间预算那样沿无人系统轨迹预先分配，也不能从最优控制的角度出发，通过引入新的状态变量将其转化为终端约束[89]。因此，有必要设计一种无模型的轨迹规划方法[92]。

本章采用 RL 方法来训练得到累积信息约束下无人系统最短时间轨迹的最优规划策略。一般而言，基于 RL 的规划方法可以根据所学策略的连续性分为离散方法和连续方法。离散 RL 方法在预定义的网格上进行动态组合优化。例如，文献 [216] 通过制定一个图 IPP 问题，使用 Q 学习算法求解了最具信息量的路径。然而，离散方法不能保证无人系统的动力学可行性和大规模问题的可扩展性。此外，连续 RL 方法也已经被广泛应用于轨迹规划问题。例如，在文献 [104] 中，连续规划策略为下层的模型预测控制做出了上层决策。受高性能的连续策略启发，我们提出了一种基于连续 RL 的方法用于训练无人系统的轨迹规划策略，其中同时考虑了无人系统的动力学约束和累积信息约束。

在 RL 框架下，轨迹规划问题需建模为一个马尔可夫决策过程 (Markov decision process, MDP)。本章面临的主要挑战在于，需要设计同时引导最小时间规划和充足信息规划的奖励函数。此外，由于最短时间目标和累积信息约束只能在轨迹结束时评估，特别是在探索大面积信号场时，奖励可能极其稀疏。为应对这一挑战，本章充分利用信号场的时空动态和近似方法，设计了一个含辅助奖励项的新奖励函数。具体而言，通过有限元技术近似计算时空信号的可观测性 Gramian 矩阵的秩，并将其秩的变化纳入奖励函数。结果表明，即使无人系统未获得测量值，得到的奖励也是稠密的，因此显著提高了所提 RL 方法的训练速度。

7.2 累积信息约束下的最短时间轨迹规划问题

本章详细描述了无人系统在累积信息约束下的最短时间轨迹规划问题。我们采用可观测性常数来衡量无人系统对时空信号场的累积信息，并将其用于无人系统轨迹的信息约束，以实现对时空信号场的有效探索和快速寻源。此外，我们证明了该问题的最优解的存在性。

7.2.1 问题描述

考虑一个无人系统探索一个具有未知分布的时空信号场 $f(\boldsymbol{p},t)$，其中，$\boldsymbol{p}\in\mathbb{R}^2$ 表示二维环境中的位置，$t\in\mathbb{R}$ 表示时间。为了高效完成探索和寻源，无人系统旨在获得关于该信号场的充足累积信息，并尽快到达目标 (场源) 位置。

令 $\boldsymbol{p}(t)\in\mathbb{R}^2$ 表示时间 t 时无人系统的位置。通过机载传感器，无人系统可以对信号场进行测量，其观测模型为

$$m(t)=\mathscr{C}^*(\boldsymbol{p}(t),f(\boldsymbol{p},t))+\xi(t) \tag{7.1}$$

其中，$m(t)$ 表示测量结果，$\xi(t)$ 是与 $f(\boldsymbol{p},t)$ 独立的测量噪声，$\mathscr{C}^*$ 表示测量算子。因此，无人系统可以沿其轨迹 $\boldsymbol{P}(t)=\{\boldsymbol{p}(\tau)\}_{\tau=t_0}^{t}$ 获得测量，进而累积有关该时空场的信息，这里的 t_0 表示初始时间。此外，算子 $\mathscr{C}^*$ 具有一个积分核 $\mathscr{C}$，使得

$$\mathscr{C}^*(\boldsymbol{p}(t),f(\boldsymbol{p},t))=\int_\Omega\mathscr{C}(\boldsymbol{p}(t),\boldsymbol{p})f(\boldsymbol{p},t)\mathrm{d}\boldsymbol{p} \tag{7.2}$$

其中，核 $\mathscr{C}$ 描述了场 $f(\boldsymbol{p},t)$ 的测量方式。

设无人系统的感知范围表示为

$$\Theta(\boldsymbol{p}(t))=\{\boldsymbol{p}\in\Omega|\mathscr{C}(\boldsymbol{p}(t),\boldsymbol{p})=1\} \tag{7.3}$$

我们假设对于任意 $\boldsymbol{p}(t)\in\Omega$，感知范围的勒贝格测度为 $|\Theta(\boldsymbol{p}(t))|=l|\Omega|$，其中 $l\in(0,1)$ 是常数，即集合 $\Theta(\boldsymbol{p}(t))$ 是 Ω 的可测子集。那么，在最终时间 t_f，如果对于 $f(\boldsymbol{p},t)$ 的任何分布，存在一个常数 $c>0$ 满足

$$c\int_\Omega f^2(\boldsymbol{p},t_\mathrm{f})\mathrm{d}\boldsymbol{p}\leqslant\int_{t_0}^{t_\mathrm{f}}\int_{\Theta(\boldsymbol{p}(t))}f^2(\boldsymbol{p},t)\ \mathrm{d}\boldsymbol{p}\mathrm{d}t \tag{7.4}$$

则时空信号场 $f(\boldsymbol{p},t)$ 在 $\boldsymbol{P}(t_\mathrm{f})$ 上可观测[217]。此外，满足式 (7.4) 的 c 的最大值称为 $\boldsymbol{P}(t_\mathrm{f})$ 上的可观测性常数，它描述了利用测量值重建信号场的性能。本章采用可观测性常数来衡量沿轨迹的累积信息，并将其记为 $c(\boldsymbol{P}(t_\mathrm{f}))$。

值得强调的是，可观测性常数不需要任何时空信号场的概率模型，仅依赖于 $f(\boldsymbol{p},t)$ 的实际分布。文献 [218] 采用了可观测性常数来表示信息量，并研究了静态传感器的最佳形状和位置，可观测性常数的直观性对于后面第 7.3.2 节中设计奖励函数大有帮助。

数学上，累积信息约束下的最短时间轨迹规划问题定义如下：

$$\underset{\boldsymbol{u}(t)}{\text{minimize}}\ t_\mathrm{f} \tag{7.5a}$$

$$\text{subject to}\ \boldsymbol{p}(t_0)=\boldsymbol{p}_0, \theta(t_0)=\theta_0 \tag{7.5b}$$

$$\boldsymbol{p}(t_\mathrm{f})=\boldsymbol{p}_d \tag{7.5c}$$

$$\text{无人系统的动力学模型} \tag{7.5d}$$

$$c(\boldsymbol{P}(t_\mathrm{f}))\geqslant\varepsilon \tag{7.5e}$$

其中，$\boldsymbol{p}_0$ 和 $\boldsymbol{p}_d$ 分别表示无人系统的初始位置和期望位置，$\theta(t)$ 表示其方向，θ_0 是 $\theta(t)$ 的初始值，$\boldsymbol{u}(t)$ 是无人系统的控制输入，$\varepsilon>0$ 是可观测性常数 $c(\boldsymbol{P}(t_\mathrm{f}))$ 的预设阈值。

需要注意的是，泛函约束 (7.5e) 区分了问题 (7.5) 与文献 [87]、[91] 中的最小时间轨迹规划问题。与状态不等式形式的约束相比，约束 (7.5e) 中的泛函不等式只能在轨迹的最终时间进行评估。因此，问题 (7.5) 不能直接通过前述工作中的非线性规划算法求解。此外，由于依赖信号场的未知分布，累积信息约束 (7.5e) 不能像 IPP 问题中的时间预算那样分配到无人系统的分段轨迹。出于同样的原因，我们无法推导出 $c(t):=c(\boldsymbol{P}(t))$ 的精确动力学方程，即使将其作为增广状态引入，并通过最优控制[89] 将约束 (7.5e) 转化为终端约束 $c(t_\mathrm{f})\geqslant\varepsilon$，也无法直接应用最优控制方法对问题 (7.5) 进行求解。

7.2.2 最优解存在性分析

本小节旨在证明带有泛函约束 (7.5e) 的问题 (7.5) 最优解的存在性。在此之前，我们详细介绍动态约束 (7.5d) 和假设 7.1~ 假设 7.2。

为便于说明，我们采用 Dubins 小车的动力学模型

$$\begin{cases}\dot{x}(t)=v\cos\theta(t)\\ \dot{y}(t)=v\sin\theta(t)\\ \dot{\theta}(t)=\omega(t)\end{cases} \tag{7.6}$$

其中，$\boldsymbol{p}(t) := [x(t), y(t)]^{\mathrm{T}}$ 和 $\theta(t)$ 表示无人系统的位置和方向角，前进速度 v 为给定常数，角速度 $\omega(t) \in [-\bar{\omega}, \bar{\omega}]$ 为式 (7.5a) 中的控制输入 $\boldsymbol{u}(t)$。

注释 7.1 对于方程 (7.6) 中 Dubins 小车模型的轨迹规划问题，早在 1957 年就已在文献 [85] 中进行了研究。自那时以来，各种约束条件相继被考虑[87,91]，而本章考虑沿无人系统轨迹的累积信息。尽管命题 7.1 仅展示了问题 (7.5) 的最优解在 Dubins 动力学模型 (7.6) 中的存在性，但所提出的基于 RL 的轨迹规划方法可以推广到具有其他动力学的无人系统中。

假设 7.1 时空信号场 $f(\boldsymbol{p}, t)$ 满足 $\forall \boldsymbol{p} \in \Omega, t \in \mathbb{R}$，均有 $f(\boldsymbol{p}, t) \in [0, f_M]$，并且存在某个 $\boldsymbol{p}_0 \in \Omega$ 使得 $f(\boldsymbol{p}_0, t) \geqslant f_m > 0, \forall t \in \mathbb{R}$。

假设 7.2 时空信号场 $f(\boldsymbol{p}, t)$ 是连续可微的，并且对于 $\forall \boldsymbol{p} \in \Omega, t \in \mathbb{R}$，满足 $\left|\partial f(\boldsymbol{p}, t)/\partial t\right| < v$，其中 v 是模型 (7.6) 中无人系统的恒定速度。

假设 7.1 表明 $f(\boldsymbol{p}, t)$ 的值是有界的，这在实际中是自然满足的。而且，在任何时候总有位置 $\boldsymbol{p}$ 使得 $f(\boldsymbol{p}, t)$ 为正值。结合假设 7.2，无人系统可以在足够长的时间内到达 $f(\boldsymbol{p}_0, t) \geqslant f_m$ 的位置。

命题 7.1 在假设 7.1 和假设 7.2 下，问题 (7.5) 的最优解在模型 (7.6) 中无人系统的动力学模型下是存在的。

证明 根据文献 [85]，存在一些满足约束 (7.5b)~ 约束 (7.5d) 的轨迹，并且在假设 7.2 下，时空信号场 $f(\boldsymbol{p}, t)$ 在这些轨迹上是可观测的。也就是说，在某些轨迹 $\boldsymbol{P}_0(t_{\mathrm{f}})$ 上，不等式约束 (7.4) 能够得以满足。

考虑式 (7.4) 中定义的可观测性常数 $c(\boldsymbol{P}_0(t_{\mathrm{f}}))$。我们可以将约束 (7.5e) 重新改写为

$$\varepsilon \int_{\Omega} f^2(\boldsymbol{p}, t_{\mathrm{f}}) \mathrm{d}\boldsymbol{p} - \int_{t_0}^{t_{\mathrm{f}}} \int_{\Theta(\boldsymbol{p}(t))} f^2(\boldsymbol{p}, t) \mathrm{d}\boldsymbol{p} \mathrm{d}t \leqslant 0 \tag{7.7}$$

其中，对于所有 $t \in [t_0, t_{\mathrm{f}}]$ 有 $\boldsymbol{p}(t) \in \boldsymbol{P}_0(t_{\mathrm{f}})$。不失一般性，轨迹 $\boldsymbol{P}_0(t_{\mathrm{f}})$ 可以分为三个区间 $[t_0, t_1)$、$[t_1, t_2)$ 和 $[t_2, t_{\mathrm{f}}]$，其中 $t_1 - t_0$ 和 $t_{\mathrm{f}} - t_2$ 是较小的固定时间间隔。根据式 (7.7) 可得

$$\begin{aligned}\varepsilon \int_{\Omega} f^2(\boldsymbol{p}, t_{\mathrm{f}}) \mathrm{d}\boldsymbol{p} - \int_{t_0}^{t_1} \int_{\Theta(\boldsymbol{p}(t))} f^2(\boldsymbol{p}, t) \mathrm{d}\boldsymbol{p} \mathrm{d}t \\ - \int_{t_2}^{t_{\mathrm{f}}} \int_{\Theta(\boldsymbol{p}(t))} f^2(\boldsymbol{p}, t) \mathrm{d}\boldsymbol{p} \mathrm{d}t \leqslant \int_{t_1}^{t_2} \int_{\Theta(\boldsymbol{p}(t))} f^2(\boldsymbol{p}, t) \mathrm{d}\boldsymbol{p} \mathrm{d}t\end{aligned} \tag{7.8}$$

我们令

$$\eta = \int_{t_0}^{t_1} \int_{\Theta(\boldsymbol{p}(t))} f^2(\boldsymbol{p}, t) \mathrm{d}\boldsymbol{p} \mathrm{d}t + \int_{t_2}^{t_{\mathrm{f}}} \int_{\Theta(\boldsymbol{p}(t))} f^2(\boldsymbol{p}, t) \mathrm{d}\boldsymbol{p} \mathrm{d}t$$

根据假设 7.1，不等式 (7.8) 成立的充分条件是

$$\int_{t_1}^{t_2}\int_{\Theta(\boldsymbol{p}(t))} f^2(\boldsymbol{p},t)\mathrm{d}\boldsymbol{p}\mathrm{d}t \geqslant \varepsilon|\Omega|f_M^2-\eta \tag{7.9}$$

此外，存在 $t_1,t_2\in(t_0,t_{\mathrm{f}})$ 使得在假设 7.1 和假设 7.2 下，该充分条件 (7.9) 对于约束 (7.5e) 中的任意 ε 是可以满足的。也就是说，不等式 (7.8) 成立，并且存在满足约束 (7.5b)~ 约束(7.5e) 的轨迹，即问题 (7.5) 的可行解。

令 $c_0=\varepsilon\int_{\Omega} f^2(\boldsymbol{p},t_0)\mathrm{d}\boldsymbol{p}$ 和

$$g(\boldsymbol{p}(t),t)=\int_{\Theta(\boldsymbol{p}(t))} f^2(\boldsymbol{p}(t),t)\mathrm{d}\boldsymbol{p}-2\varepsilon\int_{\Omega}\frac{\partial f(\boldsymbol{p},t)}{\partial t}f(\boldsymbol{p},t)\mathrm{d}\boldsymbol{p}$$

我们可以将不等式 (7.7) 以积分形式表达为

$$\int_{t_0}^{t_{\mathrm{f}}} g(\boldsymbol{p}(t),t)\mathrm{d}t \geqslant c_0 \tag{7.10}$$

定义 $z(t)$ 为问题 (7.5) 的扩展状态，具有动态 $\dot{z}(t)=g(\boldsymbol{p}(t),t)$。因此，可将约束 (7.5e) 转换为终端约束 $z(t_{\mathrm{f}})\geqslant c_0$。令 $\boldsymbol{r}(t):=[\boldsymbol{p}(t)^{\mathsf{T}},\theta(t),z(t)]^{\mathsf{T}}$，则 $\dot{\boldsymbol{r}}(t)=[v\cos\theta,v\sin\theta,\omega,g(\boldsymbol{p}(t),t)]^{\mathsf{T}}$，根据模型 (7.6) 和假设 7.2，$\boldsymbol{r}(t)$ 是连续可微的。此外，以下条件均成立。

(1) 集合 $\{[v\cos\theta,v\sin\theta,\omega,g(\boldsymbol{p}(t),t)]^{\mathsf{T}}|\ \omega\in[-\bar{\omega},\bar{\omega}]\}$ 是凸的 (即 Roxin's 条件)。

(2) 存在 $\delta_0>0$ 使得对于所有可行的 $(\boldsymbol{r}(t),\omega(t))$ 和 t，$\|\boldsymbol{r}(t)\|<\delta_0$。

(3) 存在 $\delta_1>0$ 使得对于所有 $\omega(t)<\delta_1$ 有 $\omega\in[-\bar{\omega},\bar{\omega}]$ 和 $\|\boldsymbol{r}(t)\|<\delta_0$。

综合上述结论，再基于 Filippov 存在性定理[202]，证明结束。 ■

假设 7.1 和假设 7.2 在物理世界中通常是可以满足的，并且根据命题 7.1，问题 (7.5) 存在一个最优解。也就是说，命题 7.1 从理论上展示了训练得到问题 (7.5) 最优规划策略的可行性。尽管其收敛性不能被严格证明，我们可以提出基于 RL 的轨迹规划算法。

7.3 MDP 建模

本章旨在通过 RL 学习一种连续的最优轨迹规划策略，以实现无人系统的高效探索、快速寻源。为此，本节将问题 (7.5) 中的约束最短时间轨迹规划问题建模为一个有限 MDP。此外，利用时空信号场的近似，我们设计了一个新的奖励函数，该函数充分利用了信号场的时空动态，并确保了稠密的奖励。

7.3.1　动作、状态和奖励

在 RL 框架中，智能体在每个时间步 k 选择一个动作 $\boldsymbol{a}_k$，环境对该动作做出反应，给予奖励 r_k 并给出智能体一个新的状态 $\boldsymbol{s}_{k+1}$。因此，可以用一个四元组 $(\boldsymbol{S},\boldsymbol{A},\boldsymbol{R},p)$ 表示 MDP，其中 $\boldsymbol{S}$ 是状态或状态空间集合；$\boldsymbol{A}$ 是动作或动作空间集合；$\boldsymbol{R}$ 是奖励空间；$p(\boldsymbol{s}_{k+1}|\boldsymbol{s}_k,\boldsymbol{a}_k)$ 描述了在状态 $\boldsymbol{s}_k\in\boldsymbol{S}$ 下执行动作 $\boldsymbol{a}_k\in\boldsymbol{A}$ 时，状态转移到 $\boldsymbol{s}_{k+1}\in\boldsymbol{S}$ 的概率。

我们用采样间隔 h 离散化连续动力学模型 (7.6)，得到如下结果

$$\begin{cases}\boldsymbol{p}(k+1)=\boldsymbol{p}(k)+\begin{bmatrix}\dfrac{2v}{\omega(k)}\sin\left(\dfrac{\omega(k)h}{2}\right)\cos\left(\theta(k)+\dfrac{\omega(k)h}{2}\right)\\ \dfrac{2v}{\omega(k)}\sin\left(\dfrac{\omega(k)h}{2}\right)\sin\left(\theta(k)+\dfrac{\omega(k)h}{2}\right)\end{bmatrix}\\ \theta(k+1)=\theta(k)+\omega(k)h\end{cases}\tag{7.11}$$

相应地，观测模型变为

$$m(k)=\mathscr{C}^*(\boldsymbol{p}(k),f(\boldsymbol{p},k))+\xi(k)\tag{7.12}$$

根据模型 (7.11)，控制输入 $\omega(k)\in[-\bar{\omega},\bar{\omega}]$ 自然地被选为动作 $\boldsymbol{a}_k\in\boldsymbol{A}$，MDP 的状态被设置为

$$\boldsymbol{s}_k=[(\boldsymbol{p}(k)-\boldsymbol{p}_d)^{\mathsf{T}},\theta(k),m(k)]\in\boldsymbol{S}$$

其中，状态变量可以通过机载传感器获得。

RL 的目标是通过最大化期望累积奖励来找到一个最优策略 π^*，即

$$\pi^*=\underset{\pi}{\operatorname{argmax}}\,\mathscr{E}\left[\sum_{k=0}^{\infty}\gamma^k r(\boldsymbol{s}_k,\boldsymbol{a}_k)\right]\tag{7.13}$$

其中，$\mathscr{E}$ 是期望算子；$\gamma\in(0,1]$ 是折扣因子；$\pi:\boldsymbol{S}\to P(\boldsymbol{A})$ 是一个策略函数，将状态映射到动作的概率分布，并定义无人系统的行为；$r:\boldsymbol{S}\times\boldsymbol{A}\to\boldsymbol{R}$ 是一个奖励函数。

对于问题 (7.5)，奖励函数需要同时反映优化目标 (7.5a) 和约束 (7.5c) 及约束 (7.5e)，即引导策略学习以实现时间最短和信息充足的轨迹。由于 $t_{\rm f}$、$\boldsymbol{p}(t_{\rm f})$ 和 $c(\boldsymbol{P}(t_{\rm f}))$ 取决于无人系统的最终状态，奖励函数可能会非常稀疏，导致学习过程缓慢。为此，我们设计以下奖励函数

$$r(\boldsymbol{s}_k,\boldsymbol{a}_k)=\iota^k(r_t+w_1r_d(k))+w_2r_g(k)\tag{7.14}$$

其中，权重参数 $\iota > 1$；w_1，$w_2 > 0$；r_t 表示时间成本，设计为一个负常数；$r_d(k)$ 和 $r_g(k)$ 分别表示无人系统接近目标位置和沿其轨迹获得累积信息的奖励。具体而言，我们设计

$$r_d(k) = \|\boldsymbol{p}(k-1) - \boldsymbol{p}_d\| - \|\boldsymbol{p}(k) - \boldsymbol{p}_d\| \tag{7.15}$$

即无人系统与目标位置之间距离的变化，奖励项 $r_g(k)$ 将在后面给出。此外，参数 ι 通常设定为略大于 1，即 $r_t + w_1 r_d(k)$ 的权重随时间步长 k 指数级增加。通过奖励引导的试错过程，这一设置可以防止无人系统陷入局部最优解而无法到达目标位置。

7.3.2 累积信息的奖励项

根据约束条件 (7.5e) 中的累积信息，使用可观测性常数 $c(\boldsymbol{P}(t_{\rm f}))$ 来设计 $r_g(k)$ 是直观的。根据假设 7.1 和可观测性常数的定义，我们可以得到

$$c(\boldsymbol{P}(t_{\rm f})) = \inf\left\{\frac{\displaystyle\int_{t_0}^{t_{\rm f}}\int_{\Theta(\boldsymbol{p}(t))} f^2(\boldsymbol{p},t)\mathrm{d}\boldsymbol{p}\ \mathrm{d}t}{\displaystyle\int_{\Omega} f^2(\boldsymbol{p},t_{\rm f})\mathrm{d}\boldsymbol{p}}\right\} \tag{7.16}$$

由于无人系统只能沿其轨迹获得时空信号场的测量值，因此 $c(\boldsymbol{P}(t_{\rm f}))$ 无法通过该式直接求解。观察到这一点，我们转而利用无人系统的测量值来定义奖励项 $r_g(k)$，即

$$r_g(k) = m^2(k) \tag{7.17}$$

这样设计的合理性说明如下：考虑问题 (7.5) 的最小终止时间 $t_{\rm f}^*$ 和固定的初始时间 t_0，则分母 $\int_\Omega f^2(\boldsymbol{p},t_{\rm f}^*)\mathrm{d}\boldsymbol{p}$ 是一个常数。此外，由于式 (7.1) 中的噪声 $\xi(t)$ 与时空信号场 $f(\boldsymbol{p},t)$ 是相互独立的，因此有

$$\begin{aligned}\mathscr{E}[m^2(k)] &= \left(\int_\Omega \mathscr{C}(\boldsymbol{p}(t),\boldsymbol{p})f(\boldsymbol{p},t)\mathrm{d}\boldsymbol{p}\right)^2 + \mathscr{E}[\xi^2(t)]\\ &= \left(\int_{\Theta(\boldsymbol{p}(t))} f(\boldsymbol{p},t)\mathrm{d}\boldsymbol{p}\right)^2 + \mathscr{E}[\xi^2(t)]\\ &\leqslant 2\int_{\Theta(\boldsymbol{p}(t))} f^2(\boldsymbol{p},t)\mathrm{d}\boldsymbol{p} + \mathscr{E}[\xi^2(t)]\end{aligned} \tag{7.18}$$

最后一个不等式意味着式 (7.17) 中的奖励项可以激励式 (7.16) 中的分子变大。也就是说，具有式 (7.17) 中 $r_g(k)$ 的奖励函数可以为具有较大 $c(\boldsymbol{P}(t_{\rm f}))$ 的轨迹提供引导，从而倾向于满足约束 (7.5e)。

值得注意的是，式 (7.17) 中的奖励可能很稀疏，导致策略训练需要相当大的计算消耗。然而在实际中，无人系统可以从零测量中积累信息。以文献 [177] 中的线性估计器为例，令 $\hat{f}(\boldsymbol{p}(k), k)$ 表示在时间步 k 处的时空信号场的估计，下一个时间步 $k+1$ 的估计通过以下方式计算

$$\hat{f}(\boldsymbol{p}(k+1), k+1) = \hat{f}(\boldsymbol{p}(k), k) + Q(k)\big(m(k) - \mathscr{C}^*(\boldsymbol{p}(k), \hat{f}(\boldsymbol{p}(k), k))\big) \tag{7.19}$$

其中，$Q(k)$ 是增益矩阵，$m(k) - \mathscr{C}^*(\boldsymbol{p}(k), \hat{f}(\boldsymbol{p}(k), k))$ 被称为新息。显然，即使测量值 $m(k) = 0$，估计值也可以更新，并能够得到有关场的更多信息。然而，奖励项 $r_g(k) = m^2(k) = 0$ 意味着没有奖励。

基于这些观察，我们引入一个辅助项到奖励函数中，通过利用场的近似来确保其稠密。时空信号场 $f(\boldsymbol{p}, t)$ 通常由一个偏微分方程 (partial differential equation, PDE) 描述，其形式为

$$\frac{\partial f(\boldsymbol{p}, t)}{\partial t} + \mathscr{A}(f(\boldsymbol{p}, t)) = \varepsilon(t) \tag{7.20}$$

满足齐次边界条件

$$\mathscr{B}(f(\boldsymbol{p}, t)) = 0, \quad \boldsymbol{p} \in \partial\Omega \tag{7.21}$$

其中，$\mathscr{A}$ 和 $\mathscr{B}$ 分别表示两个线性算子，$\varepsilon(t) \in \mathbb{R}$ 表示输入项。

为设计辅助奖励 $r_a(k)$，我们采用有限元技术[24,159] 来近似时空信号场，即

$$f(\boldsymbol{p}, t) \approx \sum_{i=1}^{d} \phi_i(\boldsymbol{p}) x_i(t) = \Phi^{\mathsf{T}}(\boldsymbol{p})\boldsymbol{x}(t) \tag{7.22}$$

其中，$\phi_i(\boldsymbol{p})$ 是基函数，$x_i(t)$ 是相应的未知系数，$\Phi(\boldsymbol{p}) = [\phi_1(\boldsymbol{p}), \phi_2(\boldsymbol{p}), \cdots, \phi_d(\boldsymbol{p})]^{\mathsf{T}}$，$\boldsymbol{x}(t) = [x_1(t), x_2(t), \cdots, x_d(t)]^{\mathsf{T}}$，$d$ 是基函数的数量。显然，较大的 d 会导致近似的高精度和大量的计算，因此需要权衡选择。通过式 (7.22) 中的近似和 Galerkin 加权残差法，我们可以将偏微分方程 (7.20) 转化为一个线性系统

$$M\dot{\boldsymbol{x}}(t) = -D\boldsymbol{x}(t) + \boldsymbol{\varepsilon}(t) + \boldsymbol{\zeta}(t) \tag{7.23}$$

其中，$M = \int_\Omega \Phi(\boldsymbol{p})\Phi^{\mathrm{T}}(\boldsymbol{p})\mathrm{d}\boldsymbol{p}$, $D = \int_\Omega \Phi(\boldsymbol{p})\mathscr{A}(\Phi^{\mathrm{T}}(\boldsymbol{p}))\mathrm{d}\boldsymbol{p}$, $\boldsymbol{\varepsilon}(t) = \int_\Omega \Phi(\boldsymbol{p})\varepsilon(t)\mathrm{d}\boldsymbol{p}$, $\boldsymbol{\zeta}(t)$ 表示来自式 (7.22) 的近似误差。

系统 (7.23) 进一步通过反向 Euler 方法离散化，可以表示为

$$\boldsymbol{x}(k+1) = A\boldsymbol{x}(k) + \boldsymbol{\zeta}_d(k) \tag{7.24}$$

其中，$\boldsymbol{x}(k) \in \mathbb{R}^d$ 是离散系统的状态变量；$A = (I + hM^{-1}D)^{-1}$ 是具有采样间隔 h 的状态转移矩阵，在模型 (7.11) 中使用；$\boldsymbol{\zeta}_d(k) \in \mathbb{R}^d$ 表示输入和在式 (7.22) 中的逼近误差以及时间离散化的误差的过程噪声。

此外，观测模型 (7.12) 可以表示为

$$m(k) = \Phi^{\mathsf{T}}(\boldsymbol{p}(k))\boldsymbol{x}(k) + \xi(k) \tag{7.25}$$

注释 7.2 在实际应用中，无人系统的测量周期必须均匀且远大于模型 (7.11) 中采样周期 h。为了确保式 (7.14) 中的密集奖励函数，本章设置 $m(k) = m(k-1)$ 直到获取新的测量数据。

通过近似场 (7.24)，我们可以使用可观测性 Gramian 矩阵[212] 来量化沿无人系统轨迹 $\boldsymbol{P}(t_{\mathrm{f}})$ 的累积信息：

$$G(\boldsymbol{p}, t_{\mathrm{f}}) = \sum_{k=1}^{n_{\mathrm{f}}} \Psi^{\mathsf{T}}(k)\Phi^{\mathsf{T}}(\boldsymbol{p}(k))W(k)\Phi(\boldsymbol{p}(k))\Psi(k) \tag{7.26}$$

其中，n_{f} 是时间间隔 $t_{\mathrm{f}} - t_0$ 内的测量次数，$\Psi(k) = A^k$，$W(k)$ 是一个对称正定的权重矩阵。我们通过可观测性 Gramian 矩阵在两个测量时刻之间的秩变化来设计辅助奖励 $r_a(k)$，即

$$r_a(k) = \mathrm{rank}(G(\boldsymbol{p}, k)) - \mathrm{rank}(G(\boldsymbol{p}, k-1)) \tag{7.27}$$

注释 7.3 对于可观测性 Gramian 矩阵 $G(\boldsymbol{p}, t_{\mathrm{f}})$，其秩和特征值都可以用于可观测性评估。由于特征值的最小值仅在 $G(\boldsymbol{p}, t_{\mathrm{f}})$ 变为非奇异时才为非零，所以我们选择利用其秩来设计辅助项。因此，信息收集的奖励可以更加稠密，从而加速最优策略的学习。

将辅助奖励加入到式 (7.14) 中的奖励函数中，我们得到

$$r(\boldsymbol{s}_k, \boldsymbol{a}_k) = \iota^k(r_t + w_1 r_d(k)) + w_2 r_g(k) + w_3 r_a(k) \tag{7.28}$$

其中，参数 $w_3 > 0$。

7.4 基于软执行者-评论家的强化学习轨迹规划算法

在本节中，我们采用软执行者-评论家 (soft actor-critic, SAC) 算法来求解 7.3 节中的马尔可夫决策过程，进而得到连续的轨迹规划策略。

7.4.1 SAC 算法

SAC 算法已经被证明在具有连续动作空间的控制任务上性能良好，该算法能够提供样本高效的学习和收敛性[219]。与直接解决问题 (7.13) 不同，SAC 将策略的熵项 $H(\pi(\boldsymbol{a}_k|\boldsymbol{s}_k)) = -\mathscr{E}_\pi\big[\ln(\pi(\boldsymbol{a}_k|\boldsymbol{s}_k))\big]$ 包括在目标函数中，即

$$J = \mathscr{E}\left[\sum_{k=0}^{\infty}\gamma^k\big(r(\boldsymbol{s}_k,\boldsymbol{a}_k)+\rho H(\pi(\boldsymbol{a}_k|\boldsymbol{s}_k))\big)\right] \tag{7.29}$$

其中，ρ 是权重参数，用于确定熵项相对于奖励的相对重要性。

为了学习一个最优策略 $\pi^* = \mathrm{argmax}_\pi J$，SAC 反复执行策略评估和策略提升，引入了多个神经网络。

在策略评估中，定义了一个软 Q 函数：$\boldsymbol{S}\times\boldsymbol{A}\to\boldsymbol{R}$ 来近似式 (7.29) 中给定 $\boldsymbol{s}_k$ 和 $\boldsymbol{a}_k$ 的目标，并且可以通过一个修改后固定策略的贝尔曼备份算子来计算。在实际计算中，Q 函数由两个网络 $Q_{\mu_i}(\boldsymbol{s}_k,\boldsymbol{a}_k)$ 进行近似，其中参数为 $\mu_i, i=1,2$，策略类似地参数化为 $\pi_\psi(\boldsymbol{a}_k|\boldsymbol{s}_k)$。$Q$ 网络的训练是通过最小化一个软贝尔曼残差

$$J_Q(\mu_i) = \mathscr{E}_{(\boldsymbol{s}_k,\boldsymbol{a}_k)}\sim\boldsymbol{D}\left[\frac{1}{2}\big(Q_{\mu_i}(\boldsymbol{s}_k,\boldsymbol{a}_k)-\hat{Q}(\boldsymbol{s}_k,\boldsymbol{a}_k)\big)^2\right] \tag{7.30}$$

其中，$\boldsymbol{D}$ 是一个回放记忆，以元组形式 $(\boldsymbol{s}_k,\boldsymbol{a}_k,r(\boldsymbol{s}_k,\boldsymbol{a}_k),\boldsymbol{s}_{k+1})$ 存储历史数据；

$$\hat{Q}(\boldsymbol{s}_k,\boldsymbol{a}_k)=r(\boldsymbol{a}_k,\boldsymbol{s}_k)+\gamma\min\big[Q_{\bar{\mu}_1}(\boldsymbol{s}_{k+1},\boldsymbol{a}_{k+1})Q_{\bar{\mu}_2}(\boldsymbol{s}_{k+1},\boldsymbol{a}_{k+1})\big]-\gamma\rho\ln(\pi_\psi(\boldsymbol{a}_k|\boldsymbol{s}_k)),$$

该式中目标参数 $\bar{\mu}_1,\bar{\mu}_2$ 缓慢更新。

在策略提升步骤中，我们通过最小化预期的 Kullback-Leibler(KL) 散度来更新策略，即

$$J_\pi(\psi) = \mathscr{E}_{\boldsymbol{s}_k}\sim\boldsymbol{D}\left[\mathscr{D}_{\mathrm{KL}}\left(\pi_\psi(\boldsymbol{a}_k|\boldsymbol{s}_k)\middle\|\frac{\exp\left(Q_{\mu_m}(\boldsymbol{s}_k,\boldsymbol{a}_k)\right)}{Z_\mu(\boldsymbol{s}_k)}\right)\right] \tag{7.31}$$

其中，$\mathscr{D}_{\mathrm{KL}}$ 表示 KL 散度算子，并且被选择为以下可行策略的信息投影

$$Q_{\mu_m}(\boldsymbol{s}_k,\boldsymbol{a}_k) = \min\left[Q_{\mu_1}(\boldsymbol{s}_k,\boldsymbol{a}_k),Q_{\mu_2}(\boldsymbol{s}_k,\boldsymbol{a}_k)\right] \tag{7.32}$$

分区函数 $Z_\mu(\boldsymbol{s}_k)$ 用于规范化分布。

7.4.2 基于 RL 的轨迹规划方法

算法 7.1 展示出了基于 SAC 的连续规划策略学习算法。

算法 7.1 基于强化学习的轨迹规划算法

输入: 网络参数 ψ, μ_i，集合 $\bar{\mu}_i = \mu_i, i = 1, 2$，重放缓冲集合 $\boldsymbol{D}$

1. **for** $j = 0$ 到 n_{epi} **do**
2. 　初始化期望位置 $\boldsymbol{p}_d$
3. 　得到初始位置 $\boldsymbol{p}(0)$ 和初始测量值 $m(0)$，令 $m_s = m^2(0)$
4. 　**for** $k = 0$ 到 n_{s} **do**
5. 　　根据策略 $\pi_\psi(\boldsymbol{a}_k|\boldsymbol{s}_k)$ 选择动作 $\boldsymbol{a}_k$
6. 　　执行动作 $\boldsymbol{a}_k$，并得到新状态 $\boldsymbol{s}_{k+1}$
7. 　　$m_s \leftarrow m_s + m^2(k+1)$
8. 　　**if** $m_s \geqslant \varepsilon_m$ **then**
9. 　　　$r_g(k) = 0$
10. 　　**end if**
11. 　　由式 (7.28)计算 $r(\boldsymbol{a}_k, \boldsymbol{s}_k)$
12. 　　$\boldsymbol{D} \leftarrow \boldsymbol{D} \cup \{(\boldsymbol{s}_k, \boldsymbol{a}_k, r(\boldsymbol{s}_k, \boldsymbol{a}_k), \boldsymbol{s}_{k+1})\}$
13. 　　**for** 每一次策略更新 **do**
14. 　　　从 $\boldsymbol{D}$ 中采样一批次数据 $\boldsymbol{B}$
15. 　　　$\psi \leftarrow \psi - \alpha_\pi \nabla_\psi J_\pi(\psi)$
16. 　　　$\mu_i \leftarrow \mu_i - \alpha_Q \nabla_{\mu_i} J_Q(\mu_i), i = 1, 2$
17. 　　　$\bar{\mu}_i \leftarrow \beta\mu_i + (1-\beta)\bar{\mu}_i, i = 1, 2$
18. 　　　**if** $\|\boldsymbol{p}(k) - \boldsymbol{p}_d\| \leqslant \varepsilon_p$ 且 $m_s \geqslant \varepsilon_m$ **then** 循环停止
19. 　　　**end if**
20. 　　**end for**
21. 　**end for**
22. **end for**

在算法的第 5 行中，我们将 $\pi_\psi(\boldsymbol{a}_k|\boldsymbol{s}_k)$ 设置为正态分布 $N(\boldsymbol{a}_\psi(\boldsymbol{s}), \boldsymbol{\sigma})$。在训练阶段，动作 $\boldsymbol{a}_k$ 选择为 $\tanh(\boldsymbol{a}_\psi(\boldsymbol{s}_k) + \nu_k \cdot \boldsymbol{\sigma})$，其中 $\nu_k \sim N(0,1)$ 是探索噪声。一旦训练完成，$\boldsymbol{a}_k = \boldsymbol{a}_\psi(\boldsymbol{s}_k)$。

在第 9 行，对奖励项 $r_g(k)$ 进行截断意味着在累积信息超过阈值后再进行测量是不必要的。由 7.3.2 小节中设计的累积信息奖励项，我们将硬约束条件 (7.5e) 转化为软约束处理，因此，无法保证累积信息的上限。为了解决这个问题，我们引入了截断机制，以阻止无人系统为获取多余信息而消耗更多时间。与式 (7.14) 中的权重参数 $\iota > 1$ 一起，该训练策略将能够生成快速且信息丰富的轨迹。

每个回合的数量和每个回合的时间步数分别用 n_{epi} 和 n_s 表示。在每个时间步中，我们在第 12 行将 $(\boldsymbol{s}_k, \boldsymbol{a}_k, r(\boldsymbol{s}_k, \boldsymbol{a}_k), \boldsymbol{s}_{k+1})$ 存储在重放缓冲区 $\boldsymbol{D}$ 中。然后，在第 13~17 行，通过从 $\boldsymbol{D}$ 中随机采样一批数据来训练网络。我们采用随机梯度下降技术 ADAM 来最小化式 (7.30)、式 (7.31) 中的目标函数，学习率分别为 α_Q、α_π，梯度的表达式由于空间有限而省略。此外，权重 β 用于缓慢更新参数 $\bar{\mu}_i$。

根据第 18 行中给定边界 ε_p 和 ε_m 的条件，一个回合会在无人系统接近期望位置 (依赖于 ε_p 的值) 且具有足够的累积信息 (依赖于 ε_m 的值) 时终止，这对于问题 (7.5) 中的目标是至关重要的。在 ε_p 很小且 ε_m 很大的情况下，无人系统完成探测任务会变得非常困难，即使完成任务，完成任务的终止时间也会非常长。

7.5　仿真验证与分析

本节通过仿真验证第 7.4 节中基于 RL 的轨迹规划方法的有效性。我们给出本章所提方法的主要结果，并与一种常用的覆盖方法进行比较。

7.5.1　污染物信号场重构任务

考虑一个空气污染物的扩散过程，其浓度由图 7.1 中的时空信号场 $f(\boldsymbol{p},t)$ 建模，该图显示了四个时间点的分布。此外，我们假设污染物可以在 Ω 外中和，即 $f(\boldsymbol{p},t)=0$，其中 $\boldsymbol{p}\notin\Omega$。

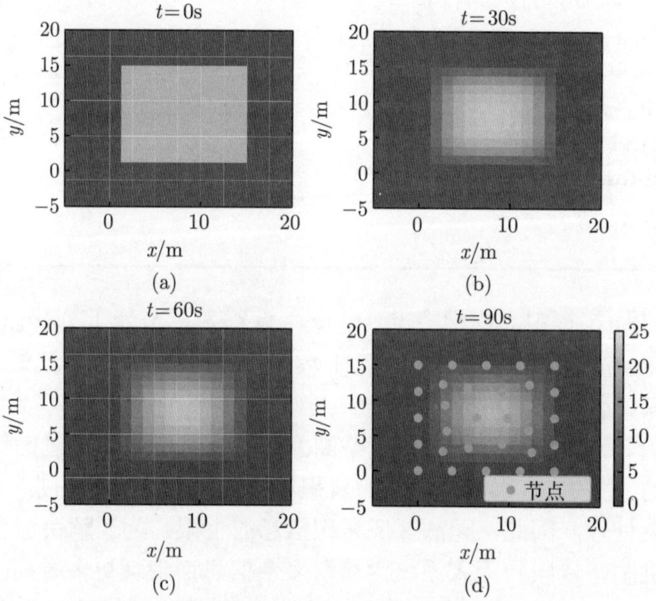

图 7.1　一个时空信号场和有限元技术生成的节点

无人系统的任务是重构未知分布的污染物信号场。为此，其轨迹规划的目标是积累关于未知信号场的足够信息，即满足约束 (7.5d)，并尽快到达期望位置 $\boldsymbol{p}_d$。不失一般性，我们以 $\boldsymbol{p}_d$ 为原点构建右手坐标系，并选择 y 轴的正方向作为第一象限中 15m × 15m 区域 Ω 的正方向。我们设定无人系统动力学模型 (7.11) 中的

速度为 $v = 1\text{m/s}$，角速度为 $\bar{\omega} = \pi/6\text{rad/s}$，采样间隔为 $h = 0.1\text{s}$，并将备注 7.2 中的测量周期设为 1.5s。

将算法 7.1 中的基于 RL 的轨迹规划方法应用于无人系统的探索任务。对于式 (7.28) 中的奖励函数，选择权重参数为 $\iota = 1.0015$，$w_1 = 3$，$w_2 = 0.004$，$w_3 = 1.6$，时间成本 $r_t = -1$。对于式 (7.27) 中的辅助奖励，我们将时空信号场模型化为形式为式 (7.20) 的二维偏微分方程。在有限元技术下，在 Ω 中生成节点 $\boldsymbol{n}_i \in \Omega, i = 1, 2, \cdots, d = 30$，如图 7.1(d) 所示。式 (7.22) 中的基函数定义为

$$\phi_i(\boldsymbol{p}) = \begin{cases} \exp(-\|\boldsymbol{n}_i - \boldsymbol{p}\|^2), & \|\boldsymbol{n}_i - \boldsymbol{p}\| \leqslant 4 \\ 0, & \text{其他} \end{cases} \tag{7.33}$$

因此，矩阵 A 可以通过式 (7.23) 和式 (7.24) 获得。训练过程在每个回合中重复 $n_{\text{epi}} = 1000$ 次，回合数 $n_s = 1000$，终止条件设置为 $\varepsilon_p = 0.5\text{m}$ 和 $\varepsilon_m = 5000$ $\mu\text{g/m}^3$。特别地，ε_m 的值根据约束 (7.5e) 中的阈值 ε 和信号场的前几个测量值进行设置。我们随机选择无人系统的初始位置远离目标位置，范围在 $10 \sim 15\text{m}$，初始方向角在 $0 \sim \pi$ 弧度。

本章实验平台为搭载 Intel(R) Core(TM) i5-7300HQ CPU @2.50GHz 和 8.00GB RAM 的个人电脑，并使用了 Python 3.7.0 的 PyTorch 和 torch 1.4.0+CPU 进行代码实现。

7.5.2 主要实验结果

图 7.2 显示了本章所提算法在五次蒙特卡洛实验下的学习曲线，其中包括两种奖励函数：不带辅助奖励和带有辅助奖励 (7.27)下学习到的策略，分别用 π 和 π_a 表示。虽然这两种策略在累积奖励方面都收敛，但前一种情况下的最终时间 t_{f} 几乎保持在 100s 左右，而后一种情况下的最终时间随着训练回合的增加而减少。此外，在前一种情况下，终止条件 $\sum_{k=0}^{n_{\text{f}}} m(k)^2 \geqslant \varepsilon_m$ 仅在少数训练回合中得到满足，而在后一种情况下，在 50 个训练回合之后就始终保持满足。这些结果表明，通过策略 π 进行的信号场探索很可能会失败，而通过策略 π_a 则可能会成功。

表 7.1 列出了通过 100 次蒙特卡洛实验得出的两种学习策略的一些性能指标。

一个实验若满足 $t_{\text{f}} < 100\text{s}$，$\|\boldsymbol{p}(t_{\text{f}}) - \boldsymbol{p}_d\| < \varepsilon_p$，以及 $\sum_{k=0}^{n_{\text{f}}} m^2(k) \geqslant \varepsilon_m$，则被视为成功，我们定义成功率为

$$\text{成功率} = \frac{\text{成功次数}}{100}$$

显然，策略 π_a 在所有性能指标上都优于策略 π，这验证了在奖励函数中引入辅助项的必要性以及所提出的基于 RL 的方法的有效性。

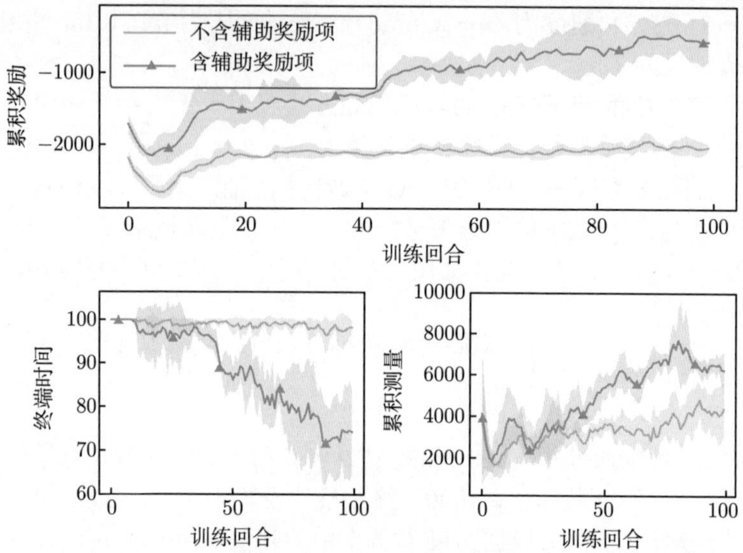

图 7.2　算法 7.1 的学习曲线

表 7.1　两种策略的性能比较

指标	π	π_a
成功率	0.23	**0.96**
$t_{\mathrm{f}}(\mathrm{s})$	91.48 ± 19.58	$\mathbf{68.72 \pm 21.53}$
$\lVert \boldsymbol{p}(t_{\mathrm{f}}) - \boldsymbol{p}_d \rVert(\mathrm{m})$	6.98 ± 5.39	$\mathbf{0.48 \pm 0.19}$
$\sum_{k=0}^{n_{\mathrm{f}}} m^2(k)(\mu\mathrm{g/m^3})$	2094.72 ± 2209.90	$\mathbf{6684.67 \pm 1365.73}$
$c(\boldsymbol{P}(t_{\mathrm{f}}))$	0.0016 ± 0.0020	$\mathbf{0.0027 \pm 0.0007}$

应用策略 $\boldsymbol{\pi}_a$ 到无人系统上，我们绘制了其从不同初始位置出发的轨迹 (图 7.3) 以及无人系统位置与目标位置之间的距离 (图 7.4)。从图 7.3 可以看出，无人系统在区域内有意绕行，最终到达目标位置。图 7.5 提供了无人系统测量值的总和 $\sum_{k=0}^{n_{\mathrm{f}}} m^2(k)$ 和对应图 7.3 中轨迹的可观测性常数 $c(\boldsymbol{P}(t))$，显示累积信息约束在所有情况下都得到了满足。除此之外，这也表明图 7.3 中的绕行对于满足该约束是必要的。结合图 7.3~ 图 7.5，可以证明无人系统能够高效地完成时空信号场探索。此外，由图 7.5 中可以观察到，无人系统测量值的累积值与可观测性常数具有相似的增长趋势，这与我们在式 (7.17) 中使用 $m^2(k)$ 作为奖励函数的讨论一致。

此外，我们以使用累积信息进行场估计为例，采用线性估计器[177] 来估计式(7.24) 中的系统，其均方误差定义为

$$\mathrm{MSE} = \frac{\sum_{i=1}^{n} \left(f(\boldsymbol{p}_i(k), k) - \Phi^{\mathsf{T}}(\boldsymbol{p}_i(k))\hat{\boldsymbol{x}}(k) \right)}{n}$$

其中，我们在区域 Ω 内均匀选择 $\boldsymbol{p}_i, i=1,2,\cdots,n=400$，并且 $\hat{\boldsymbol{x}}(k)$ 表示式 (7.24) 中状态变量 $\boldsymbol{x}(k)$ 的估计值。从图 7.5 和图 7.6 可以看出，随着累积信息的增加，MSE 逐渐减小。这些结果验证了 RL 策略引导下无人系统所获得的信息用于估计未知时空信号场的有效性。

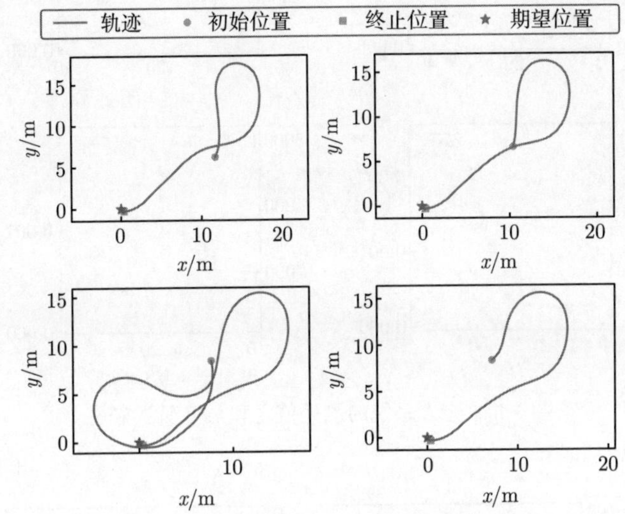

图 7.3 无人系统在不同初始位置的轨迹

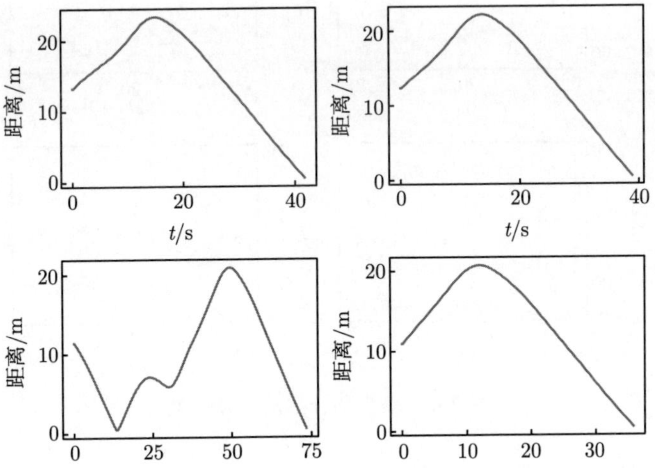

图 7.4 期望位置与无人系统位置之间的距离

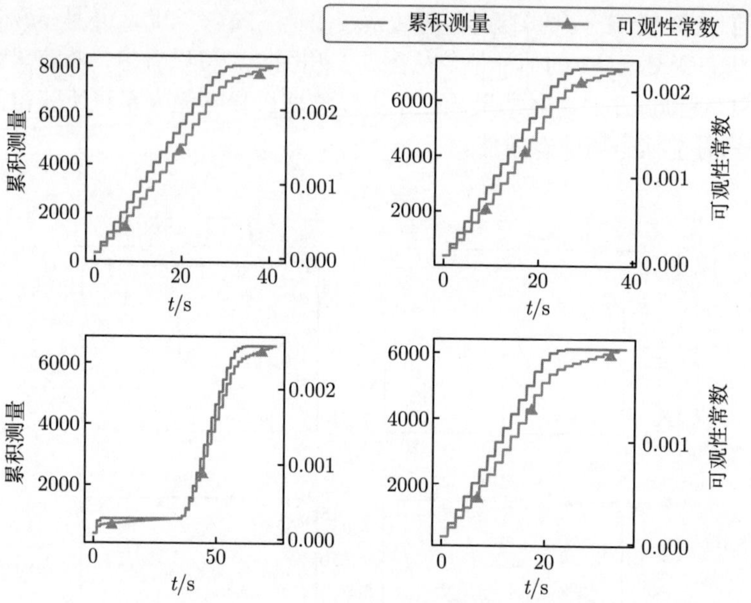

图 7.5　无人系统的测量值之和与可观测常数

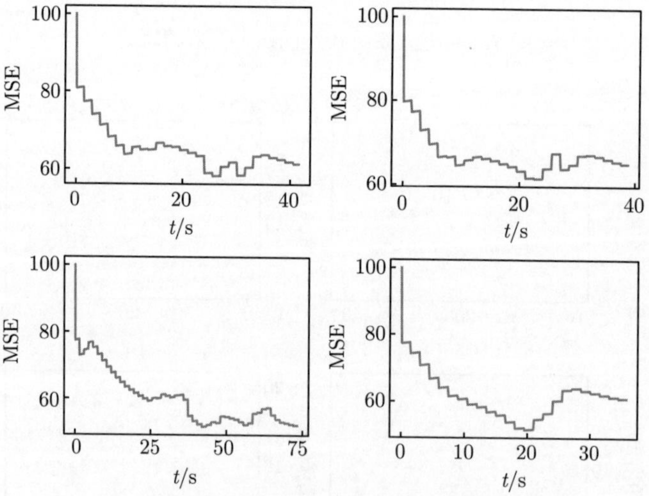

图 7.6　线性估计器的估计误差

注意终止条件中的参数 ε_m 在学习策略的性能中起着重要作用。为说明这一点，我们在表 7.2 中展示了不同 ε_m 值下终止条件的一些性能指标，这些指标是通过 100 次蒙特卡洛实验平均得到的。显然，当 ε_m 的值小于训练阶段的值时，最小最终时间、测量总数和可观性常数会随着 ε_m 的增加而变大。这意味着对于累积信息阈值较大的情况，无人系统的探索任务变得更加困难。此外，当 ε_m 的值大于训练阶段的值时，成功率大幅下降，最短终止时间也相当长。根据这些结果，对于没有任何先验知识的场景，我们需要在算法 7.1 中选择一个较大的 ε_m 值，由此得到的学习策略可以推广到其他场景。然而，这可能会消耗大量的训练时间。经过权衡，我们通常根据无人系统对信号场的前几次测量来设置该参数。

表 7.2　不同 ε_m 值的性能

ε_m	1000	3000	5000*	8000
成功率	1	1	0.96	0.39
t_f(s)	16.86	29.84	68.72	95.63
$\Vert\boldsymbol{p}(t_\mathrm{f})-\boldsymbol{p}_d\Vert$(m)	0.45	0.45	0.48	2.58
$\sum_{k=0}^{n_\mathrm{f}} m^2(k)(\mu\mathrm{g/m^3})$	3228.62	4581.24	6684.67	8175.74
$c(\boldsymbol{P}(t_\mathrm{f}))$	0.0010	0.0013	0.0027	0.0036

* 在训练阶段将 ε_m 的值设置为 5000。

7.5.3　对比实验分析

为了说明本章所提基于 RL 的轨迹规划方法的优势，我们采用覆盖轨迹规划中的割草机方法[220] 与之进行比较。根据式 (7.6) 中的非线性动态模型，无人系统将沿图 7.7 中的一系列“U”形路径行驶，其中半圆段的半径是无人系统的最小转弯半径 $v/\bar{\omega}$。为了公平比较，两种方法应用于相同的未知时空信号场。此外，我们将无人系统的动态参数设置为与第 7.5.1 节中的相同，并在算法 7.1 中将终止条件设置为 $\varepsilon_p=0.5\mathrm{m}$，$\varepsilon_m=1000\ \mu\mathrm{g/m^3}$。

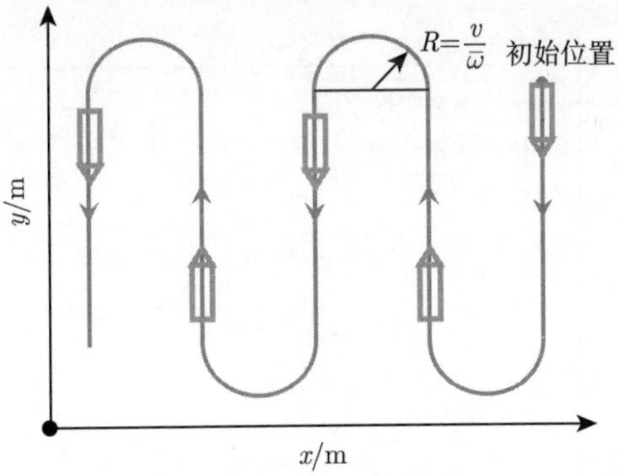

图 7.7　覆盖方法示意图

图 7.8 显示了在时间为 0 s、30 s、59.2 s 和 75.9 s 时的时空信号场和生成的轨迹，其中 59.2 秒和 75.9 秒分别是本章所提方法和覆盖方法的最终时间。特别地，当无人系统几乎覆盖了整个区域且足够接近预定位置时，我们将终止覆盖方

法。图 7.9 比较了两种方法下无人系统的累积测量值，结果显示覆盖方法未能积累足够的信息，而本章所提方法有效地完成了探索任务。这个结果进一步证明了本章所提基于 RL 的轨迹规划方法的有效性。

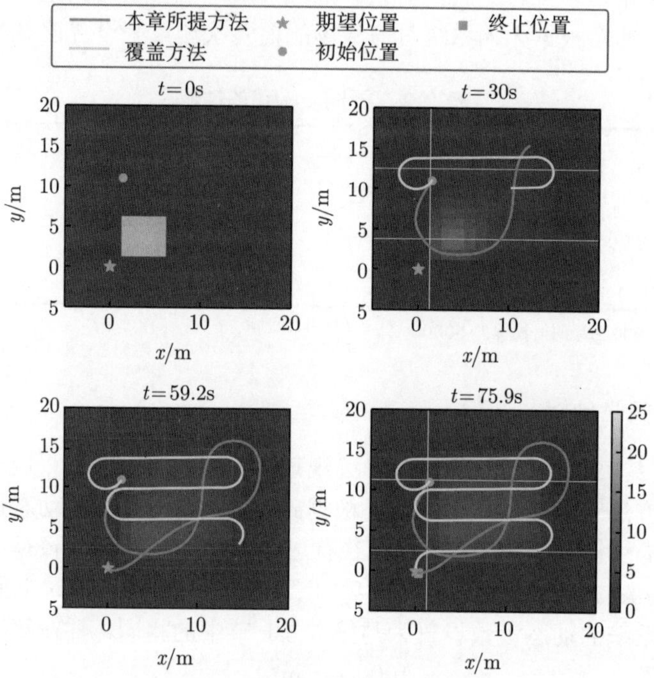

图 7.8　无人系统在测试信号场场中的轨迹 (见彩图)

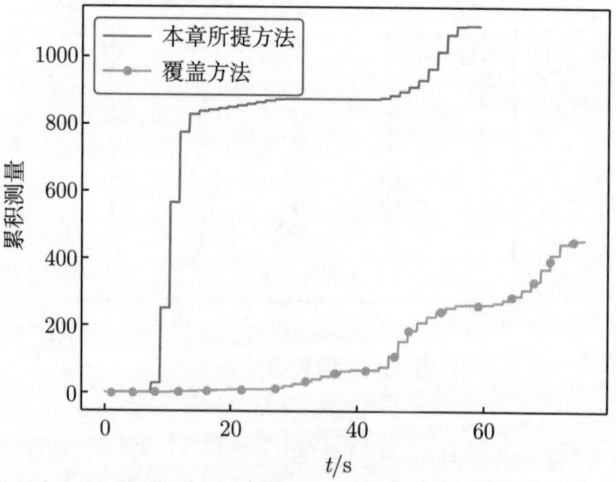

图 7.9　无人系统测量值总和的比较

7.6 本 章 小 结

本章为无人系统设计了一种面向时空信号场寻源的 RL 轨迹规划方法，其中采用可观测性常数来衡量沿无人系统轨迹的累积信息。我们将累积信息约束下的最短时间轨迹规划问题建模为一个 MDP，利用近似场的可观测性 Gramian 的秩变化设计了一种新的奖励函数，并使用基于 SAC 的算法求解 MDP，以快速高效地训练出连续的规划策略。仿真结果表明，本章所提算法训练得到的轨迹规划策略能够有效生成获取充足信息且快速的无人系统轨迹，验证了所提方法的有效性。

参考文献

[1] Chen J, Sun J, Wang G. From unmanned systems to autonomous intelligent systems [J]. Engineering, 2022, 12: 16-19.

[2] Rogers A, Brierley A, Croot P, et al. Delving deeper: Critical challenges for 21st century deep-sea research[J]. Position Paper, 2015, 22: 224.

[3] 国家安全生产应急救援中心. 被困 10 人全部获救!"8・30"陕西凤县酒奠梁隧道坍塌事故救援工作结束[EB/OL]. http://www.nwserc.cn/yjxw/202109/t20210902_397541.shtml[2022-03-11].

[4] Staff U N I. Unmanned systems integrated roadmap 2017-2042[EB/OL]. http://www.documentcloud.org/documents/4801652-UAS-2018-Roadmap-1.html[2018-08-28].

[5] Kowadlo G, Russell R A. Robot odor localization: A taxonomy and survey[J]. The International Journal of Robotics Research, 2008, 27(8): 869-894.

[6] Bayat B, Crasta N, Crespi A, et al. Environmental monitoring using autonomous vehicles: A survey of recent searching techniques[J]. Current Opinion in Biotechnology, 2017, 45: 76-84.

[7] Jing T, Meng Q H, Ishida H. Recent progress and trend of robot odor source localization[J]. IEEJ Transactions on Electrical and Electronic Engineering, 2021, 16(7): 938-953.

[8] Stansfield R. Statistical theory of DF fixing[J]. Journal of the Institution of Electrical Engineers-Part IIIA: Radiocommunication, 1947, 94(15): 762-770.

[9] Bishop A N, Anderson B D, Fidan B, et al. Bearing-only localization using geometrically constrained optimization[J]. IEEE Transactions on Aerospace and Electronic Systems, 2009, 45(1): 308-320.

[10] Lin C, Lin Z, Zheng R, et al. Distributed source localization of multi-agent systems with bearing angle measurements[J]. IEEE Transactions on Automatic Control, 2016, 61(4): 1105-1110.

[11] Naseri M, Amiri H. A novel bearing-only localization for generalized gaussian noise [J]. Signal Processing, 2021, 189: 108248.

[12] Deghat M, Shames I, Anderson B D, et al. Localization and circumnavigation of a slowly moving target using bearing measurements[J]. IEEE Transactions on Automatic Control, 2014, 59(8): 2182-2188.

[13] Kurth D. Range-only Robot Localization and SLAM with Radio[D]. Pittsburgh: Carnegie Mellon University, 2004.

[14] Olson E, Leonard J J, Teller S. Robust range-only beacon localization[J]. IEEE Journal of Oceanic Engineering, 2006, 31(4): 949-958.

[15] Webster S E, Walls J M, Whitcomb L L, et al. Decentralized extended information filter for single-beacon cooperative acoustic navigation: Theory and experiments[J]. IEEE Transactions on Robotics, 2013, 29(4): 957-974.

[16] Güler S, Fidan B, Dasgupta S, et al. Adaptive source localization based station keeping of autonomous vehicles[J]. IEEE Transactions on Automatic Control, 2017, 62(7): 3122-3135.

[17] Bayat M, Crasta N, Aguiar A P, et al. Range-based underwater vehicle localization in the presence of unknown ocean currents: Theory and experiments[J]. IEEE Transactions on Control Systems Technology, 2016, 24(1): 122-139.

[18] Dong F, You K, Zhang J. Flight control for UAV loitering over a ground target with unknown maneuver[J]. IEEE Transactions on Control Systems Technology, 2019, 28 (6): 2461-2473.

[19] Niculescu D, Nath B. Ad hoc positioning system (APS) using AOA[C]. Twenty-second Annual Joint Conference of the IEEE Computer and Communications Societies: volume 3. IEEE, 2003: 1734-1743.

[20] Ho K, Chan Y. Solution and performance analysis of geolocation by TDOA[J]. IEEE Transactions on Aerospace and Electronic Systems, 1993, 29(4): 1311-1322.

[21] Cong L, Zhuang W. Hybrid TDOA/AOA mobile user location for wideband CDMA cellular systems[J]. IEEE Transactions on Wireless Communications, 2002, 1(3): 439-447.

[22] Wilson J D, Sawford B L. Review of Lagrangian stochastic models for trajectories in the turbulent atmosphere[J]. Boundary-layer Meteorology, 1996, 78(1): 191-210.

[23] Hurley P. TAPM V4. Part 1: Technical Description[M]. Aspendale, Victoria, CSIRO Atmospheric Research, 2008: 59.

[24] Battistelli G, Chisci L, Forti N, et al. Distributed finite-element Kalman filter for field estimation[J]. IEEE Transactions on Automatic Control, 2017, 62(7): 3309-3322.

[25] Farina M, Carli R. Partition-based distributed Kalman filter with plug and play features[J]. IEEE Transactions on Control of Network Systems, 2018, 5(1): 560-570.

[26] Stankovic S S, Stankovic M S, Stipanovic D M. Consensus based overlapping decentralized estimator[J]. IEEE Transactions on Automatic Control, 2009, 54(2): 410-415.

[27] Burian E, Yoerger D, Bradley A, et al. Gradient search with autonomous underwater vehicles using scalar measurements[C]. Proceedings of Symposium on Autonomous Underwater Vehicle Technology. IEEE, 1996: 86-98.

[28] Ogren P, Fiorelli E, Leonard N E. Cooperative control of mobile sensor networks: Adaptive gradient climbing in a distributed environment[J]. IEEE Transactions on Automatic control, 2004, 49(8): 1292-1302.

[29] Zhu S, Wang D, Low C B. Cooperative control of multiple UAVs for source seeking [J]. Journal of Intelligent & Robotic Systems, 2013, 70(1): 293-301.

[30] Brinón-Arranz L, Schenato L, Seuret A. Distributed source seeking via a circular formation of agents under communication constraints[J]. IEEE Transactions on Control of Network Systems, 2016, 3(2): 104-115.

[31] Brinón-Arranz L, Renzaglia A, Schenato L. Multirobot symmetric formations for gradient and Hessian estimation with application to source seeking[J]. IEEE Transactions on Robotics, 2019, 35(3): 782-789.

[32] Krstic M, Wang H H. Stability of extremum seeking feedback for general nonlinear dynamic systems[J]. Automatica, 2000, 36(4): 595-601.

[33] Manzie C, Krstic M. Extremum seeking with stochastic perturbations[J]. IEEE Transactions on Automatic Control, 2009, 54(3): 580-585.

[34] Liu S J, Krstic M. Stochastic source seeking for nonholonomic unicycle[J]. Automatica, 2010, 46(9): 1443-1453.

[35] Grushkovskaya V, Dürr H B, Ebenbauer C, et al. Extremum seeking for time-varying functions using Lie bracket approximations[J]. IFAC-PapersOnLine, 2017, 50(1): 5522-5528.

[36] Vandermeulen I, Guay M, McLellan P J. Discrete-time distributed extremum-seeking control over networks with unstable dynamics[J]. IEEE Transactions on Control of Network Systems, 2018, 5(3): 1182-1192.

[37] Frihauf P, Liu S, Krstic M. A single forward-velocity control signal for stochastic source seeking with multiple nonholonomic vehicles[J]. Journal of Dynamic Systems, Measurement, and Control, 2014, 136(5): 051024.

[38] Turgeman A, Werner H. Multiple source seeking using glowworm swarm optimization and distributed gradient estimation[C]. American Control Conference (ACC). IEEE, 2018: 3558-3563.

[39] Ye M, Hu G. Distributed extremum seeking for constrained networked optimization and its application to energy consumption control in smart grid[J]. IEEE Transactions on Control Systems Technology, 2016, 24(6): 2048-2058.

[40] Kvaternik K, Pavel L. An analytic framework for decentralized extremum seeking control[C]. American Control Conference (ACC). IEEE, 2012: 3371-3376.

[41] Michalowsky S, Gharesifard B, Ebenbauer C. Distributed extremum seeking over directed graphs[C]. Conference on Decision and Control (CDC). IEEE, 2017: 2095-2101.

[42] Zhang F, Leonard N E. Cooperative filters and control for cooperative exploration [J]. IEEE Transactions on Automatic Control, 2010, 55(3): 650-663.

[43] Wu W, Zhang F. Cooperative exploration of level surfaces of three dimensional scalar fields[J]. Automatica, 2011, 47(9): 2044-2051.

[44] Wu W, Zhang F. Robust cooperative exploration with a switching strategy[J]. IEEE Transactions on Robotics, 2012, 28(4): 828-839.

[45] Wu W, Zhang F. A speeding-up and slowing-down strategy for distributed source seeking with robustness analysis[J]. IEEE Transactions on Control of Network Systems, 2016, 3(3): 231-240.

[46] Al-Abri S, Wu W, Zhang F. A gradient-free three-dimensional source seeking strategy with robustness analysis[J]. IEEE Transactions on Automatic Control, 2019, 64(8): 3439-3446.

[47] Ashley T T, Andersson S B. Tracking a diffusing three-dimensional source via nonholonomic extremum seeking[J]. IEEE Transactions on Automatic Control, 2018, 63 (9): 2855-2866.

[48] Mellucci C, Menon P P, Edwards C, et al. Environmental feature exploration with a single autonomous vehicle[J]. IEEE Transactions on Control Systems Technology, 2020, 28(4): 1349-1362.

[49] Matveev A S, Teimoori H, Savkin A V. Navigation of a unicycle-like mobile robot for environmental extremum seeking[J]. Automatica, 2011, 47(1): 85-91.

[50] Dong F, You K. The isoline tracking in unknown scalar fields with concentration feedback[J]. Automatica, 2021, 133: 109779.

[51] Pang S, Farrell J A. Chemical plume source localization[J]. IEEE Transactions on Systems, Man, and Cybernetics, Part B (Cybernetics), 2006, 36(5): 1068-1080.

[52] Farrell J A, Pang S, Li W. Plume mapping via hidden markov methods[J]. IEEE Transactions on Systems, Man, and Cybernetics, Part B (Cybernetics), 2003, 33(6): 850-863.

[53] Li J G, Meng Q H, Wang Y, et al. Odor source localization using a mobile robot in outdoor airflow environments with a particle filter algorithm[J]. Autonomous Robots, 2011, 30(3): 281-292.

[54] 张卫明, 张炎华, 钟山. 蒙特卡罗粒子滤波算法应用研究[J]. 微计算机信息, 2007, (1): 295-297.

[55] Hutchinson M, Oh H, Chen W H. Entrotaxis as a strategy for autonomous search and source reconstruction in turbulent conditions[J]. Information Fusion, 2018, 42: 179-189.

[56] Bourne J R, Pardyjak E R, Leang K K. Coordinated Bayesian-based bioinspired plume source term estimation and source seeking for mobile robots[J]. IEEE Transactions on Robotics, 2019, 35(4): 967-986.

[57] Vergassola M, Villermaux E, Shraiman B I. ‘Infotaxis’ as a strategy for searching without gradients[J]. Nature, 2007, 445(7126): 406-409.

[58] Ristic B, Skvortsov A, Gunatilaka A. A study of cognitive strategies for an autonomous search[J]. Information Fusion, 2016, 28: 1-9.

[59] Eggels A, Kunnen R, Koren B, et al. Infotaxis in a turbulent 3D channel flow[J]. Journal of Computational and Applied Mathematics, 2017, 310: 44-58.

[60] Ruddick J, Marjovi A, Rahbar F, et al. Design and performance evaluation of an infotaxis-based three-dimensional algorithm for odor source localization[C]. IEEE/RSJ International Conference on Intelligent Robots and Systems (IROS). IEEE, 2018: 1413-1420.

[61] Hu H, Song S, Chen C P. Plume tracing via model-free reinforcement learning method [J]. IEEE Transactions on Neural Networks and Learning Systems, 2019, 30(8): 2515-2527.

[62] Wang L, Pang S, Li J. Olfactory-based navigation via model-based reinforcement learning and fuzzy inference methods[J]. IEEE Transactions on Fuzzy Systems, 2021.

[63] Duisterhof B P, Krishnan S, Cruz J J, et al. Learning to seek: Autonomous source seeking with deep reinforcement learning onboard a nano drone microcontroller[J]. arXiv preprint arXiv:1909.11236, 2021.

[64] Mir I, Gul F, Mir S, et al. A survey of trajectory planning techniques for autonomous systems[J]. Electronics, 2022, 11(18): 2801.

[65] Dijkstra E W. A Note on Two Problems in Connexion with Graphs[M]. Berlin: Springer-Verlag, 1959: 269-271.

[66] Hart P E, Nilsson N J, Raphael B. A formal basis for the heuristic determination of minimum cost paths[J]. IEEE Transactions on Systems Science and Cybernetics, 1968, 4(2): 100-107.

[67] Szczerba R J, Galkowski P, Glicktein I S, et al. Robust algorithm for real-time route planning[J]. IEEE Transactions on Aerospace and Electronic Systems, 2000, 36(3): 869-878.

[68] Floyd R W. Algorithm 97: shortest path[J]. Communications of the ACM, 1962, 5(6): 345.

[69] Stentz A. Optimal and efficient path planning for partially-known environments[C]. Proceedings of the 1994 IEEE International Conference on Robotics and Automation. IEEE, 1994: 3310-3317.

[70] Daniel K, Nash A, Koenig S, et al. Theta*: Any-angle path planning on grids[J]. Journal of Artificial Intelligence Research, 2010, 39: 533-579.

[71] Kavraki L E, Svestka P, Latombe J C, et al. Probabilistic roadmaps for path planning in high-dimensional configuration spaces[J]. IEEE Transactions on Robotics and Automation, 1996, 12(4): 566-580.

[72] Lavalle S M, Kuffner J J. Rapidly-exploring random trees: Progress and prospects [J]. Algorithmic and Computational Robotics, 2001: 303-307.

[73] Cheng P, Shen Z, Lavalle S M. Rrt-based trajectory design for autonomous automobiles and spacecraft[J]. Archives of Control Science, 2001, 11(3-4): 167-194.

[74] Kuwata Y, Teo J, Fiore G, et al. Real-time motion planning with applications to autonomous urban driving[J]. IEEE Transactions on Control Systems Technology, 2009, 17(5): 1105-1118.

[75] Hasircioglu I, Topcuoglu H R, Ermis M. 3-D path planning for the navigation of unmanned aerial vehicles by using evolutionary algorithms[C]. Proceedings of the Conference on Genetic and Evolutionary Computation, 2008: 1499-1506.

[76] Volkan Pehlivanoglu Y, Baysal O, Hacioglu A. Path planning for autonomous UAV via vibrational genetic algorithm[J]. Aircraft Engineering and Aerospace Technology, 2007, 79(4): 352-359.

[77] Foo J L, Knutzon J, Kalivarapu V, et al. Path planning of unmanned aerial vehicles using b-splines and particle swarm optimization[J]. Journal of Aerospace Computing, Information, and Communication, 2009, 6(4): 271-290.

[78] Cheng C T, Fallahi K, Leung H, et al. Cooperative path planner for UAVs using ACO algorithm with gaussian distribution functions[C]. IEEE International Symposium on Circuits and Systems. IEEE, 2009: 173-176.

[79] Hassanzadeh I, Madani K, Badamchizadeh M A. Mobile robot path planning based on shuffled frog leaping optimization algorithm[C]. IEEE International Conference on Automation Science and Engineering. IEEE, 2010: 680-685.

[80] Culligan K, Valenti M, Kuwata Y, et al. Three-dimensional flight experiments using on-line mixed-integer linear programming trajectory optimization[C]. American Control Conference. IEEE, 2007: 5322-5327.

[81] Masehian E, Habibi G. Robot path planning in 3d space using binary integer programming[J]. International Journal of Computer and Information Engineering, 2007, 1(5): 1255-1260.

[82] Konar A, Chakraborty I G, Singh S J, et al. A deterministic improved q-learning for path planning of a mobile robot[J]. IEEE Transactions on Systems, Man, and Cybernetics: Systems, 2013, 43(5): 1141-1153.

[83] Zheng Z, He S, Pan J. Efficient exploration in crowds by coupling navigation controller and exploration planner[J]. IEEE Robotics and Automation Letters, 2022, 7 (4): 12126-12133.

[84] Krizhevsky A, Sutskever I, Hinton G E. ImageNet classification with deep convolutional neural networks[J]. Communications of the ACM, 2017, 60(6): 84-90.

[85] Dubins L E. On curves of minimal length with a constraint on average curvature, and with prescribed initial and terminal positions and tangents[J]. American Journal of mathematics, 1957, 79(3): 497-516.

[86] Balkcom D J, Mason M T. Time optimal trajectories for bounded velocity differential drive vehicles[J]. The International Journal of Robotics Research, 2002, 21(3): 199-217.

[87] Manor G, Ben-Asher J Z, Rimon E. Time optimal trajectories for a mobile robot under explicit acceleration constraints[J]. IEEE Transactions on Aerospace and Electronic Systems, 2018, 54(5): 2220-2232.

[88] Li Z, You K, Song S, et al. Optimization-based control for bearing-only target search with a mobile vehicle[J]. IEEE Transactions on Systems, Man, and Cybernetics: Systems, 2019, 51(7): 4149-4159.

[89] 钟宜生. 最优控制[M]. 北京: 清华大学出版社, 2015.

[90] Salaris P, Cristofaro A, Pallottino L. Epsilon-optimal synthesis for unicycle-like vehicles with limited field-of-view sensors[J]. IEEE Transactions on Robotics, 2015, 31 (6): 1404-1418.

[91] Jha B, Chen Z, Shima T. On shortest Dubins path via a circular boundary[J]. Automatica, 2020, 121: 109192.

[92] Sutton R S, Barto A G. Reinforcement Learning: An Introduction[M]. Cambridge: MIT Press, 2018.

[93] Watkins C J, Dayan P. Q-learning[J]. Machine Learning, 1992, 8: 279-292.

[94] Sutton R S, McAllester D, Singh S, et al. Policy gradient methods for reinforcement learning with function approximation[J]. Advances in Neural Information Processing Systems, 1999, 12: 1057-1063.

[95] Kollar T, Roy N. Trajectory optimization using reinforcement learning for map exploration[J]. The International Journal of Robotics Research, 2008, 27(2): 175-196.

[96] Mnih V, Kavukcuoglu K, Silver D, et al. Human-level control through deep reinforcement learning[J]. Nature, 2015, 518(7540): 529-533.

[97] Rückin J, Jin L, Popović M. Adaptive informative path planning using deep reinforcement learning for UAV-based active sensing[C]. IEEE International Conference on Robotics and Automation (ICRA), 2022: 4473-4479.

[98] Lodel M, Brito B, Serra-Gómez A, et al. Where to look next: Learning viewpoint recommendations for informative trajectory planning[C]. International Conference on Robotics and Automation (ICRA). IEEE, 2022: 4466-4472.

[99] Suryan V, Tokekar P. Learning a spatial field in minimum time with a team of robots [J]. IEEE Transactions on Robotics, 2020, 36(5): 1562-1576.

[100] 许雅筑, 武辉, 游科友, 等. 强化学习方法在自主水下机器人控制任务中的应用[J]. 中国科学：信息科学, 2020, 46(7): 19.

[101] Kaufmann E, Loquercio A, Ranftl R, et al. Deep drone acrobatics[J]. arXiv preprint arXiv:2006.05768, 2020.

[102] Williams G, Drews P, Goldfain B, et al. Information-theoretic model predictive control: Theory and applications to autonomous driving[J]. IEEE Transactions on Robotics, 2018, 34(6): 1603-1622.

[103] Li T, Wang C, Meng M Q H, et al. Attention-driven active sensing with hybrid neural network for environmental field mapping[J]. IEEE Transactions on Automation Science and Engineering, 2021, 19(3): 2135-2152.

[104] Song Y, Scaramuzza D. Policy search for model predictive control with application to agile drone flight[J]. IEEE Transactions on Robotics, 2022, 38(4): 2114-2130.

[105] Bishop A N, Fidan B, Anderson B D, et al. Optimality analysis of sensor-target geometries in passive localization: Part 1 Bearing-only localization[C]. International Conference on Intelligent Sensors, Sensor Networks and Information (ISSNIP). IEEE, 2007: 7-12.

[106] Mavrommati A, Tzorakoleftherakis E, Abraham I, et al. Real-time area coverage and target localization using receding-horizon ergodic exploration[J]. IEEE Transactions on Robotics, 2018, 34(1): 62-80.

[107] Moreno-Salinas D, Pascoal A M, Aranda J. Optimal sensor placement for multiple target positioning with range-only measurements in two-dimensional scenarios[J]. Sensors, 2013, 13(8): 10674.

[108] Dogancay K. UAV path planning for passive emitter localization[J]. IEEE Transactions on Aerospace and Electronic Systems, 2012, 48(2): 1150-1166.

[109] Meng W, Xie L, Xiao W. Communication aware optimal sensor motion coordination for source localization[J]. IEEE Transactions on Instrumentation and Measurement, 2016, 65(11): 2505-2514.

[110] Hinson B T, Binder M K, Morgansen K A. Path planning to optimize observability in a planar uniform flow field[C]. American Control Conference (ACC). IEEE, 2013: 1392-1399.

[111] Cognetti M, Salaris P, Giordano P R. Optimal active sensing with process and measurement noise[C]. International Conference on Robotics and Automation (ICRA). IEEE, 2018: 2118-2125.

[112] Ding X C, Rahmani A R, Egerstedt M. Multi-UAV convoy protection: An optimal approach to path planning and coordination[J]. IEEE Transactions on Robotics, 2010, 26(2): 256-268.

[113] Zhang B, Liu S. Planning expected-time optimal paths for target search by robot [C]. World Congress on Intelligent Control and Automation (WCICA). IEEE, 2012: 3881-3886.

[114] Otte M, Correll N. C-FOREST: Parallel shortest path planning with superlinear speedup[J]. IEEE Transactions on Robotics, 2013, 29(3): 798-806.

[115] Koziol S, Wunderlich R, Hasler J, et al. Single-objective path planning for autonomous robots using reconfigurable analog VLSI[J]. IEEE Transactions on Systems Man & Cybernetics: Systems, 2017, 47(7): 1301-1314.

[116] Ergezer H, Leblebicioglu K. Path planning for UAVs for maximum information collection[J]. IEEE Transactions on Aerospace & Electronic Systems, 2013, 49(5): 502-520.

[117] Duan H, Qiao P. Pigeon-inspired optimization: A new swarm intelligence optimizer for air robot path planning[J]. International Journal of Intelligent Computing and Cybernetics, 2014, 7(1): 24-37.

[118] Candido S, Hutchinson S. Minimum uncertainty robot navigation using information-guided POMDP planning[C]. International Conference on Robotics and Automation (ICRA). IEEE, 2011: 6102-6108.

[119] Sidoti D, Avvari G V, Mishra M, et al. A multiobjective path-planning algorithm with time windows for asset routing in a dynamic weather-impacted environment[J]. IEEE Transactions on Systems Man & Cybernetics: Systems, 2017, 47(12): 3256-3271.

[120] Maurović I, Seder M, Lenac K, et al. Path planning for active SLAM based on the D* algorithm with negative edge weights[J]. IEEE Transactions on Systems Man & Cybernetics: Systems, 2018, 48(8): 1321-1331.

[121] Zheng R, Liu Y, Sun D. Enclosing a target by nonholonomic mobile robots with bearing-only measurements[J]. Automatica, 2015, 53: 400-407.

[122] Liu S J, Zhang P P. Discrete-time stochastic source seeking via tuning of forward velocity[J]. IFAC-PapersOnLine, 2015, 48(28): 927-932.

[123] Trees H L V. Detection, Estimation, and Modulation Theory: Detection, Estimation, and Linear Modulation Theory[M]. Beijing: Publishing House of Electronics Industry, 2003: 293-303.

[124] Bertsekas D. Dynamic Programming and Optimal Control: Volume I[M]. Belmont, MA: Athena Scientific, 2012.

[125] Marler R T, Arora J S. The weighted sum method for multi-objective optimization: New insights[J]. Structural and Multidisciplinary Optimization, 2010, 41(6): 853-862.

[126] Liu Y, Wang Q, Hu H, et al. A novel real-time moving target tracking and path planning system for a quadrotor UAV in unknown unstructured outdoor scenes[J]. IEEE Transactions on Systems, Man, and Cybernetics: Systems, 2018, 49(11): 2362-2372.

[127] Gavish M, Weiss A J. Performance analysis of bearing-only target location algorithms [J]. IEEE Transactions on Aerospace and Electronic Systems, 1992, 28(3): 817-828.

[128] Doğançay K. On the bias of linear least squares algorithms for passive target localization[J]. Signal Processing, 2004, 84(3): 475-486.

[129] 韩同刚, 童思友, 陈江欣, 等. 海底羽状流探测方法分析[J]. 地球物理学进展, 2018, 33(5): 2113-2125.

[130] Arranz L B, Seuret A, De Wit C C. Translation control of a fleet circular formation of AUVs under finite communication range[C]. Conference on Decision and Control (CDC) held jointly with Chinese Control Conference (CCC). IEEE, 2009: 8345-8350.

[131] Fossen T I. Guidance and Control of Ocean Vehicles[D]. Trondheim: University of Trondheim, 1999.

[132] Elmokadem T, Zribi M, Youcef-Toumi K. Trajectory tracking sliding mode control of underactuated AUVs[J]. Nonlinear Dynamics, 2016, 84(2): 1079-1091.

[133] Sahu B K, Subudhi B. Adaptive tracking control of an autonomous underwater vehicle [J]. International Journal of Automation and Computing, 2014, 11(3): 299-307.

[134] Cervantes J, Yu W, Salazar S, et al. Output based backstepping control for trajectory tracking of an autonomous underwater vehicle[C]. American Control Conference (ACC). IEEE, 2016: 6423-6428.

[135] Rosero E, Werner H. Cooperative source seeking via gradient estimation and formation control (part 2)[C]. UKACC International Conference on Control. IEEE, 2014: 634-639.

[136] Lin J, Song S, You K, et al. Stochastic source seeking with forward and angular velocity regulation[J]. Automatica, 2017, 83: 378-386.

[137] Fossen T I. Handbook of Marine Craft Hydrodynamics and Motion Control[M]. Chichester: John Wiley & Sons, 2011.

[138] Khalil H K. Nonlinear Systems[M]. Upper Saddle River, NJ: Patience Hall, 2002: 126-130.

[139] Bertsekas D P. Nonlinear Programming[M]. Chichester: John Wiley & Sons, 1979: 583-596.

[140] Ding N, Tang Y, Jiang Z, et al. Station-keeping control of autonomous and remotely-operated vehicles for free floating manipulation[J]. Journal of Marine Science and Engineering, 2021, 9.

[141] 中国科学院沈阳自动化研究所. 我国自主研发“海斗一号”全海深潜水器成功进行万米海试[EB/OL]. http://www.sia.cn/xwzx/tpxw/202006/t20200609_5603803.html[2021-11-23].

[142] 陈升, 陶春辉, 周建平, 等. 洋中脊热液羽状流的分布特征及其在多金属硫化物找矿中的指示作用[J]. 海洋学报, 2019, 41(8): 1-12.

[143] Khong S Z, Tan Y, Manzie C. Multi-agent source seeking via discrete-time extremum seeking control[J]. Automatica, 2014, 50(9): 2312-2320.

[144] Brinon-Arranz L, Schenato L, Seuret A. Distributed source seeking via a circular formation of agents under communication constraints[J]. IEEE Transactions on Control of Network Systems, 2016, 3(2): 104-115.

[145] Petersen S, Hannington M, Krätschell A. Technology developments in the exploration and evaluation of deep-sea mineral resources[C]. Annales des Mines-Responsabilité et Environnement. FFE, 2017: 14-18.

[146] 刘颖, 李家彪, 王叶剑, 等. 中国大洋硫化物勘探研究的发展与展望[J]. 中国有色金属学报, 2021, 31(10): 2624-2637.

[147] Ren W, Beard R W. Distributed Consensus in Multi-vehicle Cooperative Control[M]. London: Springer Science & Business Media, 2008.

[148] Liu S, Krstic M. Stochastic averaging in continuous time and its applications to extremum seeking[J]. IEEE Transactions on Automatic Control, 2010, 55(10): 2235-2250.

[149] Øksendal B. Stochastic Differential Equations[M]. London: Springer Science & Business Media, 2003.

[150] Menon A, Baras J S. Collaborative extremum seeking for welfare optimization[C]. Conference on Decision and Control (CDC). IEEE, 2014: 346-351.

[151] Dougherty S, Guay M. An extremum-seeking controller for distributed optimization over sensor networks[J]. IEEE Transactions on Automatic Control, 2017, 62(2): 928-933.

[152] Guay M, Vandermeulen I, Dougherty S, et al. Distributed extremum-seeking control over networks of dynamically coupled unstable dynamic agents[J]. Automatica, 2018, 93: 498-509.

[153] Poveda J, Quijano N. Distributed extremum seeking for real-time resource allocation [C]. American Control Conference (ACC). IEEE, 2013: 2772-2777.

[154] Ash R B, Doléans-Dade C A. Probability and Measure Theory[M]. San Diego: Academic Press, 2000.

[155] Zhu Y, Yu W, Wen G, et al. Continuous-time coordination algorithm for distributed convex optimization over weight-unbalanced directed networks[J]. IEEE Transactions on Circuits and Systems II: Express Briefs, 2019, 66(7): 1202-1206.

[156] Horn R A, Johnson C R. Matrix Analysis[M]. Cambridge: Cambridge University Press, 2012.

[157] German C R, Yoerger D R, Jakuba M, et al. Hydrothermal exploration with the autonomous benthic explorer[J]. Deep Sea Research Part I: Oceanographic Research Papers, 2008, 55(2): 203-219.

[158] Tao C, Chen S, Baker E T, et al. Hydrothermal plume mapping as a prospecting tool for seafloor sulfide deposits: A case study at the Zouyu-1 and Zouyu-2 hydrothermal fields in the southern Mid-Atlantic Ridge[J]. Marine Geophysical Research, 2017, 38 (1-2): 3-16.

[159] Ritter T. PDE-based Dynamic Data-driven Monitoring of Atmospheric Dispersion Processes[D]. Munich: Technische Universität, 2017.

[160] Stockie J M. The mathematics of atmospheric dispersion modeling[J]. SIAM Review, 2011, 53(2): 349-372.

[161] Evans L C. Partial Differential Equations: Volume 19[M]. Providence, RI: American Mathematical Soc., 2010.

[162] Cressie N. Statistics for spatial data[J]. Terra Nova, 1992, 4(5): 613-617.

[163] Haykin S. Neural networks: A Comprehensive Foundation[M]. Upper Saddle River, NJ: Prentice Hall PTR, 1994.

[164] Hu J, Xie L, Zhang C. Diffusion Kalman filtering based on covariance intersection[J]. IEEE Transactions on Signal Processing, 2012, 60(2): 891-902.

[165] Tamjidi A, Chakravorty S, Shell D. Unifying consensus and covariance intersection for decentralized state estimation[C]. International Conference on Intelligent Robots and Systems (IROS). IEEE, 2016: 125-130.

[166] He X, Xue W, Fang H. Consistent distributed state estimation with global observability over sensor network[J]. Automatica, 2018, 92: 162-172.

[167] Farina M, Ferrari-Trecate G, Scattolini R. Moving-horizon partition-based state estimation of large-scale systems[J]. Automatica, 2010, 46(5): 910-918.

[168] Zhou Y, Boem F, Parisini T. Partition-based Pareto-optimal state prediction method for interconnected systems using sensor networks[C]. American Control Conference (ACC). IEEE, 2017: 1886-1891.

[169] Haber A, Verhaegen M. Moving horizon estimation for large-scale interconnected systems[J]. IEEE Transactions on Automatic Control, 2013, 58(11): 2834-2847.

[170] Chen B, Hu G, Ho D W, et al. Distributed Kalman filtering for time-varying discrete sequential systems[J]. Automatica, 2019, 99: 228-236.

[171] Khan U A, Moura J M. Distributing the Kalman filter for large-scale systems[J]. IEEE Transactions on Signal Processing, 2008, 56(10): 4919-4935.

[172] Uhlmann J K. General data fusion for estimates with unknown cross covariances[C]. Signal Processing, Sensor Fusion, and Target Recognition V. International Society for Optics and Photonics, 1996: 536-547.

[173] Julier S J, Uhlmann J K. A non-divergent estimation algorithm in the presence of unknown correlations[C]. American Control Conference (ACC). IEEE, 1997: 2369-2373.

[174] Hanebeck U D, Briechle K, Horn J. A tight bound for the joint covariance of two random vectors with unknown but constrained crosscorrelation[C]. International Conference on Multisensor Fusion and Integration for Intelligent Systems (MFI). IEEE, 2001: 85-90.

[175] Finlayson B A. The Method of Weighted Residuals and Variational Principles: Volume 73[M]. Philadelphia, PA: SIAM, 2013.

[176] Pelosi G, Coccioli R, Selleri S. Quick Finite Elements for Electromagnetic Waves[M]. Norwood, MA: Artech House, 2009.

[177] Anderson B D, Moore J B. Optimal Filtering[M]. Mineola, NY: Courier Corporation, 2012.

[178] Noack B, Sijs J, Hanebeck U D. Fusion strategies for unequal state vectors in distributed Kalman filtering[J]. IFAC Proceedings Volumes, 2014, 47(3): 3262-3267.

[179] Sun T, Xin M, Jia B. Distributed estimation in general directed sensor networks based on batch covariance intersection[C]. American Control Conference (ACC). IEEE, 2016: 5492-5497.

[180] Klemets J R A, Hovd M. Hierarchical decentralized state estimation with unknown correlation for multiple and partially overlapping state vectors[C]. Conference on Control Technology and Applications (CCTA). IEEE, 2018: 508-514.

[181] Julier S, Uhlmann J K. General Decentralized Data Fusion with Covariance Intersection[M]. Boca Raton, FL: CRC Press, 2017: 339-364.

[182] Deng Z, Zhang P, Qi W, et al. Sequential covariance intersection fusion Kalman filter [J]. Information Sciences, 2012, 189: 293-309.

[183] Radtke S, Noack B, Hanebeck U D. Distributed estimation with partially overlapping states based on deterministic sample-based fusion[C]. European Control Conference (ECC). IEEE, 2019: 1822-1829.

[184] Bar-Shalom Y, Li X R, Kirubarajan T. Estimation with Applications to Tracking and Navigation: Theory Algorithms and Software[M]. Hoboken, NJ: John Wiley & Sons, 2004.

[185] 张亮, 秦蕴珊. 深海热液生态系统特征及其对极端微生物的影响[J]. 地球科学进展, 2017, 32(7): 696-706.

[186] Zhang Y L, Cao F. Fine particulate matter ($PM_{2.5}$) in China at a city level[J]. Scientific Reports, 2015, 5(1): 1-12.

[187] Liu C, Hsu P C, Lee H W, et al. Transparent air filter for high-efficiency $PM_{2.5}$ capture[J]. Nature Communications, 2015, 6(1): 1-9.

[188] Spedicato S, Notarstefano G. Minimum-time trajectory generation for quadrotors in constrained environments[J]. IEEE Transactions on Control Systems Technology, 2018, 26(4): 1335-1344.

[189] Zhang J, Zeng Y, Zhang R. UAV-enabled radio access network: Multi-mode communication and trajectory design[J]. IEEE Transactions on Signal Processing, 2018, 66 (20): 5269-5284.

[190] Wang Z, Liu L, Long T, et al. Efficient unmanned aerial vehicle formation rendezvous trajectory planning using Dubins path and sequential convex programming[J]. Engineering Optimization, 2019, 51(8): 1412-1429.

[191] Oh Y, Cho K, Choi Y, et al. Chance-constrained multi-layered sampling-based path planning for temporal logic-based missions[J]. IEEE Transactions on Automatic Control, 2021, 66(12): 5816-5829.

[192] Váňa P, Faigl J, Sláma J, et al. Data collection planning with Dubins airplane model and limited travel budget[C]. European Conference on Mobile Robots (ECMR). IEEE, 2017: 1-6.

[193] Kaplan A, Kingry N, Uhing P, et al. Time-optimal path planning with power schedules for a solar-powered ground robot[J]. IEEE Transactions on Automation Science and Engineering, 2017, 14(2): 1235-1244.

[194] Klesh A T, Kabamba P T, Girard A R. Path planning for cooperative time-optimal information collection[C]. American Control Conference. IEEE, 2008: 1991-1996.

[195] Vossen G. Switching time optimization for bang-bang and singular controls[J]. Journal of Optimization Theory and Applications, 2010, 144(2): 409-429.

[196] Soueres P, Laumond J P. Shortest paths synthesis for a car-like robot[J]. IEEE Transactions on Automatic Control, 1996, 41(5): 672-688.

[197] Desaulniers G. On shortest paths for a car-like robot maneuvering around obstacles [J]. Robotics and Autonomous Systems, 1996, 17(3): 139-148.

[198] Zelikin M I, Borisov V F. Theory of Chattering Control: With Applications to Astronautics, Robotics, Economics, and Engineering[M]. New York: Springer Science & Business Media, 2012.

[199] Jiang B, Bishop A N, Anderson B D, et al. Optimal path planning and sensor placement for mobile target detection[J]. Automatica, 2015, 60: 127-139.

[200] Mahafza B R. Radar Systems Analysis and Design Using Matlab[M]. Boca Roton, FL: CRC press, 2002.

[201] Lewis F L, Vrabie D, Syrmos V L. Optimal Control[M]. Boca Raton, FL: John Wiley & Sons, 2012.

[202] Cesari L. Optimization Theory and Applications: Problems with Ordinary Differential Equations: Volume 17[M]. New York: Springer Science & Business Media, 2012.

[203] Cesari L. Existence theorems for optimal solutions in Pontryagin and Lagrange problems[J]. Journal of the Society for Industrial and Applied Mathematics, Series A: Control, 1965, 3(3): 475-498.

[204] Patil S, Pan J, Abbeel P, et al. Planning curvature and torsion constrained ribbons in 3D with application to intracavitary brachytherapy[J]. IEEE Transactions on Automation Science and Engineering, 2015, 12(4): 1332-1345.

[205] Zheng D, Tsiotras P. Accelerating kinodynamic RRT* through dimensionality reduction[C]. International Conference on Intelligent Robots and Systems (IROS). IEEE, 2021: 3674-3680.

[206] Sussmann H J, Tang G. Shortest paths for the Reeds-Shepp car: A worked out example of the use of geometric techniques in nonlinear optimal control[J]. Rutgers Center for Systems and Control Technical Report, 1991, 10: 1-71.

[207] Wang H, Chen Y, Soueres P. A geometric algorithm to compute time-optimal trajectories for a bidirectional steered robot[J]. IEEE Transactions on Robotics, 2009, 25 (2): 399-413.

[208] Bertsekas D P. Nonlinear programming[J]. Journal of the Operational Research Society, 1997, 48(3): 334-334.

[209] Whitley D. An overview of evolutionary algorithms: Practical issues and common pitfalls[J]. Information and Software Technology, 2001, 43(14): 817-831.

[210] Yuanbo Nie O F, Kerrigan E. ICLOCS2: A Matlab Toolbox for Optimization Based Control[M]. http://www.ee.ic.ac.uk/iclocs/default.htm[2024-03-12].

[211] Xiao C, Wachs J. Nonmyopic informative path planning based on global Kriging variance minimization[J]. IEEE Robotics and Automation Letters, 2022, 7(2): 1768-1775.

[212] Dullerud G E, Paganini F. A Course in Robust Control Theory: A Convex Approach: Volume 36[M]. New York: Springer Science & Business Media, 2013.

[213] Chen W H, Rhodes C, Liu C. Dual control for exploitation and exploration (DCEE) in autonomous search[J]. Automatica, 2021, 133: 109851.

[214] He Z, Dong L, Song C, et al. Multiagent soft actor-critic based hybrid motion planner for mobile robots[J]. IEEE Transactions on Neural Networks and Learning Systems, 2023, 34(12): 10980-10992.

[215] Meera A A, Popović M, Millane A, et al. Obstacle-aware adaptive informative path planning for UAV-based target search[C]. IEEE International Conference on Robotics and Automation (ICRA), 2019: 718-724.

[216] Wei Y, Zheng R. A reinforcement learning framework for efficient informative sensing [J]. IEEE Transactions on Mobile Computing, 2020, 21(7): 2306-2317.

[217] Tucsnak M, Weiss G. Observation and Control for Operator Semigroups[M]. New York: Springer Science & Business Media, 2009.

[218] Privat Y, Trélat E, Zuazua E. Optimal observability of the multi-dimensional wave and Schrödinger equations in quantum ergodic domains[J]. Journal of the European Mathematical Society, 2016, 18(5): 1043-1111.

[219] Haarnoja T, Zhou A, Abbeel P, et al. Soft actor-critic: Off-policy maximum entropy deep reinforcement learning with a stochastic actor[C]. International Conference on Machine Learning, 2018: 1861-1870.

[220] Galceran E, Carreras M. A survey on coverage path planning for robotics[J]. Robotics and Autonomous systems, 2013, 61(12): 1258-1276.

附录 A　引理 6.3 的证明

如图 6.1 所示，我们将无人系统自身坐标系放置到其初始位置，且正 x 轴方向与初始方位重合，那么无人系统的初始构型和期望构型分别转换为 $[0,0,0]^\mathsf{T}$ 和 $[x_\mathrm{d},y_\mathrm{d},\vartheta_\mathrm{d}]^\mathsf{T}$。当表 6.2 中 $\mathscr{B}_a\mathscr{B}_b^n\mathscr{B}_c$ 形式的类型确定后，我们可以很容易地根据图 A.1 中所示四种情况计算出方向角 γ_c 以及 $\mathscr{B}_a$ 和 $\mathscr{B}_c$ 两个中心之间的范围 r_c，这对于计算长度 a,b,c 至关重要。

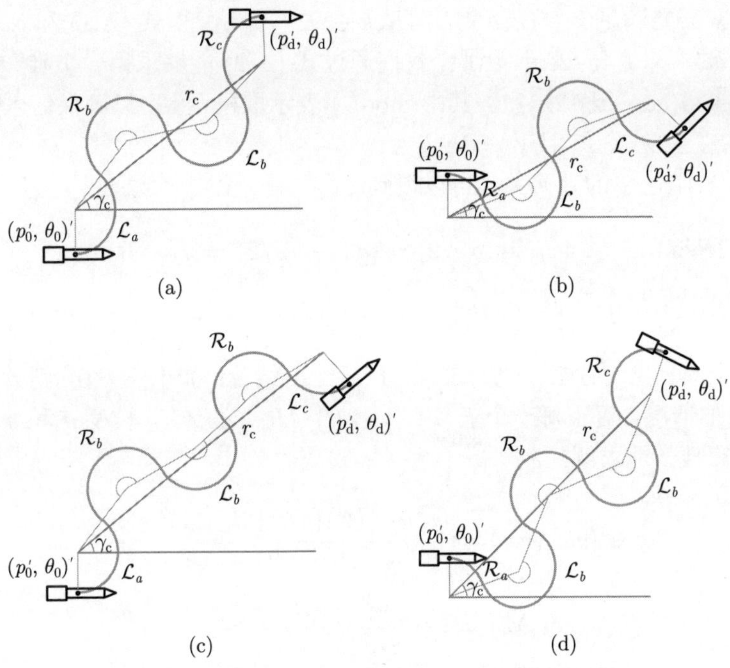

图 A.1　形式为 $\mathscr{B}_a\mathscr{B}_b^n\mathscr{B}_c$ 最优轨迹的四种类型

(1) $\mathscr{L}_a(\mathscr{R}_b\mathscr{L}_b)^k\mathscr{R}_c$ 且 $n=2k, k\in\mathbb{N}$

如果 $r_\mathrm{c}=2R$，那么我们容易得到 $k=0$ 和 $a=(\gamma_\mathrm{c}+\pi/2)/\bar{\omega}$。否则，由图 A.1(a) 中的几何关系可以得到

$$2R\sin(a\bar{\omega})+4kR\sin(b\bar{\omega}/2)\cos(a\bar{\omega}-b\bar{\omega}/2)=x_\mathrm{d}+R\sin\vartheta_\mathrm{d}$$

$$R-2R\cos(a\bar{\omega})+4kR\sin(b\bar{\omega}/2)\sin(a\bar{\omega}-b\bar{\omega}/2)=y_\mathrm{d}-R\cos\vartheta_\mathrm{d}$$

经过消除和简化，可以得到

$$
\begin{aligned}
2R\cos(b\bar{\omega}/2) &= r_{\mathrm{c}}\sin(a\bar{\omega} - b\bar{\omega}/2 - \gamma_{\mathrm{c}}) \\
2kR\sin(b\bar{\omega}) &= r_{\mathrm{c}}\cos(a\bar{\omega} - \gamma_{\mathrm{c}})
\end{aligned} \tag{A.1}
$$

在式 (A.1) 在使用三角公式，可以推导出

$$
\begin{aligned}
\cos^2(a\bar{\omega} - \gamma_{\mathrm{c}}) &= \frac{(r_{\mathrm{c}}^2 - 4R^2)\big(4R^2(2k+1)^2 - r_{\mathrm{c}}^2\big)}{16R^2 r_{\mathrm{c}}^2 (k+1)^2} \\
\cos(b\bar{\omega}) &= 1 - \frac{r_{\mathrm{c}}^2 - 4R^2}{8R^2(k^2+k)}
\end{aligned} \tag{A.2}
$$

其中参数 k 需要满足 $k \geqslant (r_{\mathrm{c}} - 2R)/4R, k \in \mathscr{Z}^{+}$。那么，由式 (A.1) 和 $b\bar{\omega} \in [\pi, 2\pi)$ 可以得到 $a\bar{\omega} - \gamma_{\mathrm{c}} \in [\pi/2, \pi]$。因此，我们通过式 (A.2) 能够求得一个唯一的 a 和 b，以及 $c = \mathrm{mod}(a\bar{\omega} - \vartheta_{\mathrm{d}}, 2\pi)/\bar{\omega}$，其中 $\mathrm{mod}(\cdot)$ 表示取模运算，以确保 $c \in [0, 2\pi/\bar{\omega})$。

(2) $\mathscr{R}_a(\mathscr{L}_b\mathscr{R}_b)^k\mathscr{L}_c$ 且 $n = 2k, k \in \mathbb{N}$

由图 A.1(b) 中的几何关系可以得到

$$
\begin{aligned}
&2R\sin(a\bar{\omega}) + 4kR\sin(b\bar{\omega}/2)\cos(a\bar{\omega} - b\bar{\omega}/2) = x_{\mathrm{d}} - R\sin\vartheta_{\mathrm{d}} \\
&2R\cos(a\bar{\omega}) - R - 4kR\sin(b\bar{\omega}/2)\sin(a\bar{\omega} - b\bar{\omega}/2) = y_{\mathrm{d}} + R\cos\vartheta_{\mathrm{d}}
\end{aligned}
$$

为了节省空间，我们省略了化简过程，直接给出结论：如果 $k = 0$，则 $a = (\pi/2 - \gamma_{\mathrm{c}})/\bar{\omega}$；其他情况，对于每一个 $k \geqslant (r_{\mathrm{c}} - 2R)/4R, k \in \mathscr{Z}^{+}$，长度 a 和 b 都可以通过如下计算唯一地求解

$$
\begin{aligned}
\cos^2(a\bar{\omega} + \gamma_{\mathrm{c}}) &= \frac{(r_{\mathrm{c}}^2 - 4R^2)\big(4R^2(2k+1)^2 - r_{\mathrm{c}}^2\big)}{16R^2 r_{\mathrm{c}}^2 (k+1)^2} \\
\cos(b\bar{\omega}) &= 1 - \frac{r_{\mathrm{c}}^2 - 4R^2}{8R^2(k^2+k)}
\end{aligned}
$$

在上述两种情况下，都有 $c = \mathrm{mod}(a\bar{\omega} + \vartheta_{\mathrm{d}}, 2\pi)/\bar{\omega}$ 成立。

(3) $\mathscr{L}_a\mathscr{R}_b(\mathscr{R}_b\mathscr{L}_b)^k\mathscr{L}_c$ 且 $n = 2k+1, k \in \mathbb{N}$

类似于上述两种情况，我们可以得到如图 A.1(c) 所示的几何关系

$$
\begin{aligned}
&\sin(a\bar{\omega}) + (4k+2)\sin\left(\frac{b\bar{\omega}}{2}\right)\cos\left(a\bar{\omega} - \frac{b\bar{\omega}}{2}\right) - \sin(a\bar{\omega} - b\bar{\omega}) = \frac{x_{\mathrm{d}}}{R} - \sin\vartheta_{\mathrm{d}} \\
&1 - \cos(a\bar{\omega}) + (4k+2)\sin\left(\frac{b\bar{\omega}}{2}\right)\sin\left(a\bar{\omega} - \frac{b\bar{\omega}}{2}\right) + \cos(a\bar{\omega} - b\bar{\omega}) = \frac{y_{\mathrm{d}}}{R} + \cos\vartheta_{\mathrm{d}}
\end{aligned}
$$

经过三角关系的化简后，我们得到

$$(4k+4)\sin(b\bar{\omega}/2)\cos(a\bar{\omega}-b\bar{\omega}/2)=\frac{x_{\rm d}}{R}-\sin\vartheta_{\rm d}$$

$$(4k+4)\sin(b\bar{\omega}/2)\sin(a\bar{\omega}-b\bar{\omega}/2)=\frac{y_{\rm d}}{R}+\cos\vartheta_{\rm d}-1$$

其中要求 $k\geqslant(r_{\rm c}-4R)/4R,\ k\in\mathbb{N}$，而且有 $a\bar{\omega}=b\bar{\omega}/2+\gamma_{\rm c},\ \sin(b\bar{\omega}/2)=r_{\rm c}/(4R(k+1))$。由于 $b\in[\pi/\bar{\omega},2\pi/\bar{\omega})$，那么长度 a,b 能够唯一地确定，而且 $c=\mathrm{mod}(b\bar{\omega}-a\bar{\omega}+\vartheta_{\rm d},2\pi)/\bar{\omega}$。

(4) $\mathscr{R}_a\mathscr{L}_b(\mathscr{R}_b\mathscr{L}_b)^k\mathscr{R}_c$ 且 $n=2k+1,k\in\mathbb{N}$

根据如图 A.1(d) 所示的几何关系，有

$$\sin(a\bar{\omega})+(4k+2)\sin\left(\frac{b\bar{\omega}}{2}\right)\cos\left(a\bar{\omega}-\frac{b\bar{\omega}}{2}\right)-\sin(a\bar{\omega}-b\bar{\omega})=\frac{x_{\rm d}}{R}+\sin\vartheta_{\rm d}$$

$$1-\cos(a\bar{\omega})+(4k+2)\sin\left(\frac{b\bar{\omega}}{2}\right)\sin\left(a\bar{\omega}-\frac{b\bar{\omega}}{2}\right)+\cos(a\bar{\omega}-b\bar{\omega})=\cos\vartheta_{\rm d}-\frac{y_{\rm d}}{R}$$

那么，对于任意 $k\geqslant(r_{\rm c}-4R)/4R,\ k\in\mathbb{N}$ ，唯一的长度值 $a,b\in[\pi/\bar{\omega},2\pi/\bar{\omega}),c$，可以求得

$$a\bar{\omega}=\frac{b\bar{\omega}}{2}-\gamma_{\rm c},\ \sin\left(\frac{b\bar{\omega}}{2}\right)=\frac{r_{\rm c}}{4R(k+1)},c\bar{\omega}=\mathrm{mod}(b\bar{\omega}-a\bar{\omega}-\vartheta_{\rm d},2\pi)$$

编 后 记

“博士后文库”是汇集自然科学领域博士后研究人员优秀学术成果的系列丛书。“博士后文库”致力于打造专属于博士后学术创新的旗舰品牌，营造博士后百花齐放的学术氛围，提升博士后优秀成果的学术影响力和社会影响力。

“博士后文库”出版资助工作开展以来，得到了全国博士后管委会办公室、中国博士后科学基金会、中国科学院、科学出版社等有关单位领导的大力支持，众多热心博士后事业的专家学者给予积极的建议，工作人员做了大量艰苦细致的工作。在此，我们一并表示感谢！

“博士后文库”编委会

彩　　图

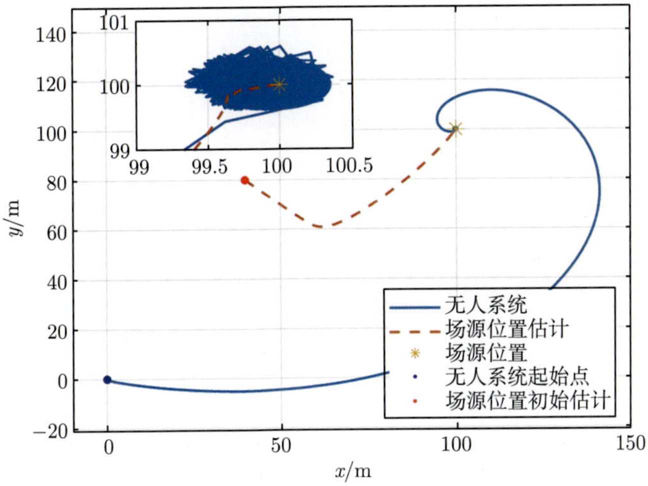

图 2.8　全局位置信息下 $\beta = 1$ 时无人系统的运动轨迹和场源位置估计

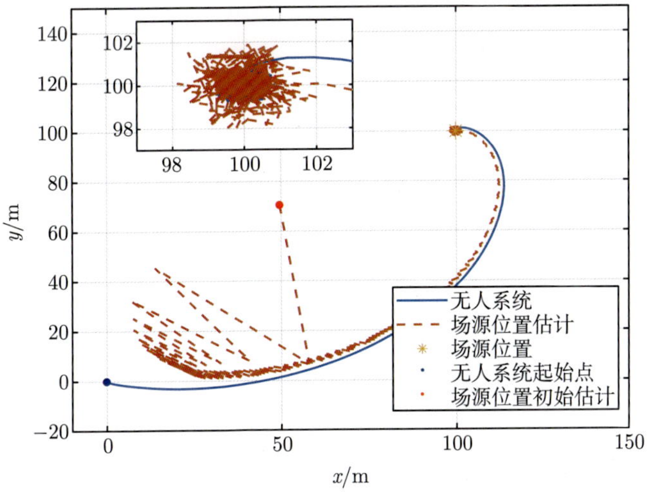

图 2.10　局部位置信息下无人系统的运动轨迹和场源位置估计

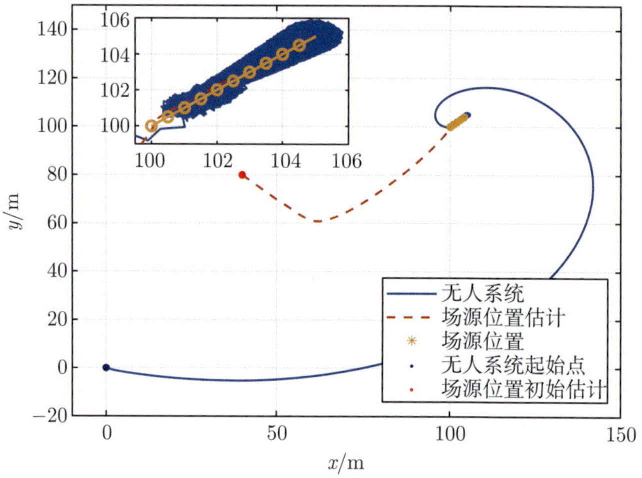

图 2.12　无人系统搜索动态目标的运动轨迹和场源位置估计

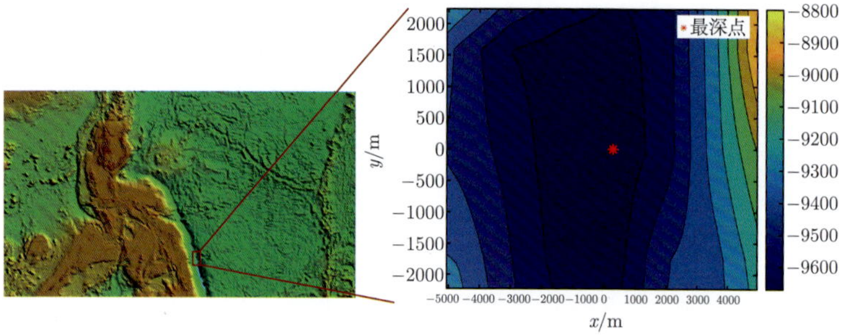

图 3.2　中国南海部分海底地形图及本节所选区域

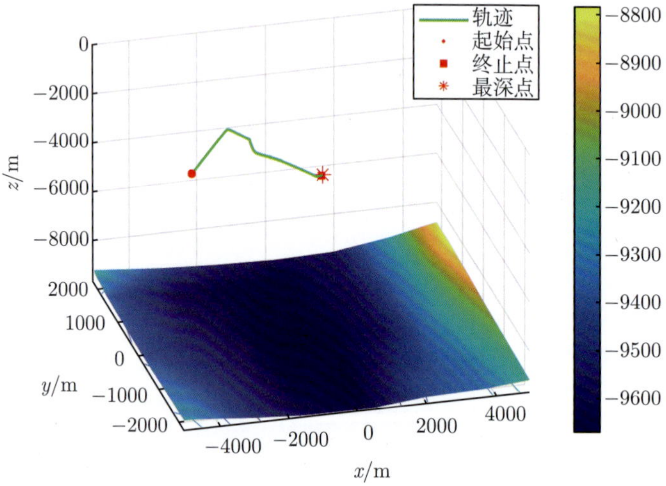

图 3.3　水下潜器在三维空间的运动轨迹

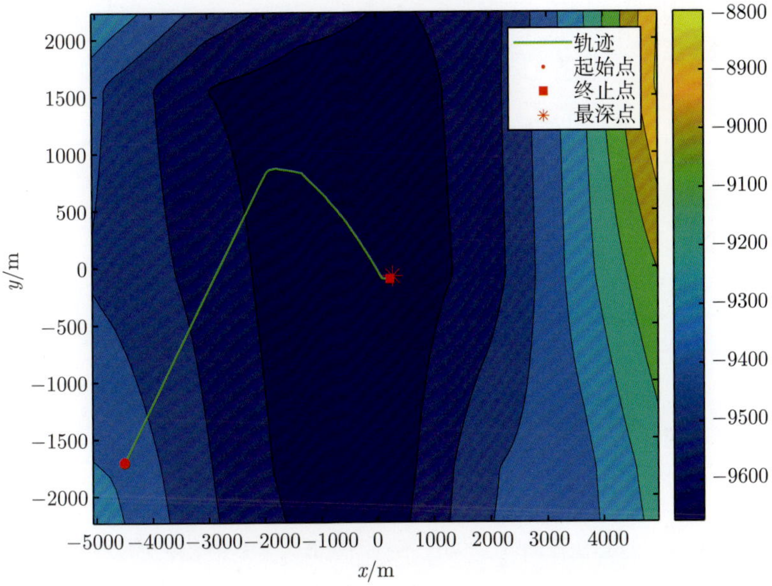

图 3.4　水下潜器运动轨迹在二维平面上的投影

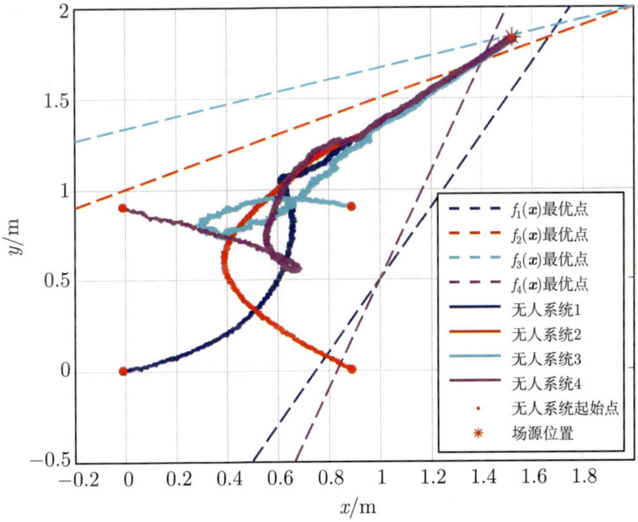

图 4.3　DSES 控制律 (4.4) 下无向通信的多个无人系统运动轨迹

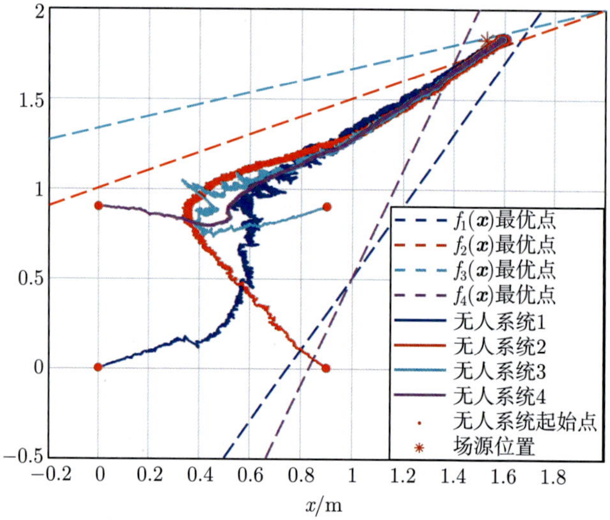

图 4.5　DSES 控制律 (4.20) 下有向通信的多个无人系统运动轨迹

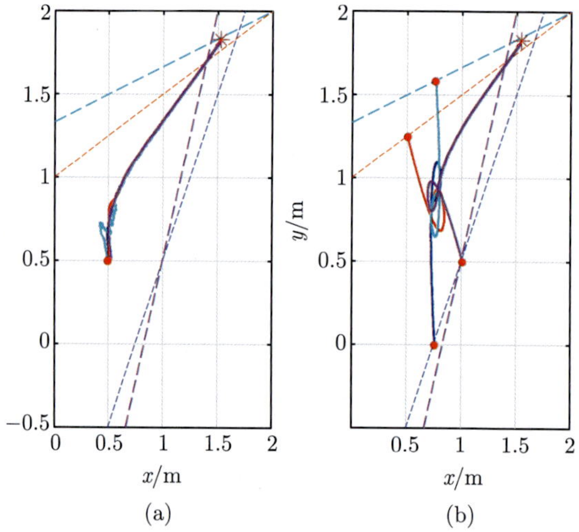

图 4.7　不同控制参数的 DSES 控制律 (4.4) 下多个无人系统运动轨迹

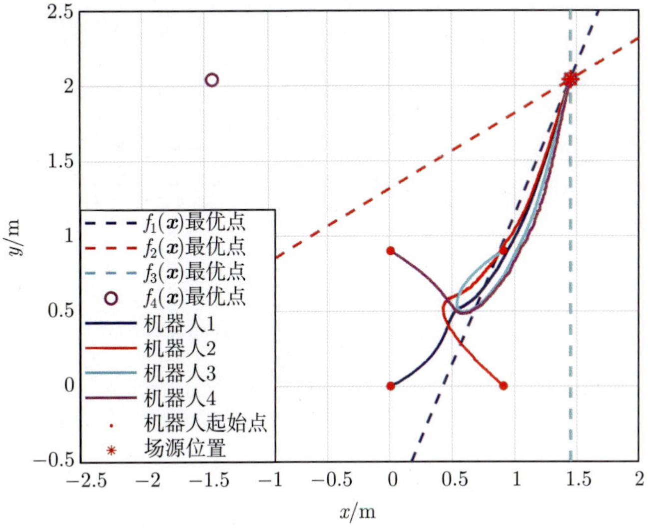

图 4.9　非二次型信号场中 DSES 控制律 (4.4) 下多个无人系统运动轨迹

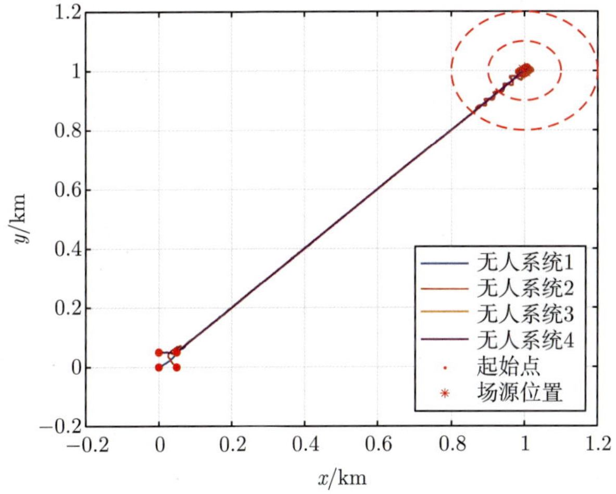

图 4.12　寻找海底热液喷口任务中的多个无人系统运动轨迹

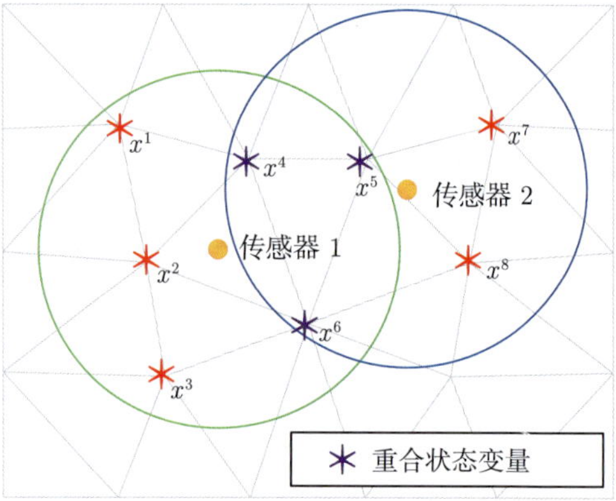

图 5.1　$n=2$ 个传感器和 $d=8$ 节点的空间分布

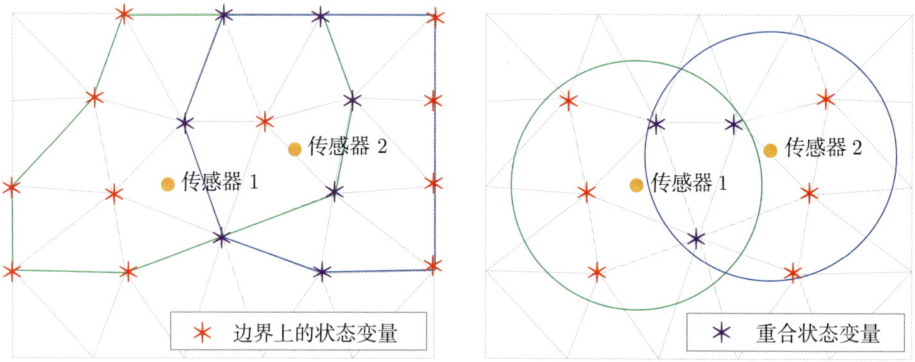

(a) 文献[24]中方法　　(b) 本章所提方法

图 5.3　两种方法下的子系统和局部状态向量

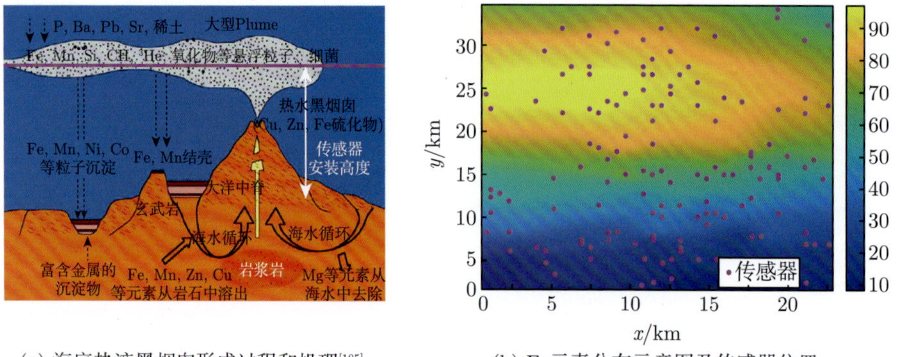

(a) 海底热液黑烟囱形成过程和机理[185]　　(b) Fe元素分布示意图及传感器位置

图 5.11　传感器网络观测海底热液黑烟囱

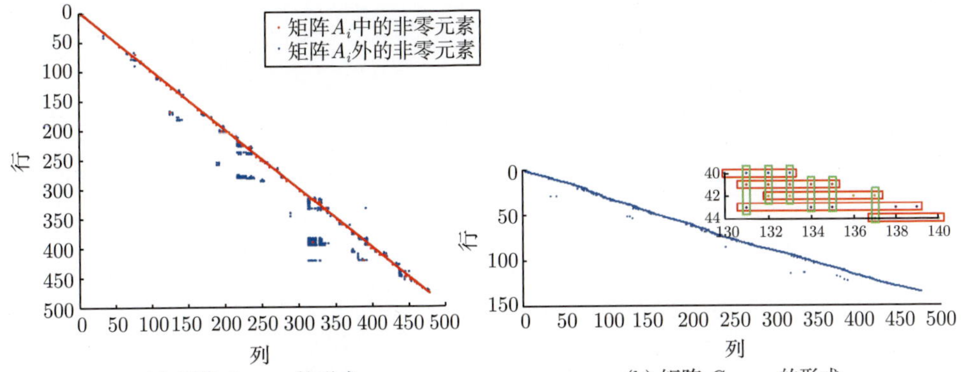

(a) 矩阵 $A_{476\times476}$ 的形式 (b) 矩阵 $C_{135\times476}$ 的形式

图 5.12 高维离散系统的状态转移矩阵和观测矩阵

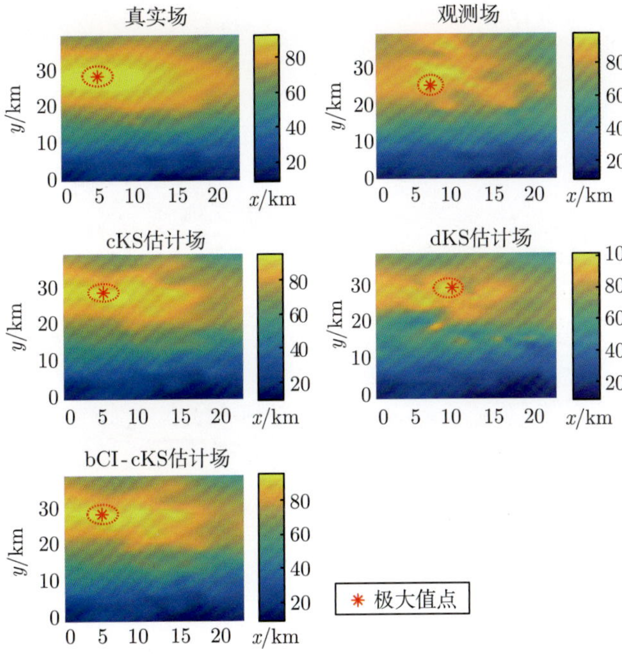

图 5.15 时间步 $k = 50$ 时，Fe 元素真实浓度场、测量浓度场和估计浓度场

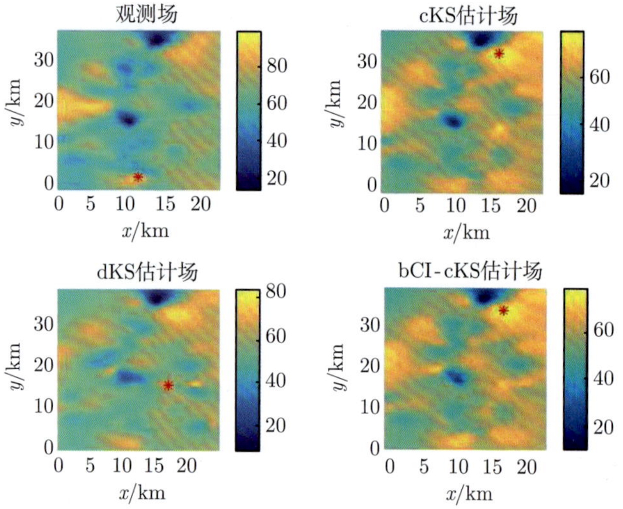

图 5.20　时间步 $k=50$ 时，$PM_{2.5}$ 的测量浓度场和估计浓度场

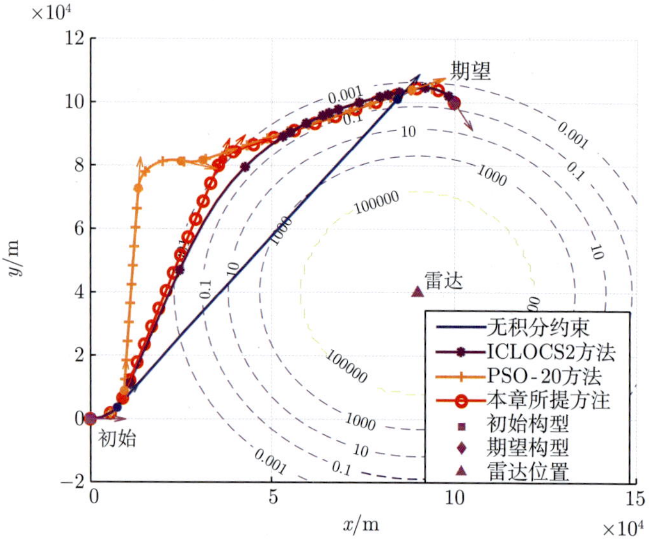

(a) 无人系统轨迹

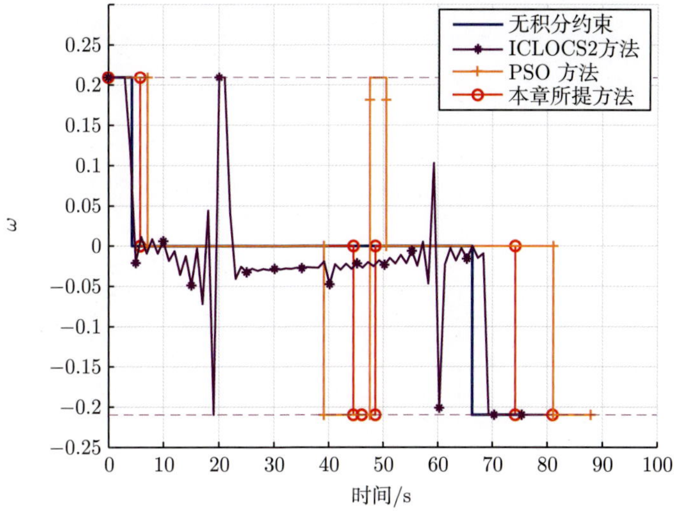

(b) 控制输入

图 6.5　二维空间中单部雷达情况下的无人系统轨迹和控制输入 (图 6.5(a) 中的等值线指的是探测率 $g(\boldsymbol{p})$)

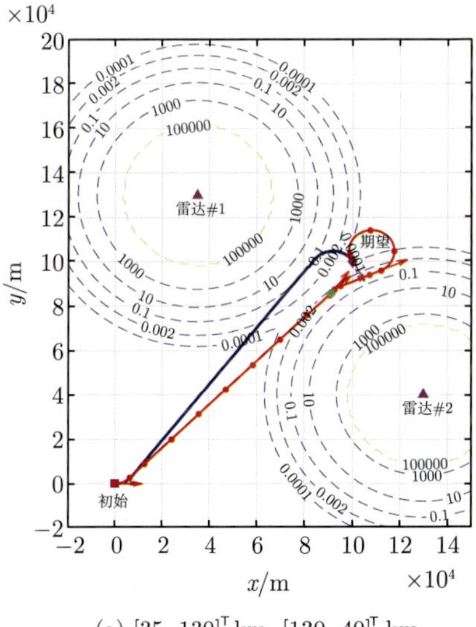

(a) $[35, 130]^{\mathrm{T}}$ km, $[130, 40]^{\mathrm{T}}$ km

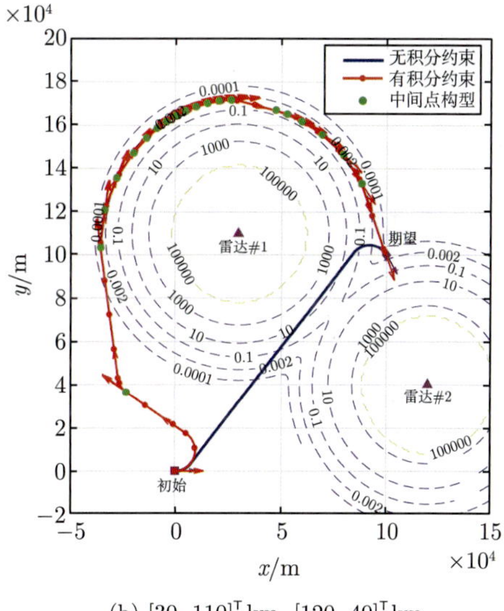

(b) $[30, 110]^{\mathrm{T}}$ km, $[120, 40]^{\mathrm{T}}$ km

图 6.7　两部雷达在两种位置时无人系统的轨迹 (等值线指的是检测率 $g(\boldsymbol{p})$)

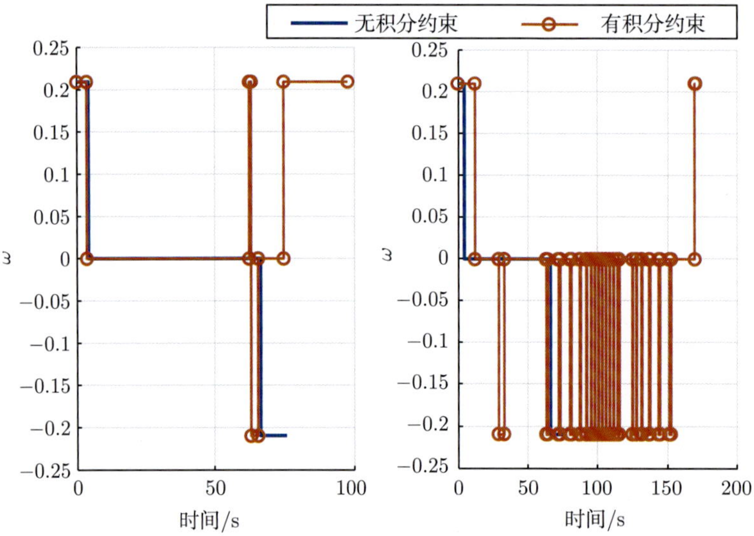

(a)　　　　　　　　(b)

图 6.8　二维空间中两部雷达情况下的无人系统控制输入

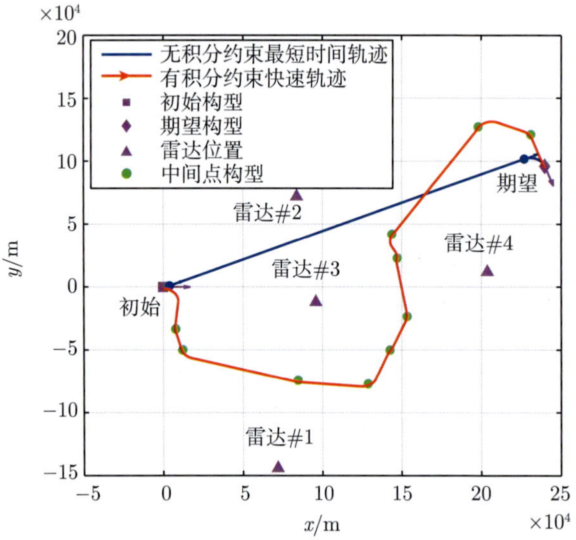

(a) 快速轨迹

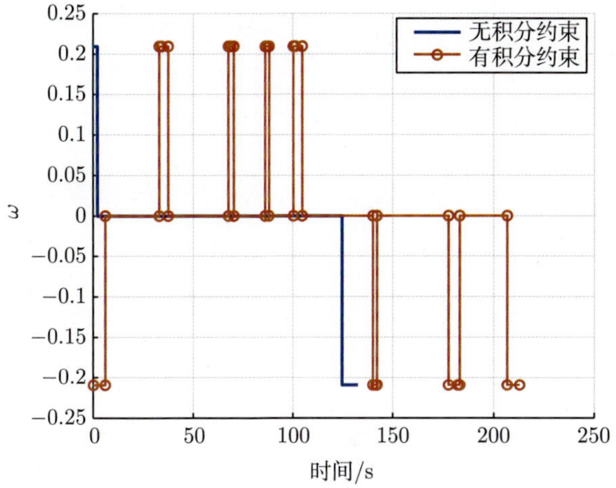

(b) 控制输入

图 6.9　二维空间中四部静止雷达情况下无人系统的轨迹和控制输入

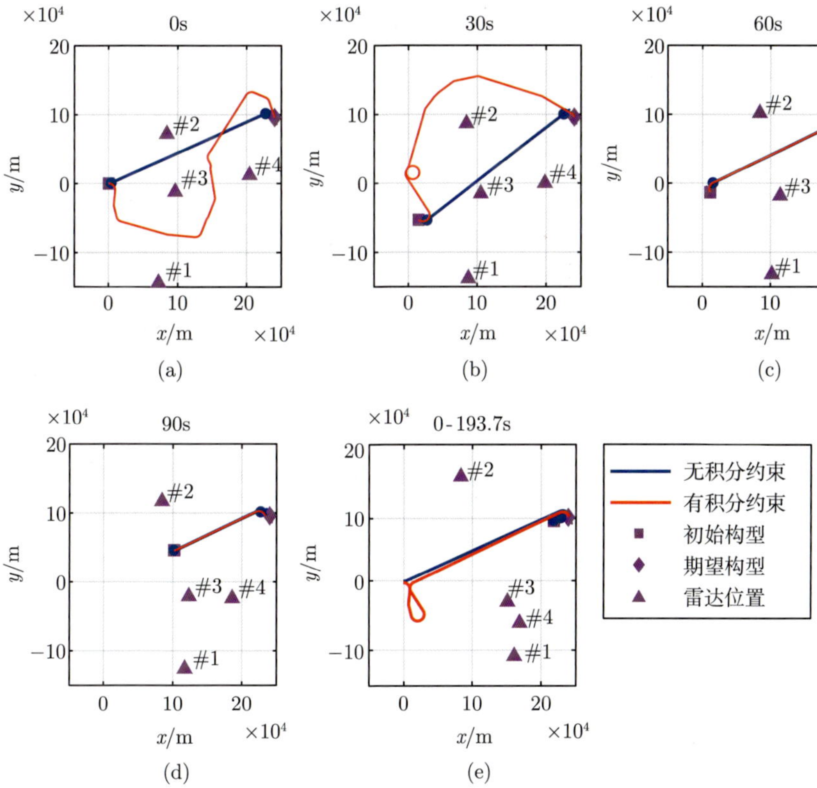

(a) (b) (c) (d) (e)

图 6.10　二维空间中四部移动雷达情况下无人系统的轨迹

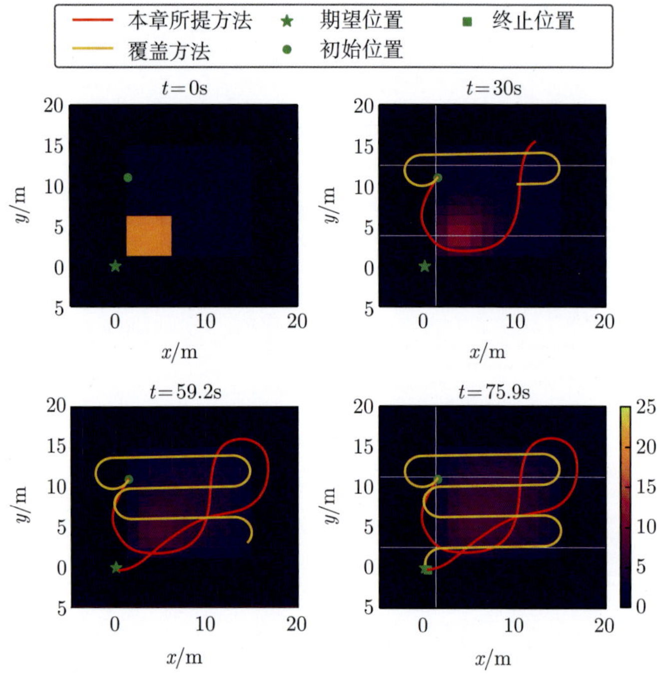

图 7.8　无人系统在测试信号场场中的轨迹